高等职业教育建筑工程技术专业系列教材

总主编 /李 辉
执行总主编 /吴明军

钢结构工程施工

（第3版）

主 编 杜绍堂 戚 豹
副主编 胡 瑛 罗 保
主 审 董事尔

重庆大学出版社

内容提要

本书主要根据《房屋建筑制图统一标准》(GB/T 50001—2017)、《建筑结构制图标准》(GB/T 50105—2010)、《钢结构工程施工规范》(GB 50755—2012)、《钢结构焊接规范》(GB 50661—2011)、《钢结构设计标准》(GB 50017—2017)、《钢结构工程施工质量验收标准》(GB 50205—2020)等规范进行编写。全书共 7 个项目,采用"知识+实训"的思路进行编写,主要内容包括绪论、钢结构识图、钢结构材料、钢结构连接施工、钢结构制作、钢结构工程施工、钢结构工程施工安全。

本书可作为高等职业院校建筑工程技术、工程造价、建筑工程管理、工程监理专业的教材,也可供从事钢结构工程施工的相关工程技术人员使用。

图书在版编目 (CIP) 数据

钢结构工程施工 / 杜绍堂,戚豹主编. --3 版. --
重庆:重庆大学出版社,2023.2
高等职业教育建筑工程技术专业系列教材
ISBN 978-7-5624-7757-0

Ⅰ.①钢… Ⅱ.①杜… ②戚… Ⅲ.①钢结构—工程
施工—高等职业教育—教材 Ⅳ.①TU758.11

中国版本图书馆 CIP 数据核字(2022)第 232541 号

高等职业教育建筑工程技术专业系列教材
钢结构工程施工
(第 3 版)
主 编 杜绍堂 戚 豹
副主编 胡 瑛 罗 保
主 审 董事尔
责任编辑:刘颖果 版式设计:刘颖果
责任校对:谢 芳 责任印制:赵 晟
*
重庆大学出版社出版发行
出版人:饶帮华
社址:重庆市沙坪坝区大学城西路 21 号
邮编:401331
电话:(023)88617190 88617185(中小学)
传真:(023)88617186 88617166
网址:http://www.cqup.com.cn
邮箱:fxk@ cqup.com.cn(营销中心)
全国新华书店经销
重庆升光电力印务有限公司印刷
*
开本:787mm×1092mm 1/16 印张:18 字数:463 千 插页:8 开 2 页
2014 年 2 月第 1 版 2023 年 2 月第 3 版 2023 年 2 月第 8 次印刷
印数:18 801—22 000
ISBN 978-7-5624-7757-0 定价:49.00 元

编委会名单

顾　　　问　吴　泽

总　主　编　李　辉

执行总主编　吴明军

编　　　委　（以姓氏笔画为序）

王　戎	申永康	白　峰	刘学军
刘孟良	刘晓敏	刘鉴秾	杜绍堂
李红立	杨丽君	肖　进	张　迪
张银会	陈文元	陈年和	陈晋中
赵淑萍	赵朝前	胡　瑛	钟汉华
袁建新	袁雪峰	袁景翔	黄　敏
黄春蕾	彭　丽	董　伟	韩建绒
覃　辉	黎洪光	戴安全	

序　言

进入 21 世纪,高等职业教育建筑工程技术专业办学在全国呈现出点多面广的格局。截至 2021 年,我国已有 890 多所院校开设了高职建筑工程技术专业,在校生达到 20 多万人。如何培养面向企业、面向社会的建筑工程技术技能型人才,是广大建筑工程技术专业教育工作者一直在思考的问题。建筑工程技术专业作为教育部、住房和城乡建设部确定的国家技能型紧缺人才培养专业,也被许多示范高职院校选为探索构建"工作过程系统化的行动导向教学模式"课程体系建设的专业,这些都促进了该专业的教学改革和发展,其教育背景以及理念都发生了很大变化。

为了满足建筑工程技术专业职业教育改革和发展的需要,重庆大学出版社在历经多年深入高职高专院校调研基础上,组织编写了这套"高等职业教育建筑工程技术专业规划教材"。该系列教材由四川建筑职业技术学院吴泽教授担任顾问,住房和城乡建设职业教学指导委员会副主任委员李辉教授、四川建筑职业技术学院吴明军教授分别担任总主编和执行总主编,以国家级示范高职院校,或建筑工程技术专业为国家级特色专业、省级特色专业的院校为编著主体,全国共 20 多所高职高专院校建筑工程技术专业骨干教师参与完成,极大地保障了教材的品质。

系列教材精心设计该专业课程体系,共包含两大模块:通用的"公共模块"和各具特色的"体系方向模块"。公共模块包含专业基础课程、公共专业课程、实训课程三个小模块;体系方向模块包括传统体系专业课程、教改体系专业课程两个小模块。各院校可根据自身教改和教学条件实际情况,选择组合各具特色的教学体系,即传统教学体系(公共模块 + 传统体系专业课)和教改教学体系(公共模块 + 教改体系专业课)。

本系列教材在编写过程中,力求突出以下特色:

（1）依据《高等职业学校专业教学标准（试行）》中"高等职业学校建筑工程技术专业教学标准"和"实训导则"编写，紧贴当前高职教育的教学改革要求。

（2）教材编写以项目教学为主导，以职业能力培养为核心，适应高等职业教育教学改革的发展方向。

（3）教改教材的编写以实际工程项目或专门设计的教学项目为载体展开，突出"职业工作的真实过程和职业能力的形成过程"，强调"理实"一体化。

（4）实训教材的编写突出职业教育实践性操作技能训练，强化本专业的基本技能的实训力度，培养职业岗位需求的实际操作能力，为停课进行的实训专周教学服务。

（5）每本教材都有企业专家参与大纲审定、教材编写以及审稿等工作，确保教学内容更贴近建筑工程实际。

我们相信，本系列教材的出版将为高等职业教育建筑工程技术专业的教学改革和健康发展起到积极的促进作用！

住房和城乡建设职业教育教学指导委员会副主任委员

前　言

　　本书根据现行国家标准《房屋建筑制图统一标准》（GB/T 50001—2017）、《建筑结构制图标准》（GB/T 50105—2010）、《钢结构工程施工规范》（GB 50755—2012）、《钢结构焊接规范》（GB 50661—2011）、《钢结构设计标准》（GB 50017—2017）、《钢结构工程施工质量验收标准》（GB 50205—2020）等进行编写。全书共 7 个项目，主要内容包括：绪论、钢结构识图、钢结构材料、钢结构连接施工、钢结构制作、钢结构工程施工、钢结构工程施工安全。

　　本书结合钢结构工程施工实践的需要，吸收了项目教学和情境教学的思想，采用最新教学成果以及新知识、新技能，以"知识＋实训"的思路进行编写，体现了高等职业教育"知识＋技能"培养目标的要求。教材编写邀请了企业专家参与，较好地体现了工学结合。教材以钢结构工程识图、安全、材料、连接、制作、施工为主线进行编写，辅以实训项目训练，力求达到理论够用为度、突出技能培养的要求，同时做到概念清晰、思路简捷，便于学生学习和掌握。

　　本书由杜绍堂、戚豹任主编，胡瑛、罗保任副主编，由西南石油大学董事尔教授主审。教材的编写分工如下：昆明冶金高等专科学校胡瑛编写项目 1、项目 2，昆明冶金高等专科学校杜绍堂编写项目 3、项目 5，江苏建筑职业技术学院戚豹编写项目 4、项目 6，云南省第二安装工程公司罗保编写项目 7。全书由杜绍堂统稿。

　　本书在编写过程中，参考和引用了大量文献资料，在此谨向原书作者表示衷心感谢！限于编者水平有限，书中不妥之处，恳请读者批评指正。

编　者

2022 年 10 月

目　录

项目 1
绪 论

项目导读

- **基本要求** 通过本项目学习,应了解钢结构的应用范围,熟悉钢结构的发展状况,掌握钢结构的组成与特点。
- **重点** 钢结构的组成与特点。
- **难点** 钢结构的发展状况。

子项 1.1 钢结构的应用与发展

由钢板、热轧型钢或冷加工成型的薄壁型钢以及钢索为主要材料建造的工程结构,称为钢结构,其基本构件是拉杆、压杆、梁、柱、桁架等,各构件或部件间采用焊接、铆接或螺栓连接等方式连接。钢结构在土木工程中有着悠久的历史和广泛的应用,发展前景广阔。

1.1.1 钢结构的应用范围

钢结构的应用范围与特点和钢材供应情况密切相关。我国 20 世纪 60—70 年代,钢材供应短缺,节约钢材、少用钢材成为当时的重要任务,致使钢结构的应用范围受到很大限制。20 世纪 80 年代以来,钢产量逐年提高,钢材品种不断增加,钢结构的应用范围也不断扩大。目前,钢结构常用于大跨、超高、重型、振动、密闭、高耸、大空间和轻型的工程结构中。其应用范围大致为:

1)厂房结构

对于单层厂房,钢结构一般用于重型、大型车间的承重骨架。例如冶金工厂的平炉车间,重型机械厂的铸钢车间、锻压车间等,通常由檩条、天窗架、屋架、托架、柱、吊车梁、制动梁(桁架)、各种支撑及墙架等构件组成。

2) 大跨度结构

体育馆、影剧院、大会堂等公共建筑以及装配车间或检修库等工业建筑要求有较大的内部自由空间,因此屋盖结构的跨度很大,减轻屋盖结构自重成为结构设计的主要问题,因而采用材料强度高而质量轻的钢结构。其结构体系主要有框架结构、拱架结构、网架结构、悬索结构、预应力钢结构等。如2008年北京奥运会主体育馆"鸟巢",钢结构总重4.2万t,最大跨度343 m,外形结构主要由巨大的门式钢架组成,共有24根桁架柱,柱距为37.96 m,使用Q460规格的钢材,钢板厚度达到110 mm。

3) 多高层结构

对于高层建筑来说,当层数多、高度大时常采用钢结构,如酒店、公寓等高层建筑。

高层钢结构建筑一般作为一个城市的标志性建筑。如上海中心大厦(127层,高632 m,图1.1)、上海环球金融中心(101层,高492 m,用钢量6.5万t,图1.2)、北京电视中心(建筑面积18.3万 m^2,41层,高227.05 m,用钢量3.8万t)、国贸中心三期(建筑面积54万 m^2,高330 m)、央视新大楼(建筑面积5万 m^2,高234 m,用钢量12.8万t)等。

图1.1 上海中心大厦

图1.2 上海环球金融中心

4) 高耸构筑物

高耸结构包括塔架和桅杆结构,如高压输电线路塔架、广播和电视发射用的塔架和桅杆多采用钢结构。这类结构的特点是高度大,主要承受风荷载,采用钢结构可以减轻自重,方便架设和安装,并因构件截面小而使风荷载大大减小,从而取得更显著的经济效益。

如巴黎埃菲尔铁塔,高320.7 m,塔身为钢架镂空结构,重达9 000 t,共用了1.8万余个金属部件,以 100 余万个铆钉铆成一体,全靠 4 个粗大的用水泥浇灌的塔墩支撑。全塔分为三层:第一层高 57 m,第二层高 115 m,第三层高 276 m。每层都设有带高栏的平台,可供游人眺望巴黎市区美景。

5)密闭压力容器

钢结构用于要求密闭的容器,如大型储液库、天然气储气罐、煤气柜库等,要求能承受较大的内力。另外,温度急剧变化的高炉结构、输油输气管道等均采用钢结构。

6)移动结构

钢结构不仅自重轻,还可以用螺栓或其他便于拆装的手段来连接。需要搬迁或移动的结构,如流动式展览馆和活动房屋,采用钢结构最适宜。另外,钢结构还广泛用于水工闸门、桥式吊车和各种塔式起重机、缆绳起重机等。

7)桥梁结构

钢结构广泛应用于中等跨度和大跨度的桥梁结构中,如武汉长江大桥和南京长江大桥均为钢结构,其难度和规模都举世闻名。上海南浦大桥、杨浦大桥为钢结构的斜拉桥。2018年 1 月 1 日港珠澳大桥通车,用钢量达 423 t,可建 60 座埃菲尔铁塔。

8)轻钢结构

轻钢结构用于跨度较小、屋面较轻的工业和商业用房,常采用冷弯薄壁型钢、小角钢、圆钢等焊接而成。轻型钢结构因具有用钢量省、造价低、供货迅速、安装方便、外形美观、内部空旷等特点,在近年得到了迅速发展。

9)住宅钢结构

用钢结构建造的住宅重量是钢筋混凝土住宅的 1/2 左右,可满足住宅大开间的需求,使用面积比钢筋混凝土住宅提高 4% 左右。钢材可以回收,建造和拆除时对环境污染较少,符合推进住宅产业化、发展节能省地型住宅的国家政策。国办发〔1999〕72 号文件明确提出:发展钢结构住宅,扩大钢结构住宅的市场占有率。近年来钢结构在住宅建筑中被广泛应用。

1.1.2　钢结构的发展

钢结构是由生铁结构逐步发展起来的,中国是最早用铁制造承重结构的国家。远在秦始皇时代(公元前二百多年),就有了用铁建造的桥墩。

我国工程技术人员在钢结构建造方面取得了卓越成就,如 1927 年建成的沈阳黄姑屯机车厂钢结构厂房,1931 年建成的广州中山纪念堂圆屋顶,1937 年建成的杭州钱塘江大桥等。

20 世纪 50 年代后,钢结构的设计、制造和安装水平有了很大提高,建成了大量钢结构工程,有些钢结构工程在规模和技术上已达到世界先进水平。如采用大跨度网架结构的首都体育馆、上海体育馆、深圳体育馆,大跨度三角拱形式的西安秦始皇陵兵马俑陈列馆,悬索结构的北京工人体育馆、浙江体育馆,高耸结构的 200 m 高广州广播电视塔、420 m 高上海东方明珠广播电视塔,板壳结构中有效容积达 54 000 m³ 的湿式储气柜等。

高层建筑钢结构近年来如雨后春笋般拔地而起,发展迅速。我国 20 世纪 80 年代建成的 11 幢高层建筑钢结构最高为 208 m,90 年代建造或设计的高层建筑钢结构最高的达 400 多米,21 世纪已达 600 多米。大跨度空间钢结构中,最先让人们了解的是网架工程,其发展速度较快,技术也比较成熟,国内有许多专用网架计算和绘图程序,这是其迅速发展的重要原因。悬索及斜拉结构、膜和索膜结构在国内应用也较多,主要用于体育馆、车站等大空间公共建筑中。其他大跨度空间钢结构还包括立体桁架、预应力拱结构、弓式结构、悬吊结构、网格结构、索杆杂交结构、索穹顶结构等,在全国各地均有实例。

轻钢结构是近年来发展最快的。这种结构工业化、商品化程度高,施工快,综合效益高。轻钢住宅的研究开发已在各地试点,是轻钢结构发展的一个重要方向,目前已经有多种低层、多层和高层轻钢结构设计方案和实例。因其可做到大跨度、大空间,分隔使用灵活,而且施工速度快、抗震有利,必将对我国传统的住宅结构模式产生较大影响。

目前我国许多城市已经建成了大量的钢结构建筑,这为钢结构体系的应用创造了极为有利的发展环境。

首先,从发展钢结构的主要物质基础来看,自 1996 年开始我国钢材的总产量就已超过 1 亿 t,2017 年我国钢铁产量 10.5 亿 t,占全球钢产量 49%,居世界首位。随着钢材产量和质量的持续提高,其价格正逐步下降,钢结构的造价也相应有较大幅度的降低。与之相应的是,钢结构配套的新型建材也得到了迅速发展。其次,从发展钢结构的技术基础来看,普通钢结构、薄壁轻钢结构、高层民用建筑钢结构、门式刚架轻型房屋钢结构、网架结构、压型钢板结构、钢结构焊接和高强度螺栓连接、钢与混凝土组合楼盖、钢管混凝土结构及钢骨(型钢)混凝土结构等方面的设计、施工、验收规范规程及行业标准已发行 20 余本。有关钢结构规范规程的不断完善为钢结构体系的应用奠定了必要的技术基础,为设计提供了依据。再次,从培养钢结构的人才素质来看,专业钢结构设计人员已经形成一定的规模,而且他们的专业素质在实践中得到了不断提高。另外,随着计算机在工程设计中的普遍应用,国内外钢结构设计软件发展迅猛,软件功能日臻完善,为协助设计人员完成结构分析设计、施工图绘制提供了极大的便利条件。

随着社会分工的不断细化,钢结构设计也必将走向专业化发展的道路。专业钢结构设计也可弥补由于不熟悉钢结构形式而无法优化结构设计方案的问题。

子项 1.2　钢结构的组成与特点

1.2.1　钢结构的组成

钢结构在土木工程中有着广泛的应用。由于使用功能及结构组成方式不同,钢结构种类繁多、形式各异。所有这些钢结构尽管用途、形式各不相同,但它们都是由钢板和型钢经过加工,组合连接制成,如拉杆(有时还包括钢索)、压杆、梁、柱及桁架等,然后将这些基本构件按一定方式通过焊接和螺栓连接组成结构,以满足使用要求。

下面结合单层和多层房屋,对如何按一定方式由基本构件组成能满足各种使用功能要求的钢结构作简要说明。

单层钢结构房屋的特点是主要承受重力荷载,水平风荷载及吊车制动力等一般属于次要荷载。对于这类结构,一般的做法是形成一系列竖向的平面承重结构,并用纵向构件和支撑构件把它们连接成空间整体。这些构件也同时起承受和传递纵向水平荷载的作用。图1.3是一个单层房屋钢结构组成示意图,图中屋盖桁架和柱组成一系列的平面承重结构[图1.3(a)]。这些平面承重结构又用纵向构件和各种支撑(如图中所示的上弦横向支撑、垂直支撑及柱间支撑等)连成一个空间整体[图1.3(b)],保证整个结构在空间各个方向都成为一个几何不变体系。除此之外,还可以由实腹的梁和柱组成框架或拱,框架和拱可以做成三铰、二铰或无铰,跨度大的还可以用桁架拱。

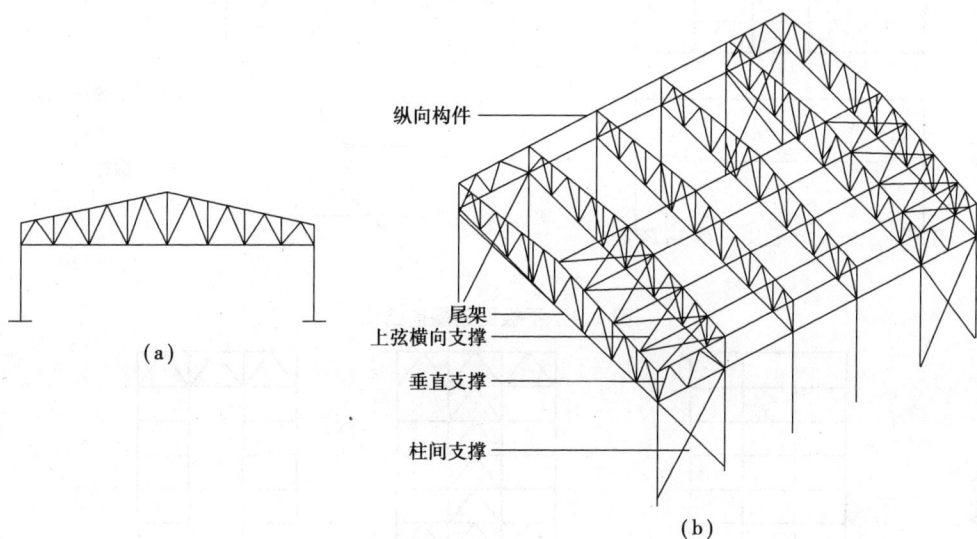

纵向构件

尾架
上弦横向支撑

垂直支撑

柱间支撑

(a)

(b)

图1.3　单层房屋钢结构组成示意图

上述结构均属于平面结构体系。其特点是结构由承重体系及附加构件两部分组成,其中承重体系是一系列相互平行的平面结构,结构平面内的垂直和横向水平荷载由它承担,并在该结构平面内传递到基础。附加构件(纵向构件及支撑)的作用是将各个平面结构连成整体,同时也承受结构平面外的纵向水平力。当建筑物的长度和宽度尺寸接近,或平面呈圆形时,如果将各个承重构件自身组成空间几何不变体系并省去附加构件,受力就更加合理。如图1.4所示平板网架屋盖结构,它由倒置的四角锥体组成,锥底的四边为网架的上弦杆,锥棱为腹杆,连接各锥顶的杆件为下弦杆,屋架的荷载沿两个方向传到四边的柱上,再传至基础,形成一种空间传力体系,因此这种结构体系也称为空间结构体系。这个平板网架中,所有的构件都是主要承重体系的部件,没有附加构件,因此内力分布合理,可以节省钢材。

多层房屋结构的特点是随着房屋高度的增加,水平风荷载(以及地震荷载)的影响越来越大。提高结构抵抗水平荷载的能力,以及控制水平位移不要过大,是这类房屋组成的主要问题。一般多层钢结构房屋的组成体系主要有:框架体系,即由梁和柱组成的多层多跨框架,如图1.5(a)所示;带刚性加强层的结构,即在两列柱之间设置斜撑,形成竖向悬臂桁架,以便承受更大的水平荷载,如图1.5(b)所示;悬挂结构体系,即利用房屋中心的内筒承受全部重力和水平荷载,筒顶有悬伸的桁架,楼板用高强钢材的拉杆挂在桁架上,如图1.5(c)所示。

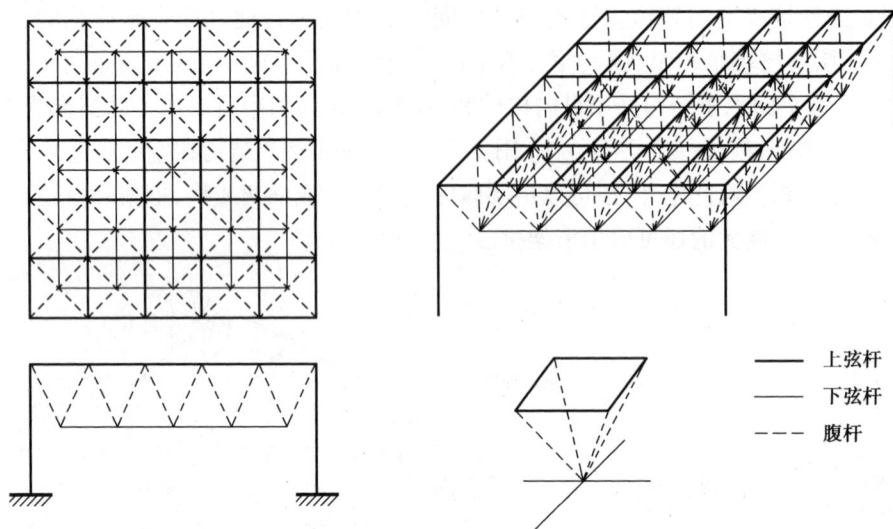

图例:
—— 上弦杆
—— 下弦杆
- - - 腹杆

图1.4 平板网架屋盖结构

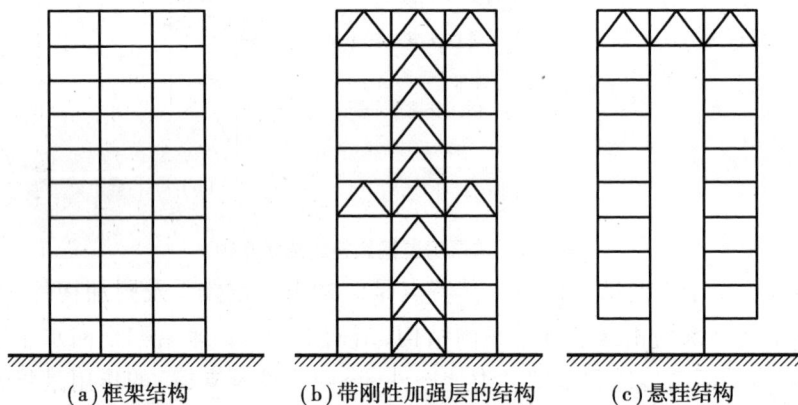

(a)框架结构　　　　(b)带刚性加强层的结构　　　　(c)悬挂结构

图1.5 多层房屋钢结构

　　通过以上对房屋钢结构组成的简要分析可知,在满足结构使用功能的要求时,结构必须形成空间整体(几何不变体系),才能有效且经济地承受荷载,才能具有较高的强度、稳定性和刚度,如果主要承重构件本身已经形成空间整体,不需要附加支撑,也可以形成十分有效的结构组成方案。结构方案的适宜性和施工及材料供应条件也有很大关系,应加以考虑。

　　本节仅对单层及多层房屋的钢结构组成作了一些简单介绍,其他结构如桥梁、塔架等同样也应遵循这些原则。同时,我们还应看到,随着工程技术的不断发展以及对结构组成规律的不断深入研究,将会创造和开发出更多的新型结构体系。

1.2.2　钢结构的特点

钢结构在工程中得到广泛应用和发展,是由于钢结构与其他结构相比具有以下特点:

(1)质量轻

钢材与混凝土相比,虽然质量密度较大,但其屈服点较混凝土的抗压强度要高得多,其质量密度与屈服点的比值相对较低。在承载力相同的条件下,钢结构与钢筋混凝土结构相比,构件较小、质量较轻,便于运输和安装。钢材质地均匀,各向同性,弹性模量大,有良好的塑性和韧性,为理想的弹塑性体,完全符合目前所采用的计算方法和基本理论。

钢材容重大、强度高,但做成的结构却比较轻,可以用结构的轻质性系数 α 来描述。

$$\alpha = \frac{材料密度 \rho}{材料屈服高度 f_y}$$

α 值越小,结构相对越轻。

建筑钢材: $\alpha = 1.7 \sim 3.7 \times 10^{-4}/m$;钢筋混凝土: $\alpha \approx 18 \times 10^{-4}/m$ 。

以同样跨度承受同样的荷载,钢屋架的质量最多为钢筋混凝土屋架的 $1/4 \sim 1/3$,冷弯薄壁型钢屋架甚至接近 $1/10$ 。

(2)生产、安装工业化程度高,施工周期短

钢结构生产具有成批大件生产和高度准确性的特点,可以采用工厂制作、工地安装的施工方法,因此其生产作业面多,可缩短施工周期,进而为降低造价、提高效益创造条件。

(3)密闭性能好

钢材本身组织非常致密,当采用焊接连接甚至螺栓连接时,都可以做到完全密封不渗漏。因此,一些要求气密性和水密性好的压力容器、油罐、气柜、管道等板壳结构都采用钢结构。

(4)抗震及抗动力荷载性能好

钢结构由于自重轻、质地均匀,具有较好的延性,所以抗震及抗动力荷载性能好。

(5)耐热性好,但防火性差

温度在 200 ℃ 以内,钢的性质变化很小;温度超过 200 ℃ 后,材质变化较大,不仅强度总趋势逐步降低,还有兰脆和徐变现象。当温度达到 600 ℃ 时,钢材进入塑性状态,已不能承载。因此,设计规定钢材表面温度超过 150 ℃ 时即需进行隔热防护,对有防火要求者,更需按相应规定采取隔热保护措施。当防火设计不当或者防火层处于破坏的状况下,有可能产生灾难性的后果。

(6)钢结构抗腐蚀性较差

钢结构的最大缺点是易于锈蚀。新建造的钢结构一般都需仔细除锈、镀锌或刷涂料,以后隔一定时间又要重新刷涂料,这就使钢结构的维护费用比钢筋混凝土结构高。目前国内外正在发展不易锈蚀的耐候钢,可大量节省维护费用,但还未能广泛采用。随着高科技的发展,钢结构易锈蚀、防火性能比混凝土差的问题将逐渐得到解决,一方面从钢材本身解决,如采用耐候钢和耐火高强度钢;另一方面采用高效防腐涂料,特别是防腐、防火合一的涂料。

子项 1.3　实训项目

实训项目 1　认知钢结构模型

（1）实训目的

通过钢结构模型的实训学习,掌握钢结构房屋的各部分构件。

（2）实训要求

①钢结构房屋模型。

②能准确说出钢结构梁、板、柱、屋架、网架、焊缝、支撑等构件。

（3）实训步骤

①准备典型的钢结构房屋模型,如单层厂房钢结构、多层房屋钢结构、网架结构等。

②分组认知钢结构房屋模型。

③结合课堂的讲解及课本的图例,认知钢结构模型中各主要构件名称,初步了解各主要构件如梁、柱、屋架、支撑等在整个结构中的作用,能说出结构的传力途径。

（4）时间

2 学时。

（5）实训考核

①考核组织。将学生分组,由指导教师进行考核。

②考核方式与内容。教师根据钢结构工程模型,提出钢结构组成的三个问题,由学生进行回答,然后给出实训考核成绩。

实训项目 2　现场教学

（1）实训目的

通过大型钢结构厂房的现场教学,掌握钢结构房屋的各部分构件。

（2）实训要求

①钢结构厂房。

②通过参观一大型钢结构厂房,认知钢结构梁、板、柱、屋架、网架、焊缝、支撑等构件。

（3）实训步骤

①到一家大型的钢结构厂房进行实地考察。

②在实训项目 1 的基础上,进一步认知钢结构厂房中各主要构件及其在整个结构中的作用。

③写出一份认识钢结构的实训报告。

（4）时间

2 学时。

（5）实训考核

①考核组织。将学生分组,由指导教师进行考核。

②考核方式与内容。教师根据钢结构厂房图片,提出钢结构厂房组成的三个问题,由学生进行回答,然后给出实训考核成绩。

项目小结

①钢结构的应用:厂房结构,大跨度结构,多层、高层结构,高耸构筑物,密闭压力容器,移动结构,桥梁结构,轻钢结构,住宅钢结构。

②钢结构的发展:自 1996 年开始我国钢材的总产量就已超过 1 亿 t,2017 年产量达到 10.5 亿 t,居世界首位。钢结构设计、施工、验收规范规程及行业标准已发行 20 余本,轻型钢结构,大跨度钢结构,高层、超高层钢结构,钢骨(型钢)混凝土结构得到广泛应用。

③钢结构通常由钢板、型钢或冷加工成形的薄壁型钢等制成,其基本构件是拉杆、压杆、梁、柱、桁架等,各构件或部件间采用焊接、铆接或螺栓连接等方式连接。一般有平面结构和空间结构两种形式,其结构需满足结构的使用功能,具有足够的强度、刚度和稳定性。

④钢结构的特点:强度高,自重轻,塑性、韧性好,材质均匀,工作可靠,工业化生产程度高,环保性能好,可重复利用,可节约能源,能制成不渗漏的密闭结构,耐热性能好。最适合于跨度大、高耸、重型、受动力荷载的结构。轻钢结构用于住宅建筑具有许多其他住宅不具备的优点。钢结构的缺点:耐火性能差,易锈蚀。

复习思考题

1. 目前我国钢结构主要应用在哪些方面?
2. 试述钢结构的组成和特点。
3. 通过收集阅读有关钢结构发展方面的资料,谈谈你对钢结构的看法。

项目 2
钢结构识图

 **项目导读**

- **基本要求** 通过本项目学习,应了解钢结构施工图的内容,熟悉钢结构制图的一般要求,掌握钢结构施工图的基本规定,掌握常用型钢、螺栓及螺栓孔的标注与表示方法,掌握焊缝符号及标注,掌握尺寸标注的基本规定与节点详图。
- **重点** 钢结构施工图的基本规定,常用型钢、螺栓及螺栓孔的标注与表示方法,尺寸标注的基本规定与节点详图。
- **难点** 焊缝符号及标注。

钢结构施工图包括构件的总体布置图和钢结构节点详图。总体布置图表示整个钢结构构件的布置情况,一般用单线条绘制并标注几何中心线尺寸;钢结构节点详图包括构件的断面尺寸、类型以及节点的连接方式等。

子项 2.1　钢结构施工图的基本规定

钢结构施工图的图线、字体、比例、符号、定位轴线、图样画法、尺寸标注及常用建筑材料图例等应遵守现行国家标准《房屋建筑制图统一标准》(GB/T 50001—2017)、《建筑结构制图标准》(GB/T 50105—2010)、《焊缝符号表示法》(GB/T 324—2008)和《技术制图 焊缝符号的尺寸、比例及简化表示方法》(GB/T 12212—2012)等的有关规定。图面表示应做到层次分明,图形之间关系明确,使整套图纸清晰、简明和完整,同时又尽可能减少图纸的绘制工作,以提高施工图纸的绘制效率。

2.1.1　图纸幅面

钢结构施工图的图纸幅面常用 A0(841 mm × 1 189 mm)、A1(594 mm × 841 mm)、

A2(420 mm×594 mm)、A3(297 mm×420 mm)、A4(210×297mm),必要时可采用1.5A1。在一套图纸中应尽量采用一种规格的幅面,不宜多于两种幅面(图纸目录用A4除外)。

2.1.2 图线

绘制施工图时,应根据不同用途,按表2.1、表2.2所示选用图线宽度和图线,且图形中保持相对的粗细关系。

表2.1 线宽组　　　　　　　　　　单位:mm

线宽比	线宽组			
b	1.4	1.0	0.7	0.5
$0.7b$	1.0	0.7	0.5	0.35
$0.5b$	0.7	0.5	0.35	0.25
$0.25b$	0.35	0.25	0.18	0.13

注:①需要缩微的图纸,不宜采用0.18 mm及更细的线宽。
　　②同一张图纸内,各不同线宽中的细线,可统一采用较细的线宽组的细线。

表2.2 图线

名　称		线　型	线　宽	用　途
实线	粗	——————	b	主要可见轮廓线
	中粗	——————	$0.7b$	可见轮廓线
	中	——————	$0.5b$	可见轮廓线、尺寸线、变更云线
	细	——————	$0.25b$	图例填充线、家具线
虚线	粗	- - - - - -	b	见各有关专业制图标准
	中粗	- - - - - -	$0.7b$	不可见轮廓线
	中	- - - - - -	$0.5b$	不可见轮廓线、图例线
	细	- - - - - -	$0.25b$	图例填充线、家具线
单点长画线	粗	—·—·—	b	见各有关专业制图标准
	中	—·—·—	$0.5b$	见各有关专业制图标准
	细	—·—·—	$0.25b$	中心线、对称线、轴线等
双点长画线	粗	—··—··—	b	见各有关专业制图标准
	中	—··—··—	$0.5b$	见各有关专业制图标准
	细	—··—··—	$0.25b$	假想轮廓线、成型前原始轮廓线
折断线	细	——／\———	$0.25b$	断开界线
波浪线	细	～～～	$0.25b$	断开界线

2.1.3 字体

图纸上所需书写的文字、数字和符号等,均应笔画清晰、字体端正、排列整齐;标点符号应清楚正确。钢结构施工图中使用的文字均采用长仿宋体(见表2.3),汉字的书写应符合国家有关汉字简化方案的规定。

表2.3 长仿宋字高宽关系　　　　　　　单位:mm

字高	20	14	10	7	5	3.5
字宽	14	10	7	5	3.5	2.5

2.1.4 比例

所有图形应按比例绘制,根据图形用途和复杂程度按常用比例选用。一般结构布置的平、立、剖面采用1:100、1:200,构件图用1:50,节点图用1:10、1:15,也可用1:20、1:25。一般情况下,图形宜选用同一种比例。格构式结构的构件,同一图形可用两种比例,几何中心线用较小的比例,截面用较大的比例。当构件纵横向截面尺寸相差悬殊时,亦可在同一图中的纵横向选用不同的比例。

平面图 1:100　　⑥ 1:20

图2.1 比例的注写

比例符号为":",比例应以阿拉伯数字表示。比例宜注写在图名的右侧,字的基准线应取平;比例的字高宜比图名的字高小一号或二号(图2.1)。

2.1.5 符号

钢结构施工图中常用的符号有剖切符号、索引符号与详图符号、引出线、其他符号等。

1)剖切符号

①剖视的剖切符号应由剖切位置线及剖视方向线组成,均应以粗实线绘制。剖视的剖切符号应符合下列规定:

a.剖切位置线的长度宜为6~10 mm;剖视方向线应垂直于剖切位置线,长度应短于剖切位置线,宜为4~6 mm(图2.2)。也可采用国际通用剖视表示方法,如图2.3所示。绘制时,剖视剖切符号不应与其他图线相接触。

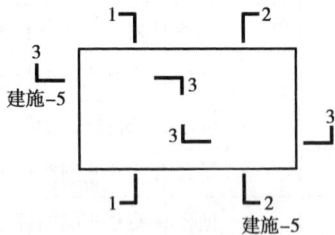

图2.2 剖视的剖切符号(1)　　　　图2.3 剖视的剖切符号(2)

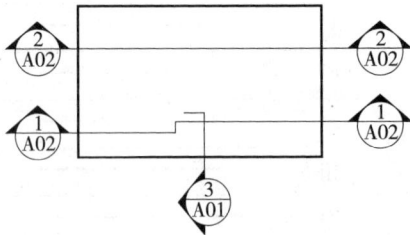

b.剖视剖切符号的编号宜采用粗阿拉伯数字,按剖切顺序由左至右、由下向上连续编排,并应注写在剖视方向线的端部。

c.需要转折的剖切位置线,应在转角的外侧加注与该符号相同的编号。

d.建(构)筑物剖面图的剖切符号应注在±0.000标高的平面图或首层平面图上。

e.局部剖面图(不含首层)的剖切符号应注在包含剖切部位的最下面一层的平面图上。

②断面的剖切符号应符合下列规定:

a.断面的剖切符号应用剖切位置线表示,并应以粗实线绘制,长度宜为 6 ~ 10 mm。

b.断面剖切符号的编号宜采用阿拉伯数字,按顺序连续编排,并应注写在剖切位置线的一侧;编号所在的一侧应为该断面的剖视方向,如图 2.4 所示。

③剖面图或断面图,当与被剖切图样不在同一张图内时,应在剖切位置线的另一侧注明其所在图纸的编号,也可以在图上集中说明。

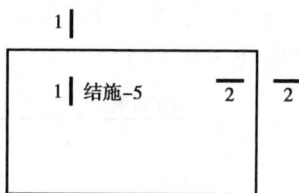

图 2.4 断面的剖切符号

2)索引符号与详图符号

(1)索引符号

布置图或构件图中某一局部或构件间的连接构造,需放大绘制详图或其详图需见另外的图纸时,可用索引符号。索引符号的圆及直径均以细实线绘制,圆的直径一般为 8 ~ 10 mm,被索引的节点可在同一张图纸上绘制,也可在另外的图纸上绘制,如图 2.5 所示。

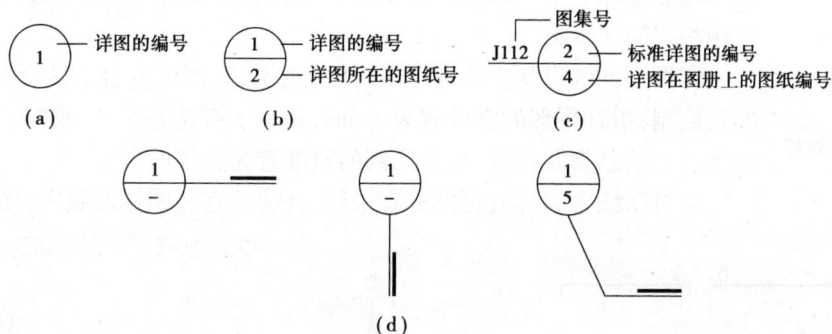

图 2.5 索引符号

(2)详图符号

详图的位置和编号应以详图符号表示。详图符号的圆应以直径为 14 mm 粗实线绘制。详图编号应符合下列规定:

①详图与被索引的图样同在一张图纸内时,应在详图符号内用阿拉伯数字注明详图的编号,如图 2.6 所示。

②详图与被索引的图样不在同一张图纸内时,应用细实线在详图符号内画一水平直径,在上半圆中注明详图编号,在下半圆中注明被索引的图纸的编号,如图 2.7 所示。

图 2.6 与被索引图样同在一张图纸内的详图符号

图 2.7 与被索引图样不在同一张图纸内的详图符号

3)引出线

引出线应以细实线绘制,宜采用水平方向的直线,与水平方向成 30°、45°、60°、90° 的直线,或经上述角度再折为水平线。文字说明宜注写在水平线的上方[图 2.8(a)],也可注写在水平线的端部[图 2.8(b)]。索引详图的引出线,应与水平直径线相连接[图 2.8(c)]。

同时引出的几个相同部分的引出线宜互相平行[图2.9(a)],也可画成集中于一点的放射线[图2.9(b)]。

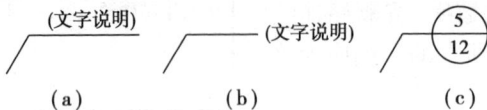

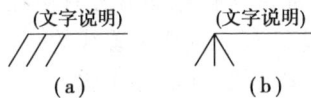

图2.8　引出线　　　　　　　　　图2.9　共同引出线

4)其他符号

①对称符号由对称线和两端的两对平行线组成。对称线用细单点长画线绘制;平行线用细实线绘制,其长度宜为6~10 mm,每对的间距宜为2~3 mm;对称线垂直平分两对平行线,两端超出平行线宜为2~3 mm(图2.10)。

②连接符号应以折断线表示需连接的部位。两部位相距过远时,折断线两端靠图样一侧应标注大写拉丁字母表示连接编号。两个被连接的图样应用相同的字母编号(图2.11)。

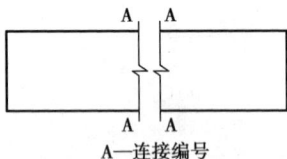

③指北针的形状应符合图2.12的规定,其圆的直径宜为24 mm,用细实线绘制;指针尾部的宽度宜为3 mm,指针头部应注"北"或"N"字。需用较大直径绘制指北针时,指针尾部的宽度宜为直径的1/8。

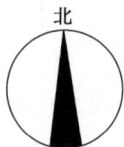

④对图纸中局部变更部分宜采用云线,并宜注明修改版次(图2.13)。

图2.10　对称符号

图2.11　连接符号　　　图2.12　指北针　　　图2.13　变更云线

2.1.6　定位轴线及编号

定位轴线应用细单点长画线绘制。定位轴线应编号,编号应注写在轴线端部的圆内。圆应用细实线绘制,直径为8~10 mm。定位轴线圆的圆心应在定位轴线的延长线上或延长线的折线上。

除较复杂需采用分区编号或圆形、折线形外,平面图上定位轴线的编号宜标注在图样的下方或左侧。横向编号应用阿拉伯数字,从左至右顺序编写;竖向编号应用大写英文字母,从下至上顺序编写,如图2.14所示。

定位轴线的其他规定详见《房屋建筑制图统一标准》(GB/T 50001—2017)。

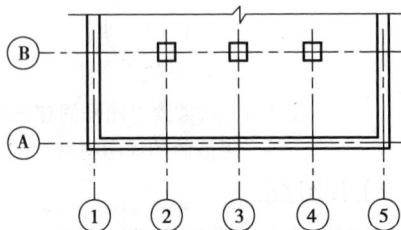

图2.14　定位轴线的编号顺序

2.1.7 尺寸标注及标高

1)尺寸界线、尺寸线、尺寸起止符号

图样上的尺寸应包括尺寸界线、尺寸线、尺寸起止符号和尺寸数字,如图2.15所示。图中标注的尺寸,除标高及总平面以 m 为单位外,其他必须以 mm 为单位。尺寸线、尺寸界线应用细实线绘制,尺寸起止符号用中粗线绘制,短线长2~3 mm,其倾斜方向应与尺寸界线成顺时针45°角。

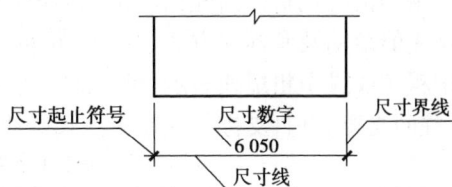

图 2.15 尺寸组成

2)标高

①标高符号应以直角等腰三角形表示,按图2.16(a)所示形式用细实线绘制,当标注位置不够时,也可按图2.16(b)所示形式绘制。标高符号的具体画法应符合图2.16(c)、(d)的规定。

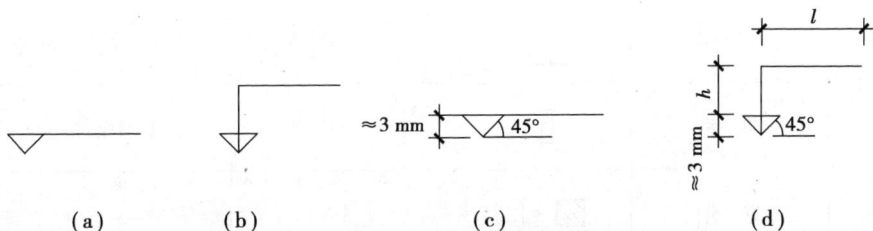

图 2.16 标高符号

注:l 取适当长度注写标高数字;h 根据需要取适当高度。

②总平面图室外地坪标高符号,宜用涂黑的三角形表示,具体画法应符合图2.17的规定。

③标高符号的尖端应指至被注高度的位置。尖端宜向下,也可向上。标高数字应注写在标高符号的上侧或下侧,如图2.18所示。

图 2.17 总平面图室外地坪标高符号

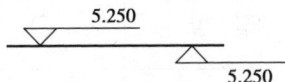

图 2.18 标高的指向

④标高数字应以 m 为单位,注写到小数点以后第三位。在总平面图中,可注写到小数点以后第二位。

⑤零点标高应注写成 ±0.000,正数标高不注"+",负数标高应注"−",例如3.000,−0.600。

⑥在图样的同一位置需表示几个不同标高时,标高数字可按图2.19的形式注写。

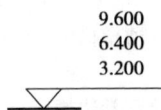

图 2.19 同一位置注写多个标高数字

子项 2.2 常用型钢的标注方法

钢结构的钢材是由轧钢厂按标准规格(型号)轧制而成的,通称型钢。表2.4列出了一些常用的型钢及其标注方法。此外,根据国标规定,钢结构图中的可见或不可见轮廓线分别以中粗实线或中粗虚线表示,可见或不可见的螺栓、钢支撑及杆件分别以粗实线或粗虚线表示,柱间支撑、垂直支撑等以粗单点长画线表示。

表2.4 常用型钢的标注方法

序 号	名 称	截 面	标 注	说 明
1	等边角钢	∟	∟ $b \times t$	b 为肢宽 t 为肢厚
2	不等边角钢	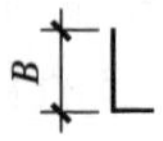	∟ $B \times b \times t$	B 为长肢宽 b 为短肢宽 t 为肢厚
3	工字钢	I	I N Q I N	轻型工字钢加注 Q 字
4	槽 钢	[	[N Q [N	轻型槽钢加注 Q 字
5	方 钢	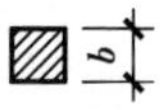	□ b	—
6	扁 钢	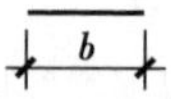	— $b \times t$	—
7	钢 板	—	$-\dfrac{b \times t}{L}$	$\dfrac{宽 \times 厚}{板长}$
8	圆 钢	⊘	ϕd	
9	钢 管	○	$\phi d \times l$	d 为外径 t 为壁厚
10	薄壁方钢管	□	B □ $b \times t$	
11	薄壁等肢角钢	∟	B ∟ $b \times t$	
12	薄壁等肢卷边角钢	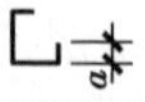	B ⌐ $b \times a \times t$	
13	薄壁槽钢	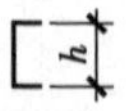	B [$h \times b \times t$	薄壁型钢加注 B 字, t 为壁厚
14	薄壁卷边槽钢		B [$h \times b \times a \times t$	
15	薄壁卷边 Z 型钢	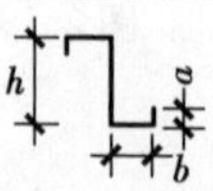	B $h \times b \times a \times t$	

续表

序　号	名　称	截　面	标　注	说　明
16	T 型钢	⊤	TW ×× TM ×× TN ××	TW 为宽翼缘 T 型钢 TM 为中翼缘 T 型钢 TN 为窄翼缘 T 型钢
17	H 型钢	H	HW ×× HM ×× HN ××	HW 为宽翼缘 H 型钢 HM 为中翼缘 H 型钢 HN 为窄翼缘 H 型钢
18	起重机钢轨	⊥	⊥ QU××	详细说明产品规格型号
19	轻轨及钢轨	⊥	⊥ ××kg/m 钢轨	

子项 2.3　螺栓及螺栓孔的表示方法

螺栓规格一律以公称直径标注,如以直径 20 mm 为例,图面标注为 M20,其孔径应标为: $d = 21.5$ mm 。螺栓、孔、电焊铆钉的表示方法应符合表 2.5 中的规定。

表 2.5　螺栓、孔、电焊铆钉的表示方法

序　号	名　称	图　例	说　明
1	永久螺栓		
2	高强度螺栓		
3	安装螺栓		1.细"+"线表示定位线; 2.M 表示螺栓型号; 3.ϕ 表示螺栓孔直径; 4.d 表示膨胀螺栓、电焊铆钉直径; 5.采用引出线标注螺栓时,横线上标注螺栓规格,横线下标注螺栓孔直径
4	膨胀螺栓		
5	圆形螺栓孔		
6	长圆形螺栓孔		
7	电焊铆钉		

子项 2.4　焊缝符号及标注

在钢结构施工图中,焊缝一般应按《焊缝符号表示法》(GB/T 324—2008)和《建筑结构制图标准》(GB/T 50105—2010)的规定,采用焊缝符号进行标注。

2.4.1　焊缝符号表示法

在技术图样或文件上需要表示焊缝或接头时,推荐采用焊缝符号。必要时,也可采用一般的技术制图方法表示。

焊缝符号应清晰表述所要说明的信息,不使图样增加更多的注解。

完整的焊缝符号包括基本符号、指引线、补充符号、尺寸符号及数据等。为了简化,在图样上标注焊缝时通常只采用基本符号和指引线,其他内容一般在有关文件(如焊接工艺规程等)中明确。

焊缝符号的比例、尺寸及标注位置参见《技术制图　焊缝符号的尺寸、比例及简化表示法》(GB/T 12212—2012)和《焊缝符号表示法》(GB/T 324—2008)的有关规定。

1)符号

(1)基本符号

基本符号表示焊缝横截面的基本形式或特征,具体参见表2.6。

表2.6　基本符号

序　号	名　称	示意图	符　号
1	卷边焊缝(卷边完全熔化)		 八
2	I 形焊缝		 ‖
3	V 形焊缝		∨
4	单边 V 形焊缝		 Ⅴ
5	带钝边 V 形焊缝		 Y
6	带钝边单边 V 形焊缝		 Υ

续表

序　号	名　称	示意图	符　号
7	带钝边 U 形焊缝		Y
8	带钝边 J 形焊缝		ʏ
9	封底焊缝		⌣
10	角焊缝		◺
11	塞焊缝或槽焊缝		⊓
12	点焊缝		○
13	缝焊缝		⊖
14	陡边 V 形焊缝		⋁
15	陡边单 V 形焊缝		⋁

续表

序　号	名　称	示意图	符　号
16	端焊缝		‖‖
17	堆焊缝	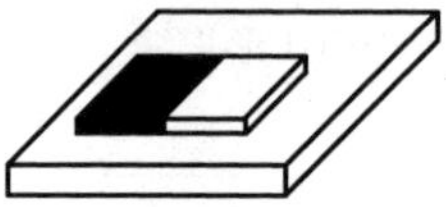	 ⌒⌒
18	平面连接（钎焊）	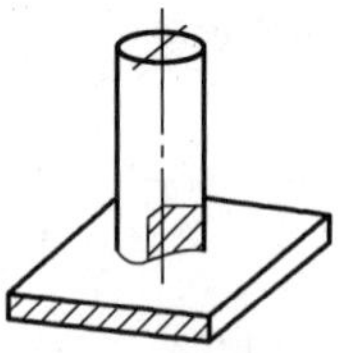 	＝
19	斜面连接（钎焊）	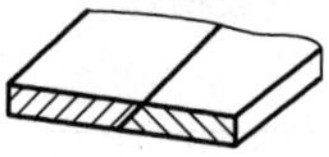	∥
20	折叠连接（钎焊）		 ⊂

（2）基本符号的组合

标注双面焊焊缝或接头时，基本符号可经组合使用，见表2.7。

表2.7　基本符号的组合

序　号	名　称	示意图	符　号
1	双面 V 形焊缝（X 焊缝）	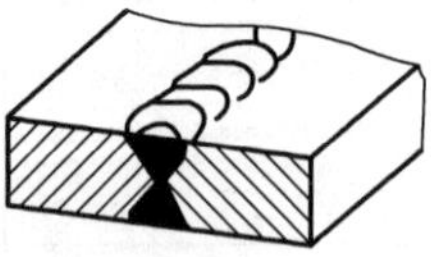	X
2	双面单 V 形焊缝（K 焊缝）	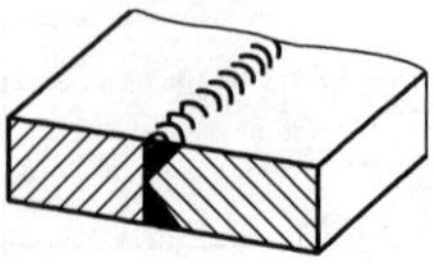	K
3	带钝边的双面 V 形焊缝	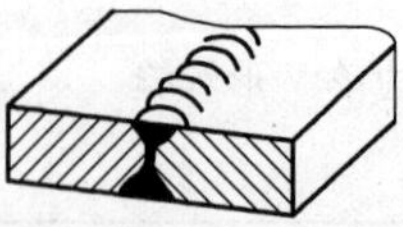	 Ⅹ

序 号	名 称	示意图	符 号
4	带钝边的双面单 V 形焊缝	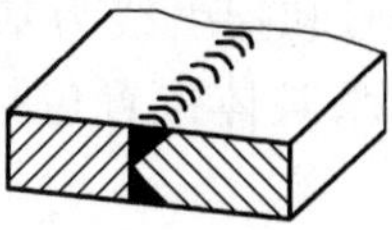	 K
5	双面 U 形焊缝	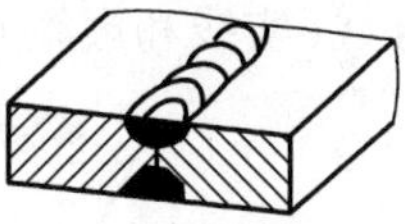	 X

（3）补充符号

补充符号用来补充说明有关焊缝或接头的某些特征（如表面形状、衬垫、焊缝分布、施焊地点等），参见表2.8。

表2.8 补充符号

序 号	名 称	符 号	说 明
1	平 面	 ———	焊缝表面通常经过加工后平整
2	凹 面	 ⌣	焊缝表面凹陷
3	凸 面	⌢	焊缝表面凸起
4	圆滑过渡		焊趾处过渡圆滑
5	永久衬垫	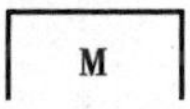 M	衬垫永久保留
6	临时衬垫	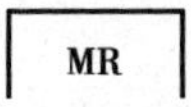 MR	衬垫在焊接完成后拆除
7	三面焊缝	⊏	三面带有焊缝
8	周围焊缝	 ○	沿着工件周边施焊的焊缝,标注位置为基准线与箭头线的交点处
9	现场焊缝	 ◤	在现场焊接的焊缝
10	尾 部	 <	可以表示所需的信息

2）基本符号和指引线的位置规定

（1）基本要求

在焊缝符号中，基本符号和指引线为基本要素。焊缝的准确位置通常由基本符号和指引线之间的相对位置决定，具体位置包括箭头线的位置、基准线的位置和基本符号的位置。

（2）指引线

指引线由箭头线和基准线（实线和虚线）组成，如图2.20所示。

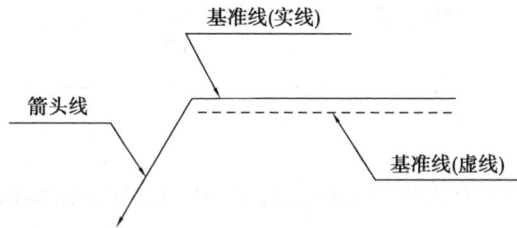

图2.20 指引线

①箭头线。箭头直接指向的接头侧为"接头的箭头侧"，与之相对的则为"接头的非箭头侧"，如图2.21所示。

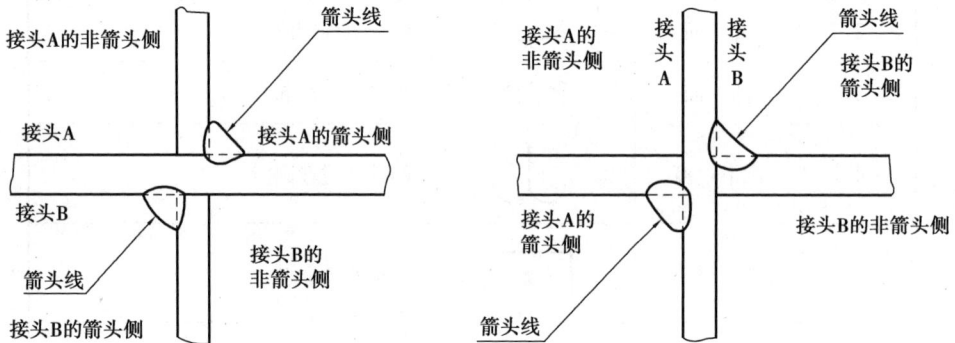

图2.21 接头的"箭头侧"及"非箭头侧"示例

②基准线。基准线一般应与图样的底边平行，必要时也可与底边垂直。实线和虚线的位置可根据需要互换。

（3）基本符号与基准线的相对位置

①基本符号在实线侧时，表示焊缝在箭头侧，如图2.22（a）所示；

②基本符号在虚线侧时，表示焊缝在非箭头侧，如图2.22（b）所示；

③对称焊缝允许省略虚线，如图2.22（c）所示；

④在明确焊缝分布位置的情况下，有些双面焊缝也可省略虚线，如图2.22（d）所示。

3）尺寸及标注

（1）一般规定

必要时，可以在焊缝符号中标注尺寸。尺寸符号见表2.9。

(a)焊缝在接头的箭头侧

(b)焊缝在接头的非箭头侧

(c)对称焊缝　　　　　　(d)双面焊缝

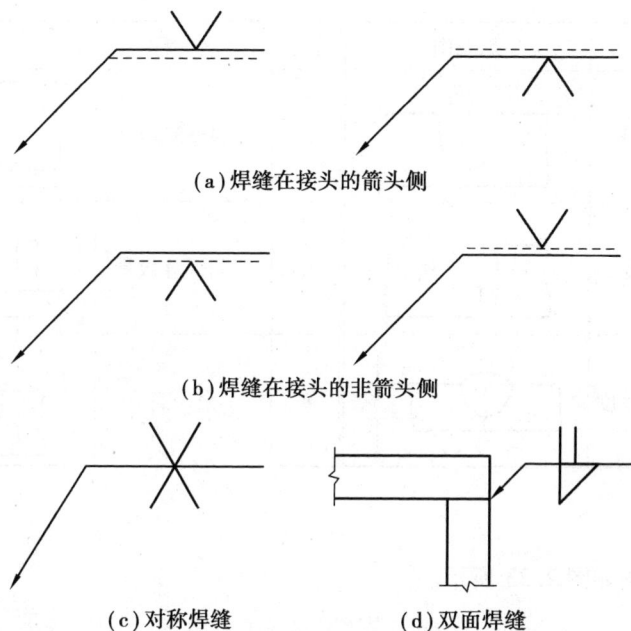

图2.22　基本符号与基准线的相对位置

表2.9　尺寸符号

序号	名　　称	示意图	序号	名　　称	示意图
δ	工件厚度		c	焊缝宽度	
α	坡口角度		K	焊脚尺寸	
β	坡口面角度		d	点焊:熔核直径 塞焊:孔径	
b	根部间隙		n	焊缝段数	
p	钝边		l	焊缝长度	

续表

序号	名　称	示意图	序号	名　称	示意图
R	根部半径		e	焊缝间距	
H	坡口深度		N	相同焊缝数量	
S	焊缝有效厚度		h	余　高	

（2）标注规则

尺寸的标注方法如图 2.23 所示。

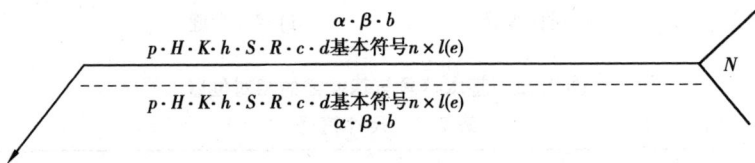

$$\alpha \cdot \beta \cdot b$$
$$p \cdot H \cdot K \cdot h \cdot S \cdot R \cdot c \cdot d \text{基本符号} n \times l(e)$$
$$p \cdot H \cdot K \cdot h \cdot S \cdot R \cdot c \cdot d \text{基本符号} n \times l(e)$$
$$\alpha \cdot \beta \cdot b$$
$$N$$

图 2.23　尺寸标注方法

①横向尺寸标注在基本符号的左侧；

②纵向尺寸标注在基本符号的右侧；

③坡口角度、坡口面角度、根部间隙标注在基本符号的上侧或下侧；

④相同焊缝数量标注在尾部；

⑤当尺寸较多不易分辨时，可在尺寸数据前标注相应的尺寸符号。

当箭头线方向改变时，上述规则不变。

（3）关于尺寸的其他规定

确定焊缝位置的尺寸不在焊缝符号中标注，应将其标注在图样上。

在基本符号的右侧无任何尺寸标注又无其他说明时，意味着焊缝在工件的整个长度方向上是连续的。

在基本符号的左侧无任何尺寸标注又无其他说明时，意味着对接焊缝应完全焊透。

塞焊缝、槽焊缝带有斜边时，应标注其底部尺寸。

2.4.2　常用焊缝的表示方法

焊接钢构件的焊缝除应执行现行国家标准《焊缝符号表示法》（GB/T 324—2008）的有关规定外，还应符合下列各项规定。

①单面焊缝的标注方法应符合下列规定：

a.当箭头指向焊缝所在的一面时，应将图形符号和尺寸标注在横线的上方，如图 2.24（a）所示；当箭头指向焊缝所在另一面（相对应的那面）时，应按图 2.24（b）的规定执行，将图形符号和尺寸标注在横线的下方。

b.表示环绕工作件周围的焊缝时,应按图2.24(c)的规定执行,其围焊焊缝符号为圆圈,绘在引出线的转折处,并标注焊角尺寸K。

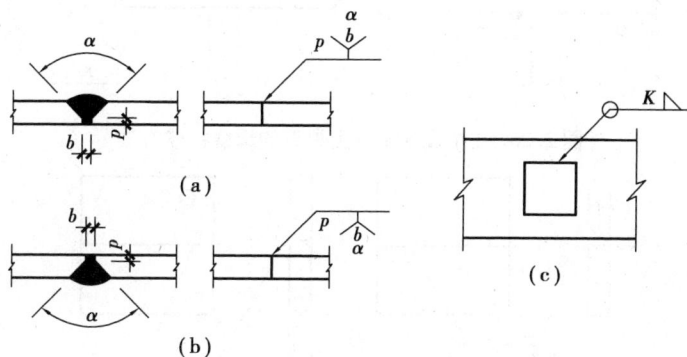

图2.24 单面焊缝的标注方法

②双面焊缝应在横线的上、下都标注符号和尺寸。上方表示箭头一面的符号和尺寸,下方表示另一面的符号和尺寸,如图2.25(a)所示;当两面的焊缝尺寸相同时,只需在横线上方标注焊缝的符号和尺寸,如图2.25(b)、(c)、(d)所示。

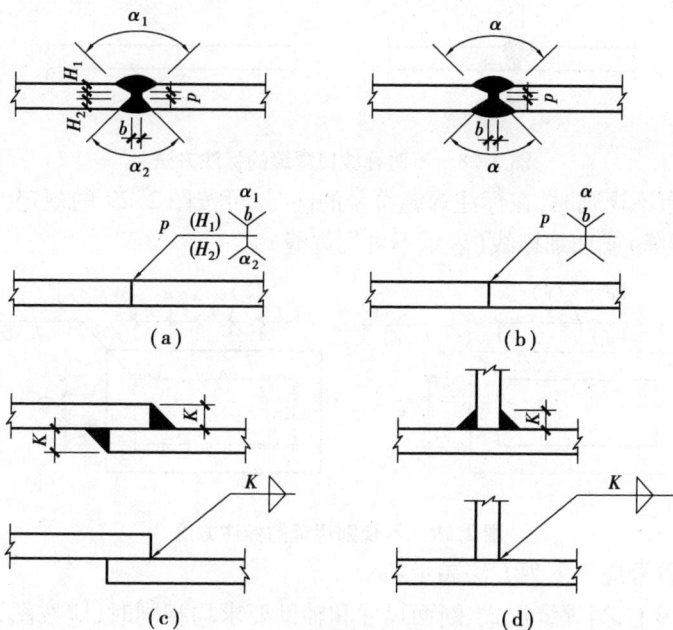

图2.25 双面焊缝的标注方法

③3个和3个以上的焊件相互焊接的焊缝,不得作为双面焊缝标注。其焊缝符号和尺寸应分别标注,如图2.26所示。

④相互焊接的两个焊件中,当只有一个焊件带坡口时(如单面V形),引出线箭头必须指向带坡口的焊件,如图2.27所示。

⑤相互焊接的两个焊件,当为单面带双边不对称坡口焊缝时,引出线箭头应指向较大坡口的焊件,如图2.28所示。

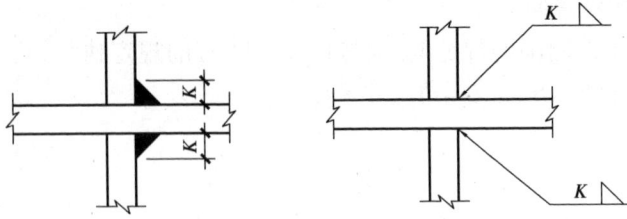

图2.26　3个及3个以上焊件的焊缝标注方法

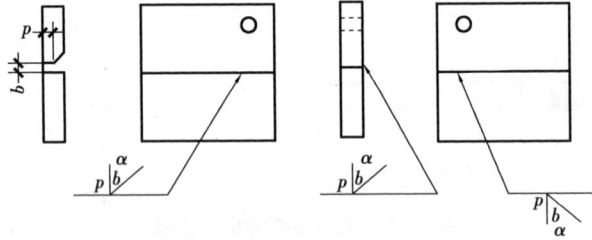

图2.27　一个焊件带坡口的焊缝标注方法

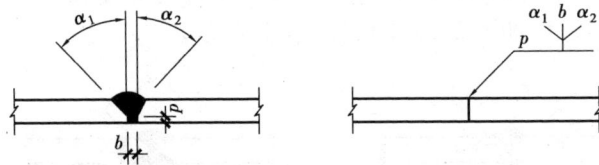

图2.28　不对称坡口焊缝的标注方法

⑥当焊缝分布不规则时,在标注焊缝符号的同时,可按图2.29的规定,宜在焊缝处加中实线(表示可见焊缝)或加细栅线(表示不可见焊缝)。

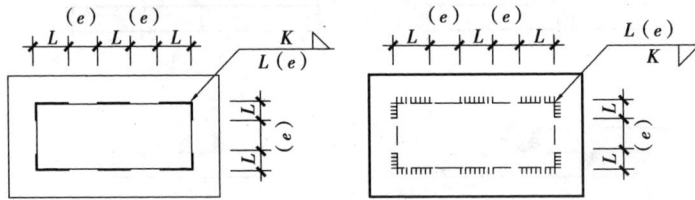

图2.29　不规则焊缝的标注方法

⑦相同焊缝符号应按下列方法表示:

a. 在同一图形上,当焊缝形式、断面尺寸和辅助要求均相同时,应按图2.30(a)的规定,可只选择一处标注焊缝的符号和尺寸,并加注"相同焊缝符号"。相同焊缝符号为3/4圆弧,绘在引出线的转折处。

b. 在同一图形上,当有数种相同的焊缝时,宜按图2.30(b)的规定,可将焊缝分类编号标注。在同一类焊缝中可选择一处标注焊缝符号和尺寸。分类编号采用大写拉丁字母 A、B、C。

⑧需要在施工现场进行焊接的焊件焊缝,应按图2.31的规定标注"现场焊缝"符号。现场焊缝符号为涂黑的三角形旗号,绘在引出线的转折处。

（a）　　　　　　　　　　　　　　（b）

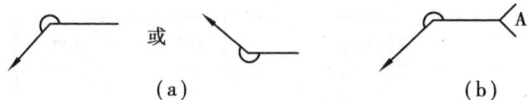

图 2.30　相同焊缝的标注方法　　　　　　　　图 2.31　现场焊缝的标注方法

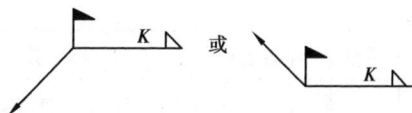

⑨当需要标注的焊缝能够用文字表述清楚时,也可采用文字表达的方式。

⑩建筑钢结构常用焊缝符号及符号尺寸应符合表 2.10 的规定。

表 2.10　建筑钢结构常用焊缝符号及符号尺寸

序号	焊缝名称	形　式	标注法	符号尺寸/mm
1	V 形焊缝			
2	单边 V 形焊缝		 注:箭头指向剖口	
3	带钝边 单边 V 形焊缝			
4	带垫板 带钝边 单边 V 形焊缝		 注:箭头指向剖口	
5	带垫板 V 形焊缝			
6	Y 形焊缝			
7	带垫板 Y 形焊缝			—

续表

序号	焊缝名称	形 式	标注法	符号尺寸/mm
8	双单边 V形焊缝			—
9	双V形 焊缝			—
10	带钝边 U形焊缝			
11	带钝边 双U形 焊缝			—
12	带钝边 J形焊缝			
13	带钝边 双J形焊缝			—
14	角焊缝			
15	双面 角焊缝			—

续表

序号	焊缝名称	形　式	标注法	符号尺寸/mm
16	剖口角焊缝	$a=t/3$		
17	喇叭形焊缝			
18	双面半喇叭形焊缝			
19	塞焊			

子项 2.5　尺寸标注

①两构件的两条很近的重心线,应在交汇处将其各自向外错开,如图 2.32 所示。

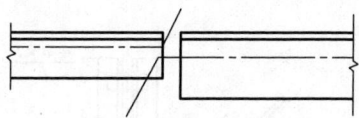

②弯曲构件的尺寸应沿其弧度的曲线标注弧的轴线长度,如图 2.33 所示。

③切割的板材,应标注各线段的长度及位置,如图 2.34 所示。

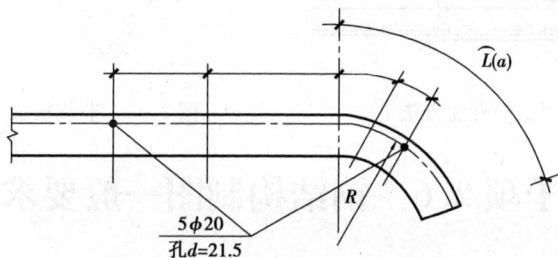

图 2.32　两构件重心不重合的表示方法

图 2.33　弯曲构件尺寸的标注方法

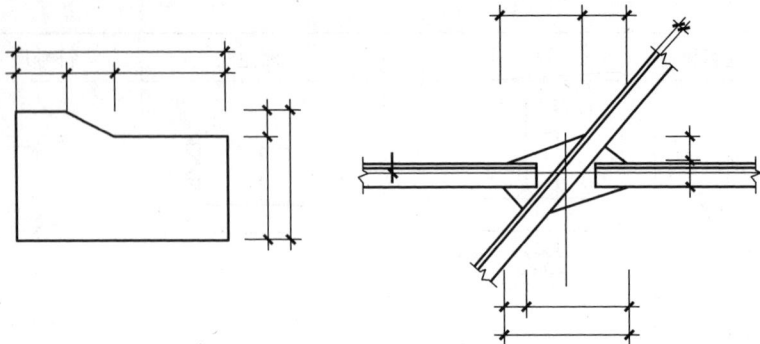

图 2.34　切割板材尺寸的标注方法

④不等边角钢的构件,应标注出角钢长短肢的尺寸,如图 2.35 所示。

⑤节点尺寸,应注明节点板的尺寸和各杆件螺栓孔中心或中心距,以及杆件端部至几何中心线交点的距离,如图 2.36 所示。

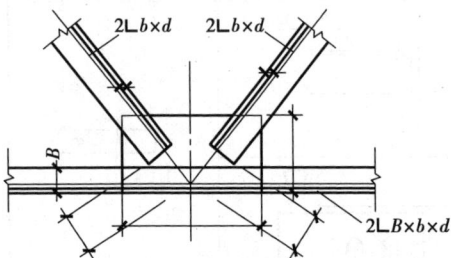

图 2.35　节点尺寸及不等边角钢的标注方法

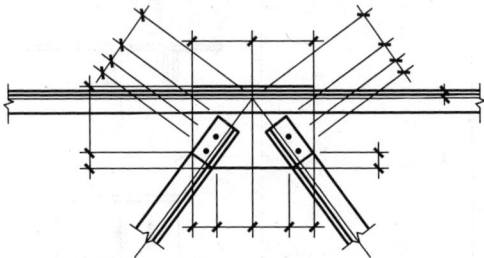

图 2.36　节点尺寸的标注方法

⑥双型钢组合截面的构件,应注明缀板的数量及尺寸,如图 2.37 所示。引出横线上方标注缀板的数量及缀板的宽度、厚度,引出横线下方标注缀板的长度尺寸。

⑦非焊接节点板,应注明节点板的尺寸和螺栓孔中心与几何中心线交点的距离,如图 2.38所示。

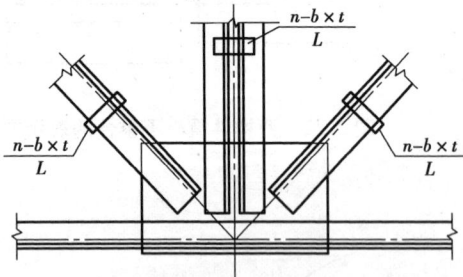

图 2.37　缀板的标注方法

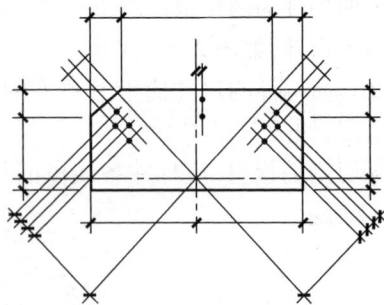

图 2.38　非焊接节点板尺寸的标注方法

子项 2.6　钢结构制图一般要求

①钢结构布置图可采用单线表示法、复线表示法及单线加短构件表示法,并应符合下列规定:

a. 单线表示时,应使用构件重心线(细点画线)定位,构件采用中实线表示;非对称截面应在图中注明截面摆放方式。

b. 复线表示时,应使用构件重心线(细点画线)定位,构件使用细实线表示构件外轮廓,细虚线表示腹板或肢板。

c. 单线加短构件表示时,应使用构件重心线(细点画线)定位,构件采用中实线表示;短构件使用细实线表示构件外轮廓,细虚线表示腹板或肢板;短构件长度一般为构件实际长度的 1/3 ~ 1/2。

d. 为方便表示,非对称截面可采用外轮廓线定位。

②构件断面可采用原位标注或编号后集中标注,并应符合下列规定:

a. 平面图中主要标注内容为梁、水平支撑、栏杆、铺板等平面构件;

b. 剖、立面图中主要标注内容为柱、支撑等竖向构件。

③构件连接应根据设计深度的不同要求,采用如下表示方法:

a. 制造图的表示方法,要求有构件详图及节点详图;

b. 索引图加节点详图的表示方法;

c. 标准图集的表示方法。

子项 2.7 钢结构节点详图的识读

钢结构的连接有焊缝连接、铆钉连接、普通螺栓连接和高强度螺栓连接,其连接部位统称为节点。连接设计是否合理直接影响结构的使用安全、施工工艺和工程造价,因此钢结构节点设计十分重要。钢结构节点设计的原则是安全可靠、构造简单、施工方便和经济合理。

1)梁柱节点连接详图

梁柱连接按转动刚度不同,分为刚性、半刚性和铰接 3 类。图 2.39 所示为梁柱连接的节点详图。在此连接详图中,梁柱连接采用螺栓和焊缝的混合连接,梁翼缘与柱翼缘为剖口对接焊缝,为保证焊透,施焊时梁翼缘下面需设小衬板,衬板反面与柱翼缘相接处宜用角焊缝补焊。梁腹板与柱翼缘用螺栓与剪切板相连接,剪切板与柱翼缘采用双面角焊缝,此连接节点为刚性连接。

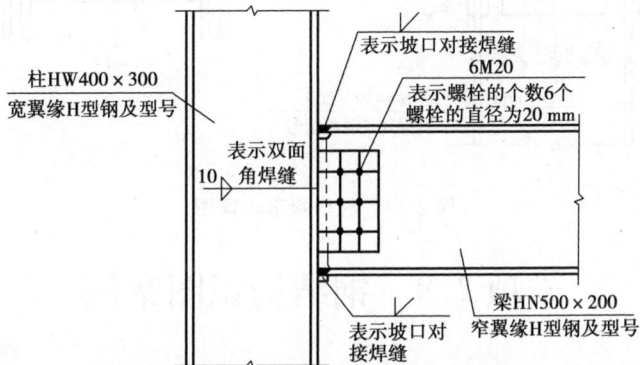

图 2.39 梁柱刚性连接节点详图

2) 梁拼接详图

图 2.40 所示为梁拼接节点详图。从图中可以看出，两段梁拼接采用螺栓和焊缝混合连接，梁翼缘为坡口对接焊缝连接，腹板采用两侧双盖板高强度螺栓连接，此连接为刚性连接。

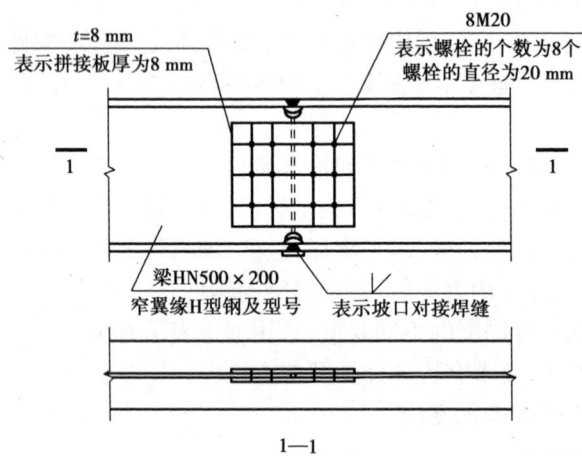

图 2.40　梁拼接节点详图

3) 柱拼接详图

图 2.41 所示为柱拼接节点详图。在此详图中，钢柱为等截面拼接，拼接板均采用双盖板连接，螺栓为高强度螺栓。作为柱构件，在节点处要求能够传递弯矩、剪力和轴力，柱连接必须为刚性连接。

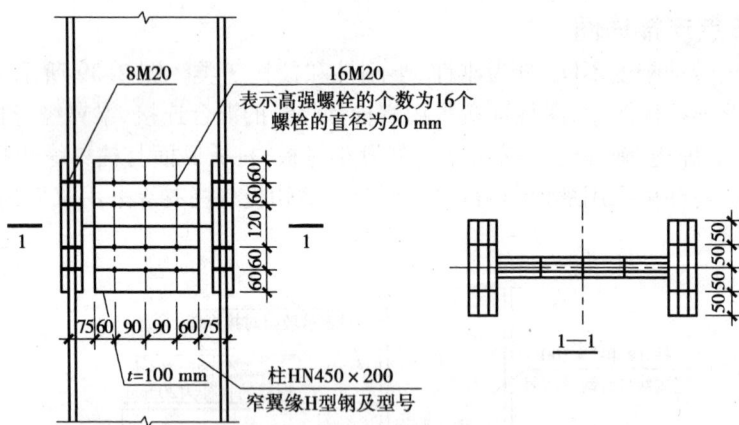

图 2.41　柱拼接节点详图

子项 2.8　钢结构识图案例

2.8.1　某单层轻型钢结构识图案例

某工程单层厂房实例如图 2.42 至图 2.51 所示。

		工程名称	某工程单层厂房实例	阶 段	施工图
		项目名称	某车间	工程编号	
		图纸目录		图 号	G-00
序 号	图 号	图纸名称		图纸规格	备 注
1	G-00	图纸目录		A4	
2	G-01	结构设计与施工总说明		A2	
3	G-02	化学螺栓位置图		A2	
4	G-03	钢架详图		A2	
5	G-04	屋面檩条布置图		A2	
6	G-05	屋面支撑布置图		A2	
7	G-06	墙面檩条布置图		A2	
8	G-07	墙面支撑布置图		A2	
9	G-08	屋面构件详图		A2	
10	G-09	墙面构件图		A1	
审核		核对		编制	本表 共1页 第1页
					日期

图 2.42 图纸目录

结构设计与施工总说明

一、设计概况
1. 本工程为单层钢结构建筑，维护结构用建筑为75 mm夹心板。
2. 本工程结构设计使用年限为50年。
3. 本建筑抗震设防烈度7度，特征周期 T_g=0.9 s。
4. 本工程场地类别为IV类。
5. 本图所注未注尺寸以米(m)为单位，其余尺寸均以毫米(mm)为单位。

二、设计依据
1.《建筑结构可靠性设计统一标准》 （GB 50068—2018）
2.《建筑结构荷载规范》 （GB 50009—2012）
3.《建筑抗震设计规范》 （GB 50011—2010, 2016年版）
4.《钢结构设计标准》 （GB 50017—2017）
5.《钢结构工程施工质量验收规范》 （GB 50205—2001）
6.《冷弯薄壁型钢结构技术规范》 （GB 50018—2002）
7.《钢结构焊接规范》 （GB 50661—2011）
8.《钢结构高强度螺栓连接技术规程》 （JGJ 82—2011）
9.《门式刚架轻型房屋钢结构技术规范》 （GB 51022—2015）
10.《钢结构设计规范》 （GB 50007—2011）
11.《建筑地基基础设计规范》 （GB 50007—2011）
12.《混凝土结构设计规范》 （GB 50010—2010, 2015年版）

三、设计荷载
1. 屋面荷载：0.25 kN/m²
2. 屋面活荷载：0.50 kN/m² （设计屋面时）
3. 基本风压：0.30 kN/m²
4. 基本雪压：0.20 kN/m²

四、材料
1. 钢材
本工程主体结构（柱、梁及连接板）均采用 Q235b 的钢材，质量应符合《低合金高强度结构钢》（GB/T 1591—2008）的钢材，质量表、拉伸及冷弯等机械性能的要求。所用钢材应符合其保证强度极限、伸长率、屈服强度等试验合格保证。
采用 Q235 钢材，质量应符合《碳素结构钢》（GB/T 700—2006）规定中的要求。
2. 连接：
1）手工电弧焊接采用 E43 × × 型焊条，自动或半自动埋弧焊采用 H08A、H08E 型焊丝配合中锰型或低锰型焊剂，手工电弧焊配合自动埋弧或半自动埋弧焊的焊丝应符合国标《非合金钢及细晶粒钢用焊条》（GB 5117—2012）或《热强钢焊条》（GB 5118）和《埋弧焊用碳素钢焊丝和焊剂》（GB/T 14957—94）中规定的有关的规定。
工厂制作时当焊件厚度≤5 mm 时，采用手工电弧焊，焊缝高度≤2.5 mm 时采用自动埋弧焊。
2）高强度螺栓应采用10.9级的高强度螺栓，大六角头高强度螺母，大六角头螺栓、大六角头螺母、垫圈均应采用自动埋弧焊。

（GB/T 1228～1231—2006）或《钢结构用扭剪型高强度螺栓连接副技术条件》（GB 3632～3633—2008）的规定。螺栓、普通螺栓应采用符合国标 GB 5780—2000 的规定，当采用摩擦型连接时普通 C 级螺栓、普通螺栓、地脚锚栓应符合合国标 GB 3089.1 的规定。螺栓的基本尺寸应符合普通螺纹，基本尺寸《符合普通螺纹，基本尺寸》（GB/T 196—2003）的规定。

五、钢结构加工及安装要求
1. 钢结构构件的加工和安装必须按设计图及有关现行的施工图进行，并应符合《钢结构工程施工质量验收规范》的规定。
2. 钢结构制作在制作前首建立工程质量检收制度。
3. 点对应处理不当应立应充分考虑各种因素的影响，采取相应措施。
4. 钢结构加工制作时应在应符合图纸尺寸有误或与设计不符。
5. 除注明者外钢结构焊接坡口的基本尺寸应根据《气焊、手工电弧焊及气体保护焊焊缝坡口的基本形式与尺寸》（GB/T 985—2008）和《埋弧焊焊缝坡口的基本形式与尺寸》（GB/T 986—1988）的要求选用。除注明者外，坡口焊缝坡口应设置在受力较小的位置，采用等强度拼接时接位置至少错开 200 mm 以上。
6. 角焊缝外均应连续施焊，应设置焊件外的另一面，焊缝尺寸详见下图。

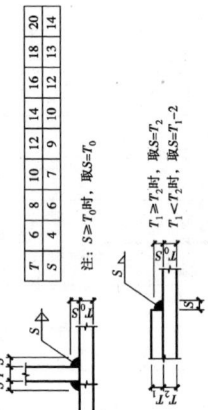

注：当 $T_1 \geq T_2$ 时，取 $S=T_2$；当 $T_1 < T_2$ 时，取 $S=T_{1-2}$。

注：当 $S \geq T_0$ 时，取 $S=T_0$。

T	6	8	10	12	14	16	18	20
S	4	6	8	10	12	14	16	18
	4	5	8	10	10	12	13	14

7. 高强度螺栓连接采用摩擦型，在高强度螺栓连接除构件表面应采用喷砂做法，连接处表面应作防滑处理，构件连接处表面不允许有涂油漆，抗滑移系数 μ 值不小于0.45。
所有高强度螺栓拧紧后应对表面补涂油漆。高强度螺栓连接应按JGJ 82—2011 执行。
8. 钢结构安装后应采取相应措施，保证构件不产生过大的扭曲变形，构件定位及螺栓孔应采用临时设置螺栓定位，应以保证结构的整体稳定，应严格控制钢柱的垂直度和柱顶标高，满足施工规范的要求。

六、钢结构除锈、涂装及防火要求
加工完的所有外露钢结构件必须除锈，除锈等级为Sa2.5级，然后在工厂内用涂层开好防锈底二道。
安装完毕后刷调和漆面漆二道。

附表一　特殊手工电弧焊焊接接头的基本形式及尺寸（角焊缝除外）

序号	图中标注方法	表注具体含义	基本形式	焊缝形式	基本尺寸		
1			50°	s≥0.7t	t	≥6~9	>9~15	>15~26
					b	1	2	3
2			45°		t	≥6~9	>9~15	>15~26
					b	3	4	5
					p	1	2	2
3					a	≥3~9	>9~26
						70°	60°
					p	2	2
4					a	≥6~9	>9~26
						70°	60°
					p	4	5
					t	≥20~40
					b	2
5			50°		t	≥6~10	>10~16	>16~30
					b	1	2	3
					p	2	2	2
6			50°		K_{min}	3	4	6

图2.43　结构设计与施工总说明

工程名称	某工程单层厂房钢结构
设计项目	
设计阶段	
图 号	C-01
	审定		工程名称	
	审核		图名	结构设计与施工总说明
	校核		日期		第1章 共9章
	设计		比例	

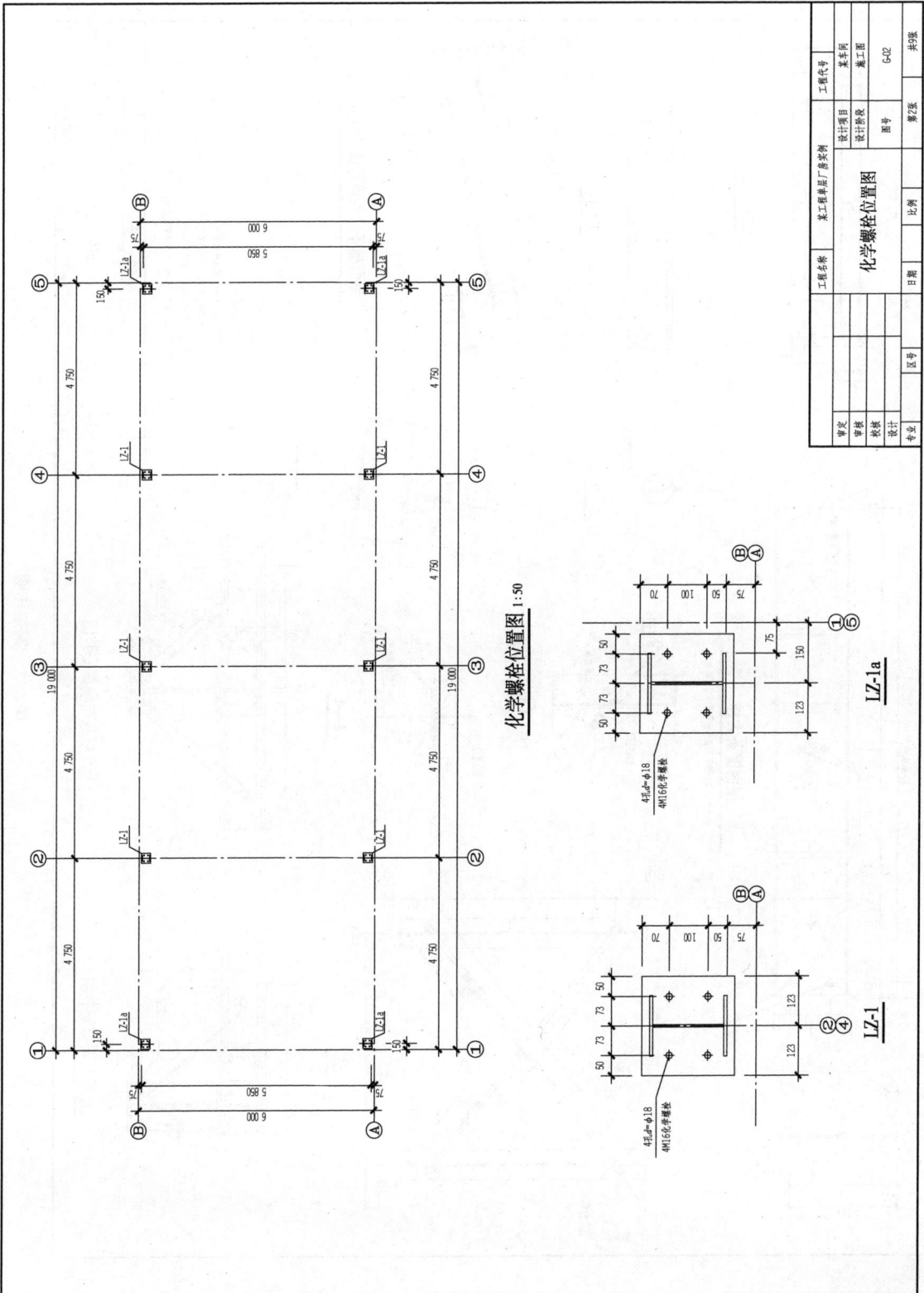

化学螺栓位置图 1:50

LZ-1a

LZ-1

图2.44 化学螺栓位置图

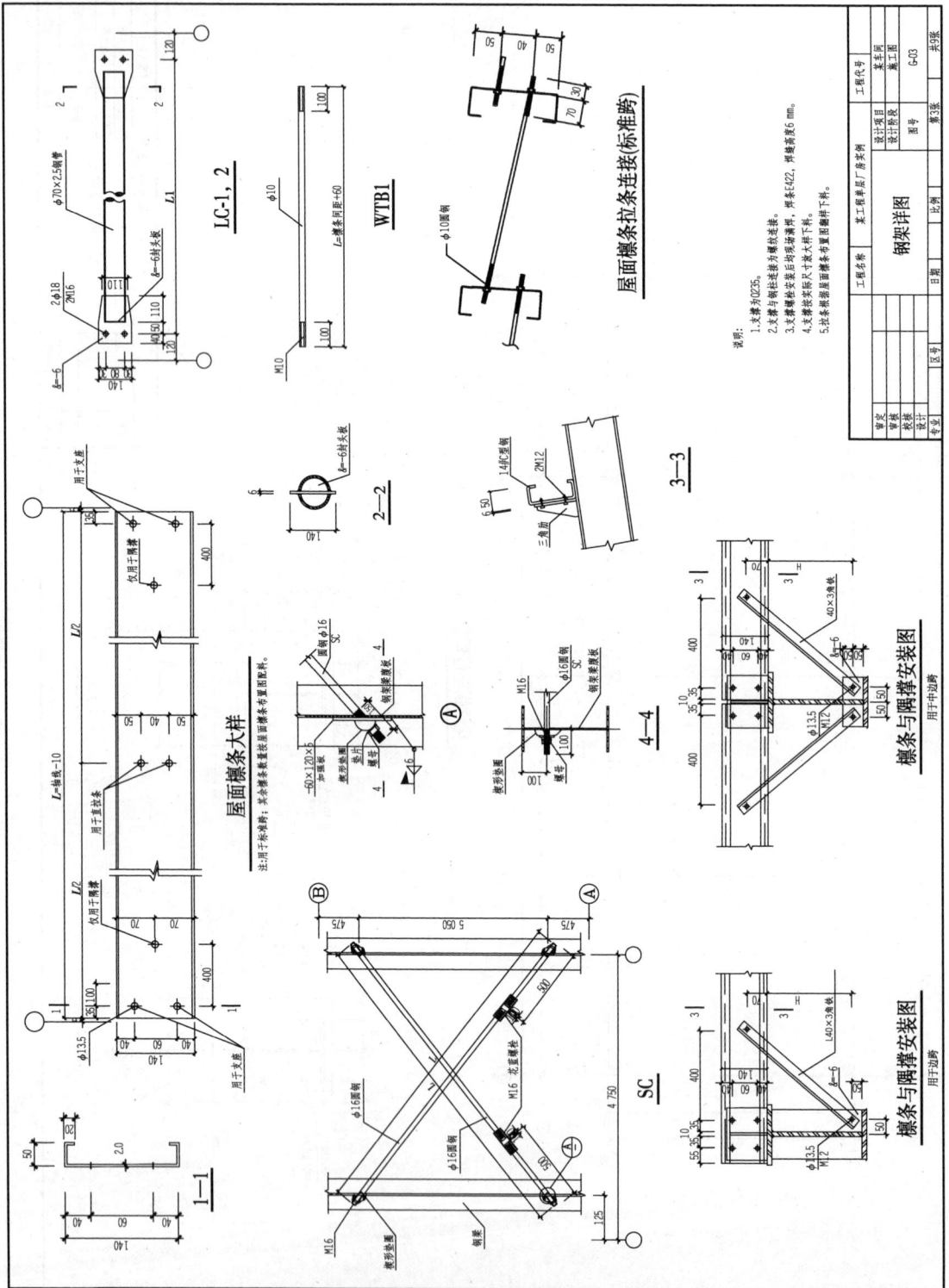

图2.45 钢架详图

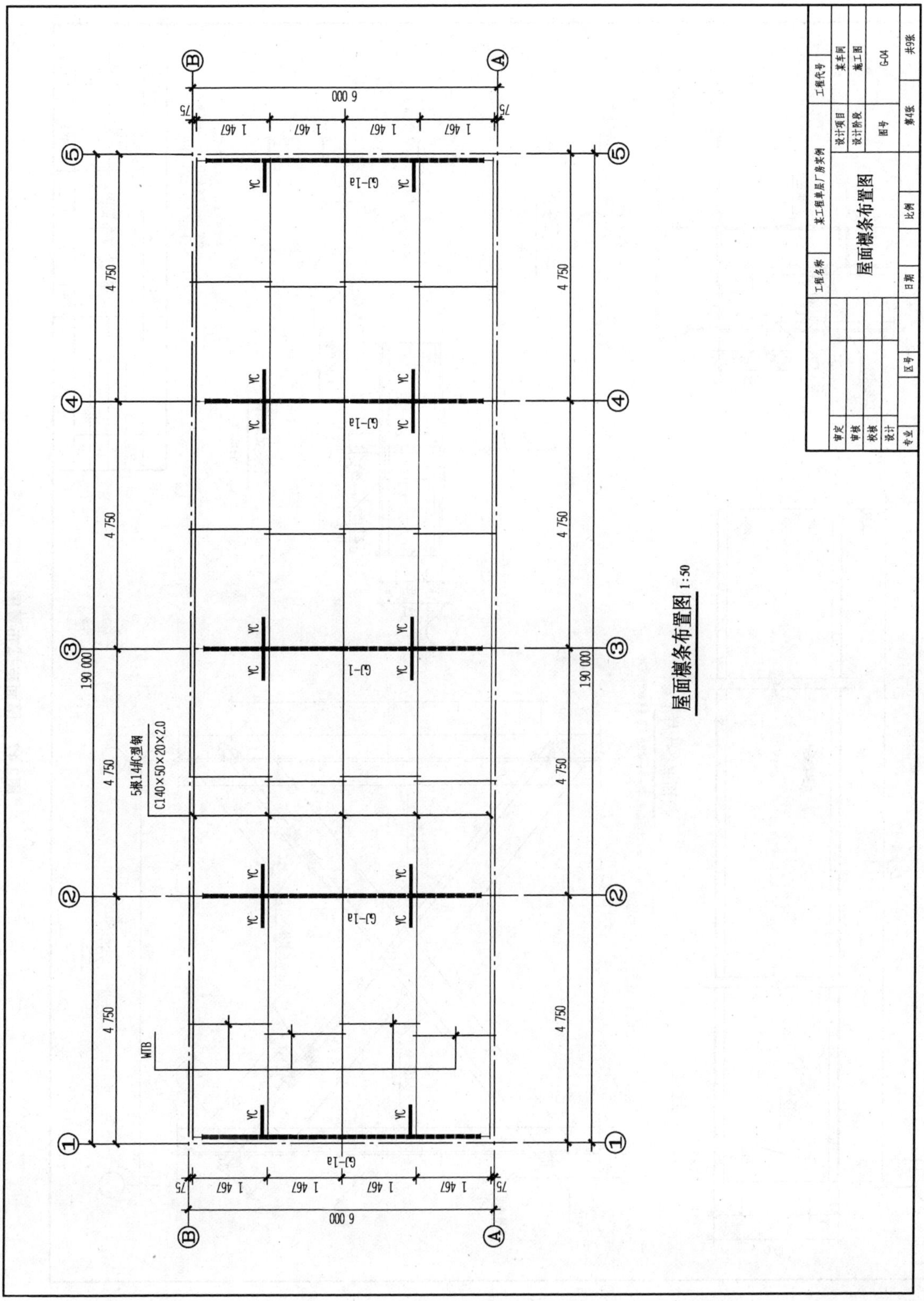

屋面檩条布置图 1:50

图2.46 屋面檩条布置图

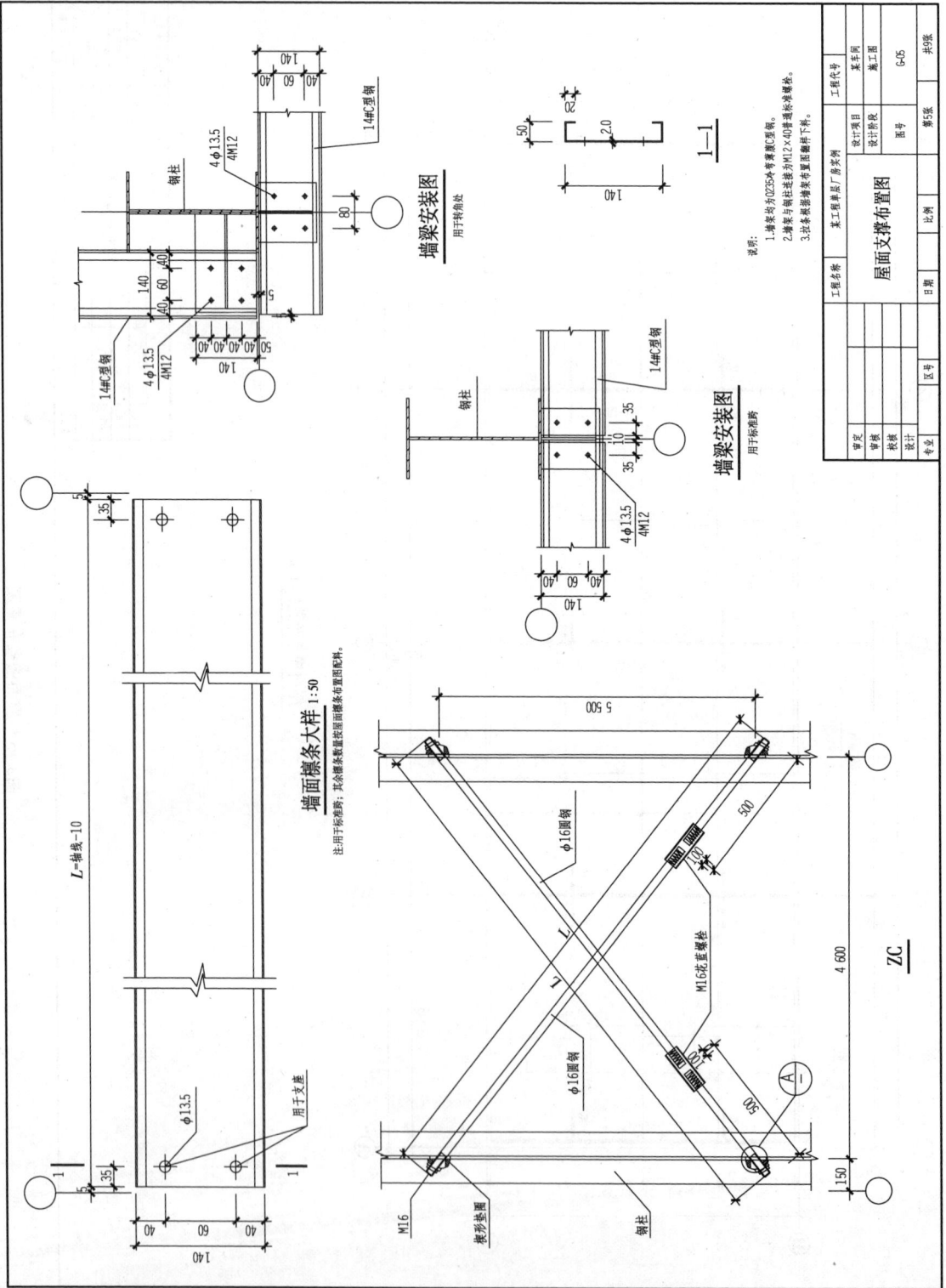

图2.47 屋面支撑布置图

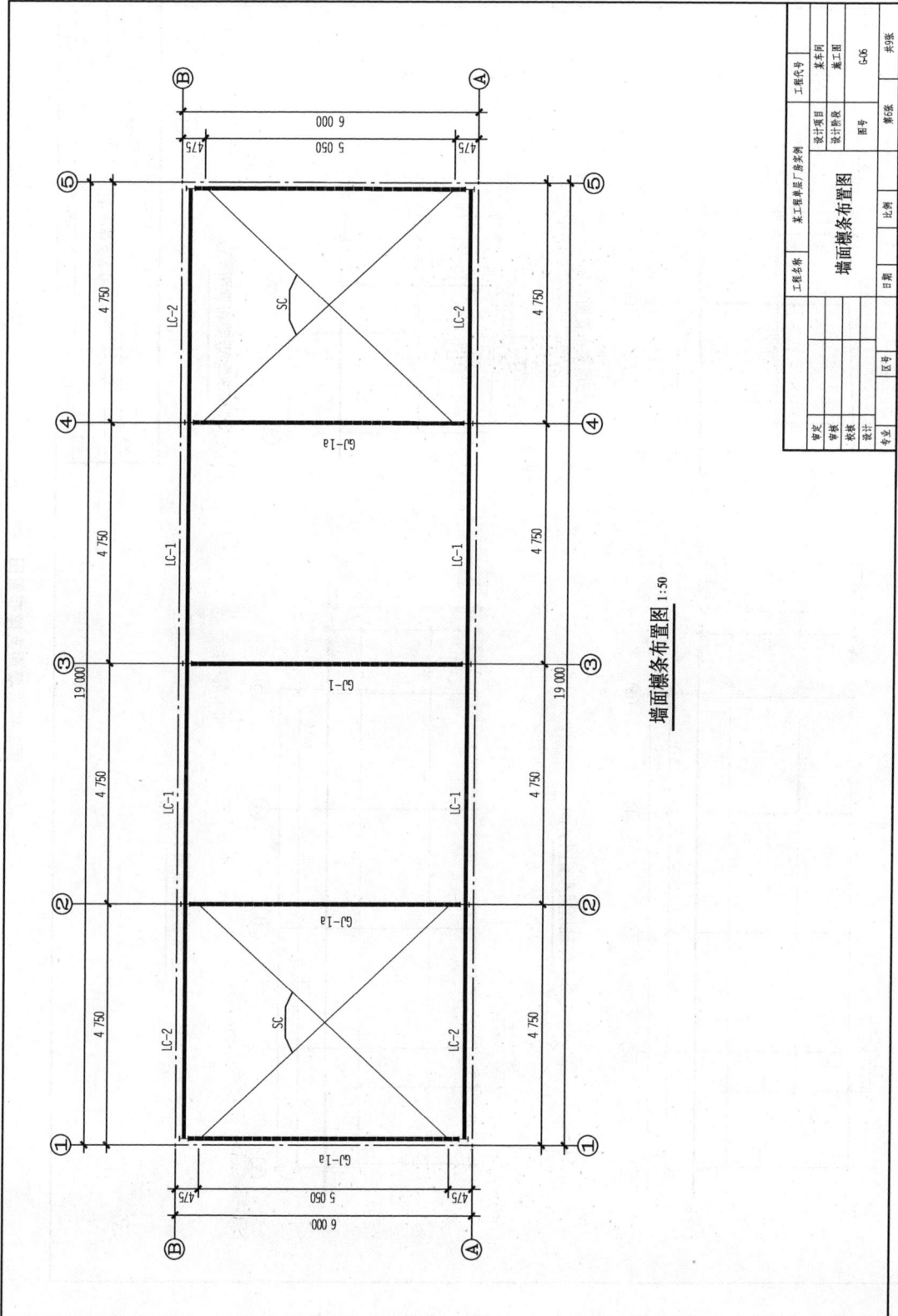

墙面檩条布置图 1:50

图2.48 墙面檩条布置图

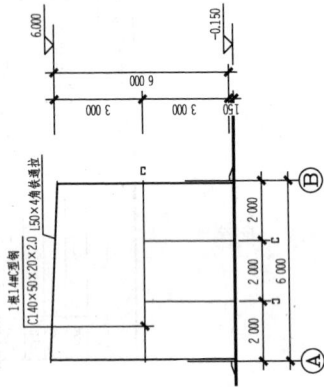

① 轴墙架布置图 1:100

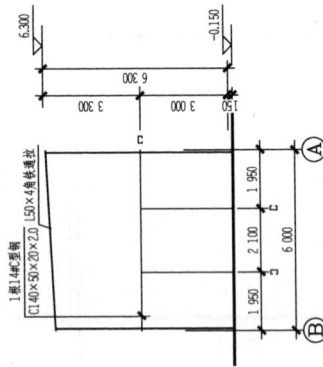

⑤ 轴墙架布置图 1:100

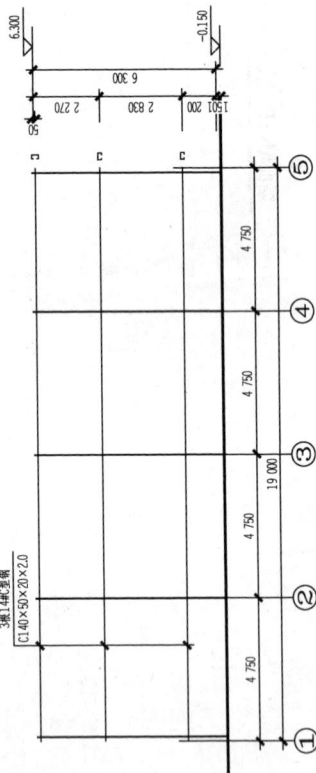

Ⓐ 轴墙架布置图 1:100

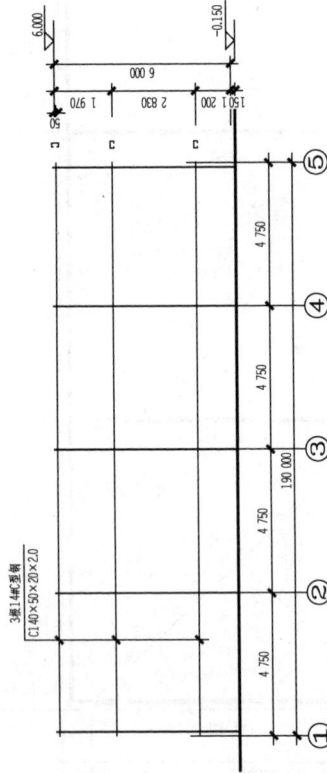

Ⓑ 墙墙架布置图 1:100

图2.49 墙面支撑布置图

说明：
1. 本设计按《钢结构设计标准》(GB 50017—2017)和《门式刚架轻型房屋钢结构技术规范》(GB 51022—2015)进行设计。
2. 材料：钢压型钢板采用Q235钢，檩条为Z型系列檩条。
3. 构件的拼接连接采用10.9级高强度螺栓连接，连接按承压型设计。
4. 柱脚基础混凝土强度等级为C20，锚栓钢为Q235钢。
5. 图中未注明的角焊缝最小焊脚尺寸为6 mm，一律满焊。
6. 对接焊缝连接质量标准不低于二级。
7. 对接焊缝焊接部位详图施工（钢材厚度重量见表）。(GB 50205)的有关规定进行施工。
8. 钢构件表面除锈后用油漆进行打底，钢件的防腐要求见钢材表要求处理。

材料表

		GJ-1				
构件编号	零件编号	规格	长度/mm	数量 正 反	质量/kg 单重 共重	总重
1		H200×150×6×8	6 277	1	172.7 172.7	
2		H200×150×6×8	5 977	1	164.4 164.4	
3		H200×150×6×8	5 562	1	153.0 153.0	593.2
4		−150×18	440	2	9.3 18.7	
5		−150×18	340	2	7.2 14.4	
6		−150×8	192	2	1.8 3.6	
7		−240×20	246	2	9.3 18.5	
8		−72×8	184	4	0.8 3.3	
9		−60×10	60	8	0.9 1.8	
10		−65×10	100	6	0.5 3.1	
11		−160×6	208	4	1.4 4.8	
12		−140×6	150	5	1.0 15	
13		−100×6	140	5	0.8 12	

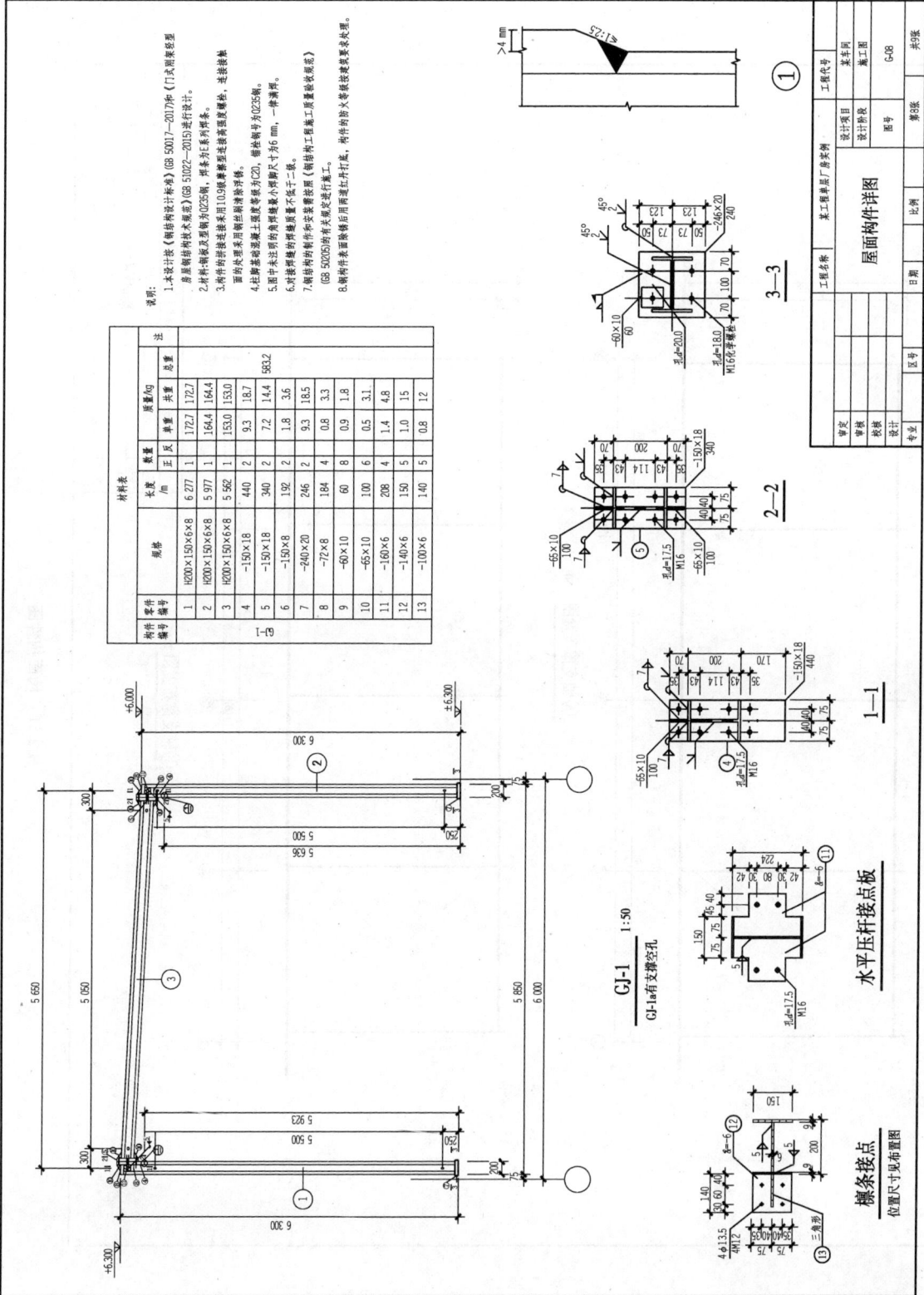

图2.50 屋面构件详图

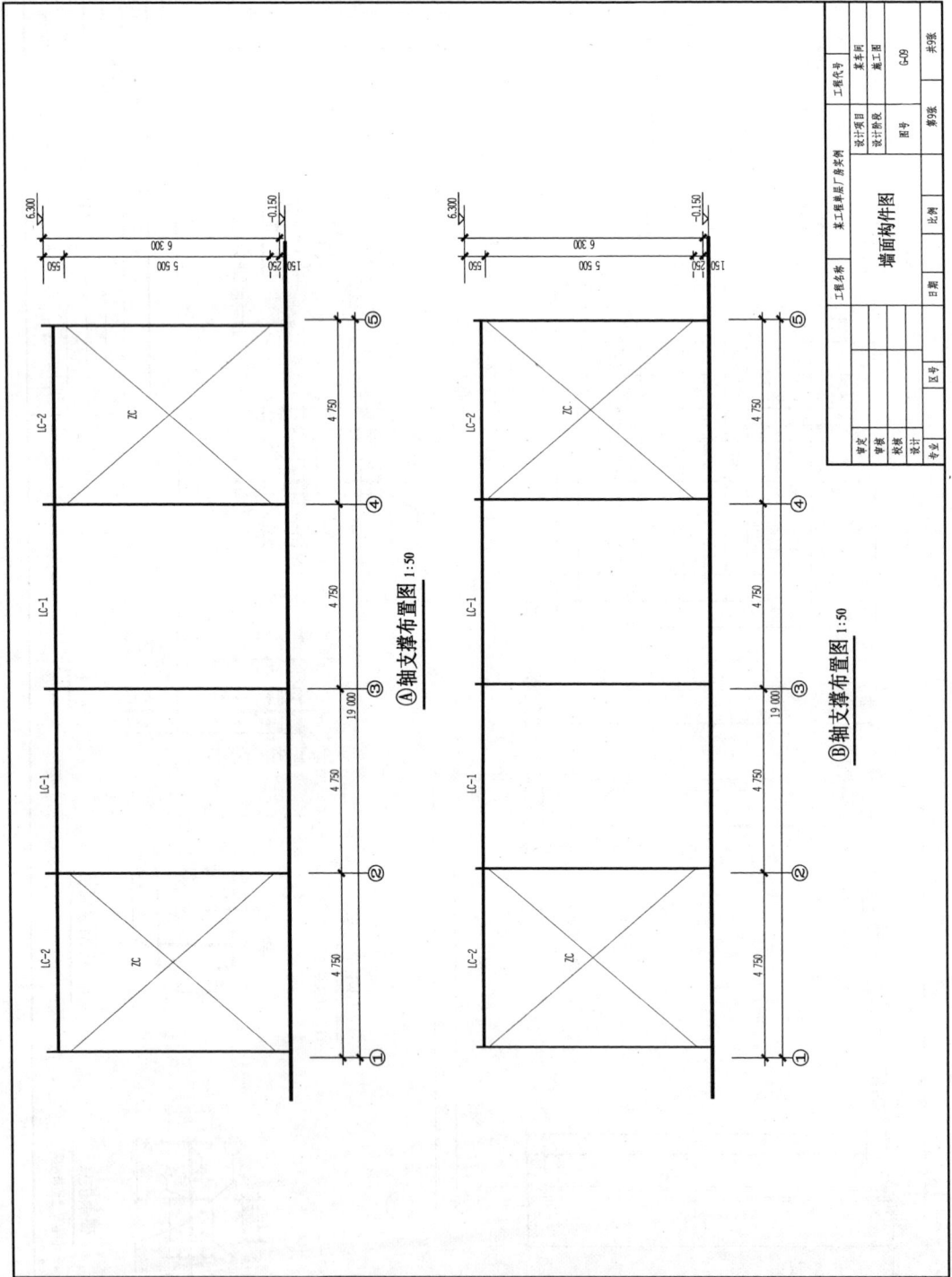

Ⓐ轴支撑布置图 1:50

Ⓑ轴支撑布置图 1:50

图2.51　墙面构件图

2.8.2 某多层钢结构识图案例

某工程多层钢结构厂房实例如图 2.52 至图 2.58 所示。

		工程名称	某工程多层厂房实例	阶 段	施工图
		项目名称	某车间	工程编号	
		图纸目录		图 号	G-00
序 号	图 号	图纸名称		图纸规格	备 注
1	G-00	图纸目录		A4	
2	G-01	一层柱位平面布置图		A1	
3	G-02	二层柱位平面布置图		A1	
4	G-03	二层钢梁平面布置图		A1	
5	G-04	屋面层钢梁平面布置图		A1	
6	G-05	节点详图一		A1	
7	G-06	节点详图二		A1	
审核		校对		编制	本表 共1页 第1页
					日期

图 2.52 图纸目录

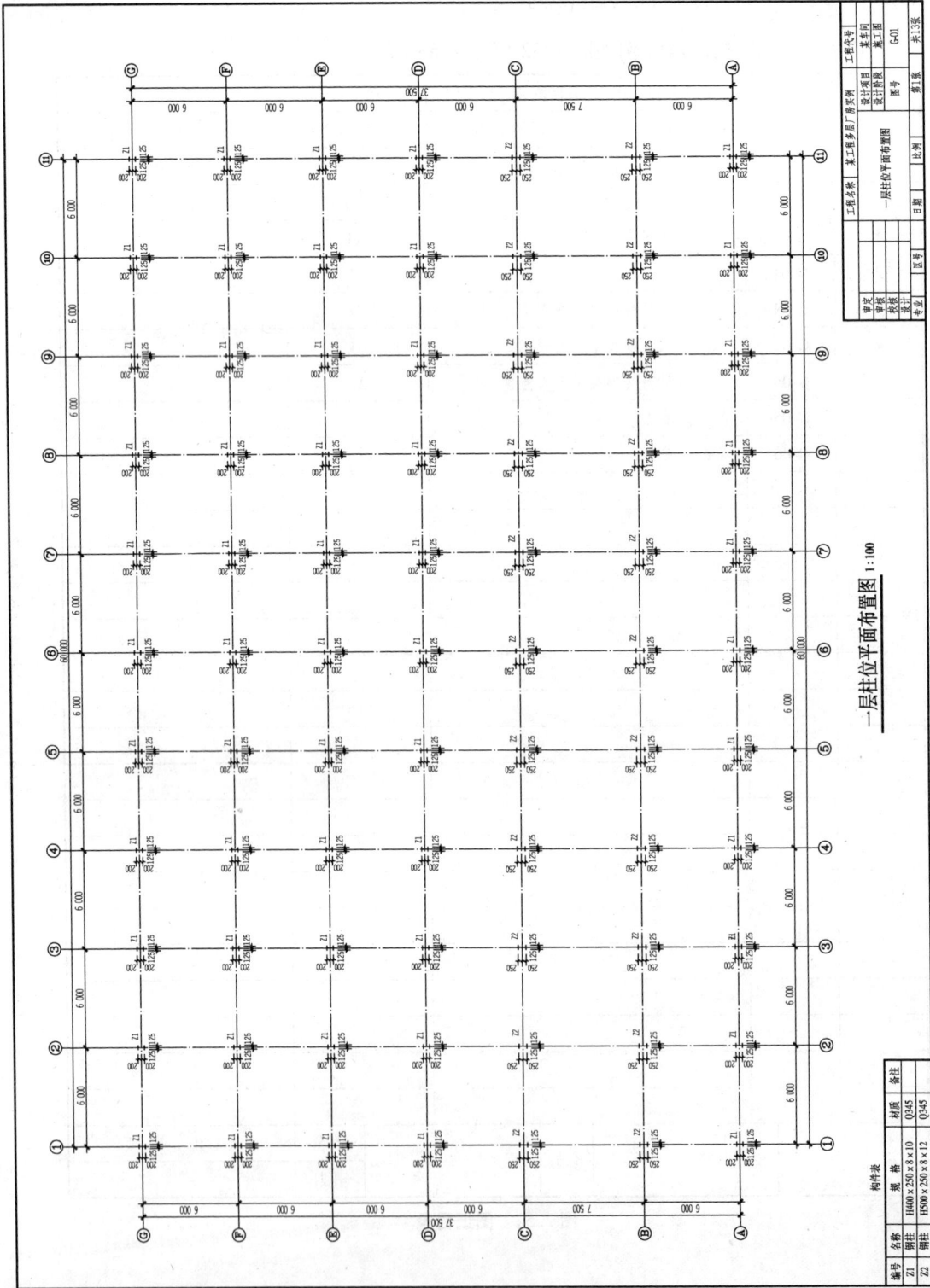

图2.53　一层柱位平面布置图

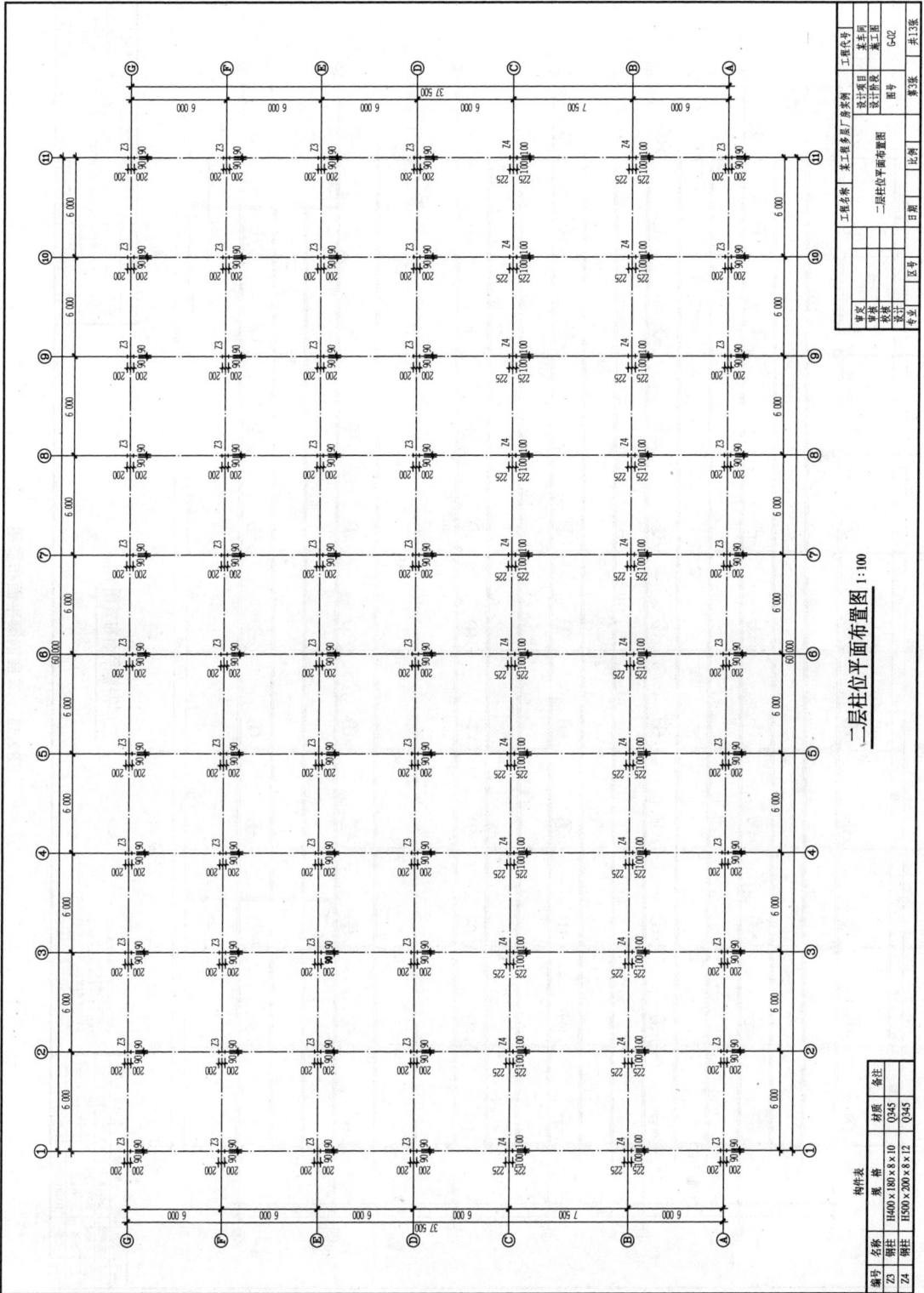

二层柱位平面布置图 1:100

图2.54 二层柱位平面布置图

构件表			
编号	名称	规格	材质	备注
Z3	钢柱	H400×180×8×10	Q345	
Z4	钢柱	H500×200×8×12	Q345	

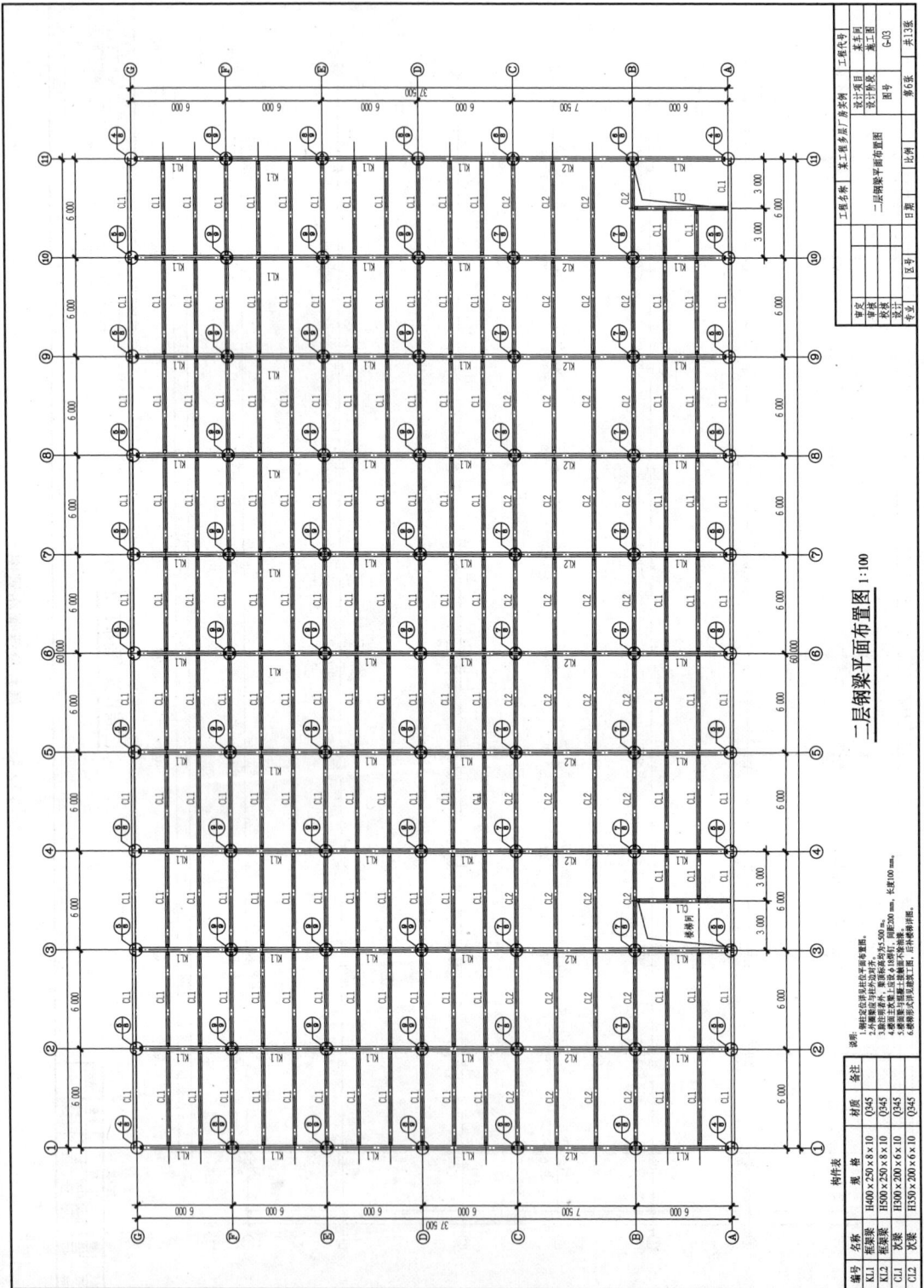

二层钢梁平面布置图 1:100

图2.55 二层钢梁平面布置图

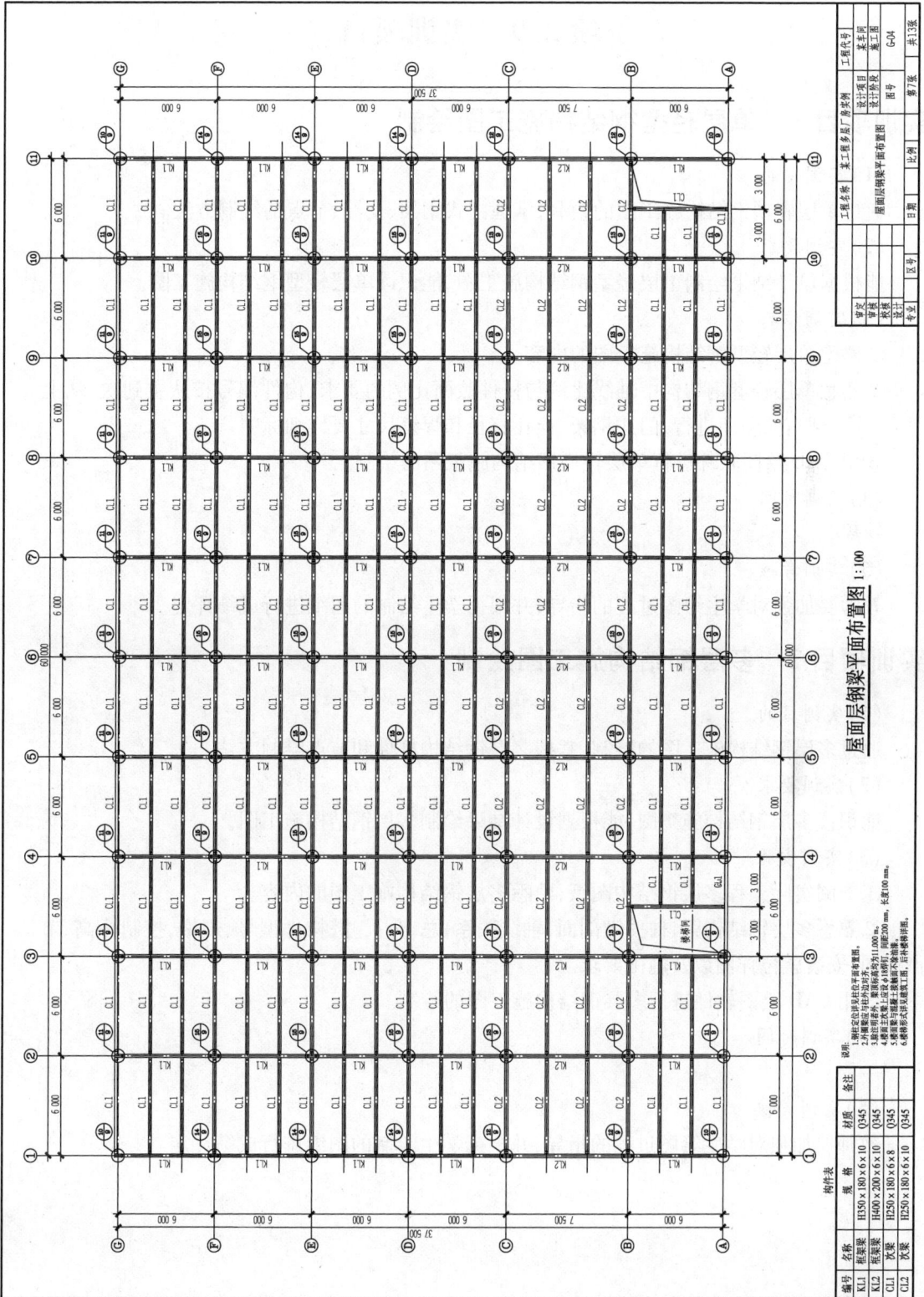

屋面层钢梁平面布置图 1:100

图2.56　屋面层钢梁平面布置图

子项 2.9 实训项目

实训项目 1 单层轻型钢结构施工图绘制

(1) 实训目的

通过单层轻型钢结构施工图的绘制,掌握门式钢架、支撑、节点的绘制方法。

(2) 实训要求

能根据设计结果绘制单层轻型钢结构施工图,能识读单层轻型钢结构施工图。

(3) 实训步骤

①熟悉单层轻型钢结构施工图的内容。

②熟悉单层轻型钢结构中轴线比例与杆件截面比例的要求,构件编号按从主到次、从上到下、从左到右的顺序进行,门式钢架、栓孔直径和焊缝尺寸要详细标明。

③用 CAD 绘图软件进行单层轻型钢结构施工图的绘制。

(4) 实训时间

一周。

(5) 实训考核

教师要加强对学生绘图过程的指导,并根据学生绘制的图纸进行成绩评定。

实训项目 2 多层钢结构施工图绘制

(1) 实训目的

通过多层钢结构施工图的绘制,掌握多层钢结构杆件和节点绘制方法。

(2) 实训要求

能识读多层钢结构施工图,能根据设计结果绘制多层钢结构施工图。

(3) 实训步骤

①查阅实际工程多层钢结构图纸,熟悉多层钢结构施工图的内容。

②熟悉多层钢结构梁、柱关键剖面,轴线关系,总、分尺寸,构件型号、规格,控制标高、节点详图、安装就位详图以及施工要求。

③用 CAD 绘图软件进行多层钢结构施工图的绘制。

(4) 实训时间

一周。

(5) 实训考核

教师要加强对学生绘图过程的指导,并根据学生绘制的图纸进行成绩评定。

项目小结

①钢结构施工图的基本规定：图纸幅面、图线、字体、比例、符号（剖切符号、索引符号与详图符号、引出线、其他符号）、定位轴线及编号、尺寸标注及标高（尺寸界线、尺寸线、尺寸起止符号、标高）。

②常用型钢的标注方法、螺栓及螺栓孔的表示方法。

③焊缝符号及标注：焊缝符号表示法（符号、基本符号和指引线的位置规定、尺寸及标注）、常用焊缝的表示方法。

④尺寸标注、钢结构制图一般要求、钢结构节点详图的识读。

复习思考题

1. 钢结构施工图图纸的常用幅面有哪些？

2. 什么是剖切符号、索引符号与详图符号、引出线？

3. 定位轴线与编号的要求有哪些？

4. 尺寸标注及标高的要求有哪些？

5. 焊缝符号有哪些？

6. 试述焊缝尺寸的标注规则。

7. 钢结构制图的一般要求有哪些？

项目 3

钢结构材料

项目导读

- **基本要求** 通过本项目学习,应掌握建筑结构钢材的分类、规格及品种,熟悉影响建筑结构钢材选用的因素、选用与代用原则,掌握建筑结构钢材的验收依据及验收标准,掌握焊接材料的种类、使用与保管要求,掌握螺栓连接材料的种类与性能,了解防护材料的种类、性能及涂装方法。
- **重点** 建筑结构钢材的分类、规格及品种,建筑结构钢材的验收依据及验收标准,螺栓连接材料的种类与性能。
- **难点** 焊接材料的种类、使用与保管要求。

子项 3.1 钢 材

3.1.1 建筑结构钢的分类

1)按建筑用途分类

按建筑用途分类时,有碳素结构钢、焊接结构用耐候钢、高耐候性结构钢、桥梁用结构钢等专用结构钢。建筑结构钢中常用的是碳素结构钢、低合金钢和桥梁用结构钢。

2)按化学成分分类

(1)碳素结构钢

含碳量为 0.02% ~ 2.0% 的铁碳合金钢,根据含碳量不同划分钢号,一般把含碳量 < 0.25% 的钢称为低碳钢;含碳量为 0.25% ~ 0.6% 的称为中碳钢;含碳量 > 0.6% 的称为高碳钢。建筑钢结构主要使用低碳钢。

按现行国家标准《碳素结构钢》（GB/T 700—2006）的规定，碳素钢分为 4 个牌号，即 Q195、Q215、Q235 和 Q275，《钢结构设计标准》（GB 50017—2017）推荐采用 Q235。

《碳素结构钢》（GB/T 700—2006）中钢材牌号的表示方法由屈服强度"屈"字汉语拼音的首位字母 Q、屈服强度数值（N/mm²）、质量等级符号（A、B、C、D）及脱氧方法符号（F、Z、TZ）4 个部分组成。质量等级中以 A 级最低，D 级最优，F、Z、TZ 则分别是"沸""镇"及"特镇"汉语拼音的首位字母，分别代表沸腾钢、镇静钢及特殊镇静钢，其中代号 Z、TZ 可以省略。

按照国家标准，钢号的代表意义如下：
- Q235A：代表屈服强度为 235 N/mm² 的 A 级镇静碳素结构钢；
- Q235BF：代表屈服强度为 235 N/mm² 的 B 级沸腾碳素结构钢；
- Q235D：代表屈服强度为 235 N/mm² 的 D 级特殊镇静碳素结构钢。

（2）低合金结构钢

低合金钢是在冶炼碳素结构钢时增加一些合金元素炼成的钢，目的是提高钢材的强度、冲击韧性、耐腐蚀性等，而不太降低其塑性。根据合金元素含量的多少，可分为低合金钢（合金元素的含量 <5%）、中合金钢（5% ≤合金元素的含量≤10%）和高合金钢（合金元素的含量 >10%）。

低合金高强度结构钢的牌号表示方法与碳素结构钢一致，即由代表屈服强度的汉语拼音字母 Q、屈服强度数值、质量等级符号 3 个部分按顺序排列表示。低合金高强度结构钢的牌号有 Q355、Q390、Q420、Q460、Q500、Q550、Q620 和 Q690 共 8 种，见《低合金高强度结构钢》（GB/T 1591—2018）。建筑结构钢中通常采用低合金钢，《钢结构设计标准》（GB 50017—2017）推荐采用 Q355、Q390、Q420、Q460 和 Q345GJ 钢。

（3）桥梁用结构钢

按现行国家标准《桥梁用结构钢》（GB/T 714—2015）规定，桥梁用结构钢分为 Q345q、Q370q、Q420q、Q460q、Q500q、Q550q、Q620q、Q690q 共 8 个牌号。

桥梁用结构钢的牌号由代表屈服强度的"屈"字汉语拼音首位字母、规定最小屈服强度值、桥字的汉语拼音首位字母、质量等级符号等几个部分组成。例如：Q420qD，其中
- Q——桥梁用钢屈服强度的"屈"字汉语拼音的首位字母；
- 420——规定最小屈服强度值，单位 MPa；
- q——桥梁用钢的"桥"字汉语拼音的首位字母；
- D——质量等级为 D 级。

当要求钢板具有耐候性能或厚度方向性能时，则在上述规定的牌号后分别加上代表耐候的汉语拼音字母"NH"或厚度方向（Z 向）性能级别的符号，例如：Q420qDNH 或 Q420qDZ15。

（4）热处理低合金钢

低合金钢可用适当的热处理方法来进一步提高其强度且不显著降低其塑性和韧性，这种钢的屈服强度超过 700 N/mm²。

3）按硫、磷含量及机械性能分类

①普通钢：硫含量≤0.05%，磷含量≤0.045%。
②优质钢：硫含量≤0.045%，磷含量≤0.04%，同时具有较好的机械性能。

③高级优质钢：硫含量≤0.035%，磷含量≤0.03%，同时具有良好的机械性能。

4）按炼钢炉炉种分类

按炼钢炉炉种分类，有平炉钢、氧气顶吹转炉钢、碱性侧吹转炉钢及电炉钢等。建筑结构用的碳素钢及低合金钢由前两种炉炼成。碱性侧吹转炉在我国规范中不推荐使用；电炉钢的质量虽好，但价格较高，一般不采用。

5）按浇注脱氧程度分类

（1）沸腾钢

沸腾钢是在钢液中仅用锰铁弱脱氧剂进行脱氧而成。钢液在铸锭时有相当多的氧化铁，它与碳等化合生成一氧化碳等气体，使钢液沸腾。铸锭后冷却快，气体不能全部逸出，因而有下列缺陷：

①钢锭内存在气泡，轧制时虽容易闭合，但晶粒粗细不均匀。

②硫、磷等杂质分布不均匀，局部也较集中。

③气泡及杂质不均匀，使钢材质量不均匀，尤其是使轧制的钢材产生分层，当厚钢板在垂直厚度方向产生拉力时，钢板将产生层状撕裂。

（2）镇静钢

镇静钢是在钢液中添加适量的硅和锰等强脱氧剂进行较彻底的脱氧而成。铸锭时不发生沸腾现象，浇注时钢液表面平静，冷却速度很慢。因此，相对于沸腾钢而言，镇静钢具有以下优点：

①残留气体少。

②杂质少，质量均匀。

③冲击韧性、可焊性、塑性及抗冷脆等方面均较好。

3.1.2 建筑结构钢的规格

钢结构常用的钢材规格主要有钢板（钢带）、型钢、冷弯型钢和压型钢板。

1）常用钢板

建筑钢结构使用的钢板（钢带）根据轧制方法分为冷轧板和热轧板。

（1）钢板与钢带的区别

钢板和钢带的不同，主要体现在其成品形状上。钢板是平板状、矩形的，可直接轧制或由宽钢带剪切而成。一般情况下，钢板是指宽厚比和表面积都很大的扁平钢材，如图3.1所示。钢带一般是指成卷交货的钢材，如图3.2所示。

（2）钢板、钢带的规格

①根据钢板的薄厚程度，钢板大致可分为薄钢板（厚度≤4 mm）和厚钢板（厚度＞4 mm）两种。在实际工作中，常将厚度4～20 mm的钢板称为中板；将厚度20～60 mm的钢板称为厚板；将厚度＞60 mm的钢板称为特厚板。成张钢板的规格以符号"—"加"宽度×厚度×长度"或"宽度×厚度"的毫米数表示，如—450×10×300，—450×10。

②钢带也分为两种，当宽度大于或等于600 mm时为宽钢带；当宽度小于600 mm时，称为窄钢带。钢带的规格以"厚度×宽度"的毫米数表示。

图3.1 钢板

图3.2 钢带

2)常用型钢

钢结构常用型钢是热轧型钢,主要有 H 型钢、T 型钢、工字钢、槽钢、角钢和钢管,如图3.3所示。

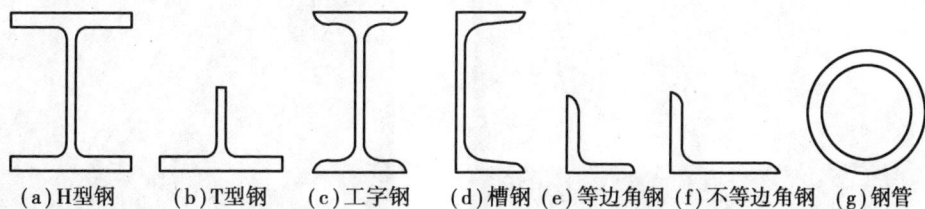

(a)H型钢　(b)T型钢　(c)工字钢　(d)槽钢 (e)等边角钢 (f)不等边角钢 (g)钢管

图3.3 热轧型钢

(1)H 型钢和 T 型钢

H 型钢和 T 型钢内、外表面平行,便于和其他构件连接,因此只需少量加工,便可直接用作柱、梁和屋架杆件。H 型钢和 T 型钢均分为宽、中、窄 3 种类别,其代号分别为 HW、HM、

HN 和 TW、TM、TN。宽翼缘 H 型钢的翼缘宽度 B 与其截面高度 H 一般相等，中翼缘的 $B \approx (2/3 \sim 1/2)H$，窄翼缘的 $B \approx (1/2 \sim 1/3)H$。H 型钢和 T 型钢的规格尺寸表示方法采用高度 $H \times$ 宽度 $B \times$ 腹板厚度 $t_1 \times$ 翼缘厚度 t_2 的毫米数表示。

（2）工字钢

工字钢有普通工字钢和轻型工字钢之分，分别用"I"和"QI"及号数表示，号数代表截面高度的厘米数。

①I20 和 I32 以上的普通工字钢（图3.4），同一号数中又分 a、b 和 b、c 类型，其腹板厚度

图 3.4　热轧工字钢

和翼缘宽度均分别递增 2 mm。如 I36a 表示截面高度为 360 mm、腹板厚度为 a 类的普通工字钢。工字钢宜尽量选用腹板厚度最薄的 a 类，这是因为其线密度低，而截面惯性矩相对较大。

②轻型工字钢的翼缘相对于普通工字钢的宽且薄，故回转半径相对较大，可节省钢材。

工字钢由于宽度方向的惯性矩和回转半径比高度方向小得多，因而在应用上有一定的局限性，一般宜用于单向受弯构件。

（3）槽钢

槽钢（图3.5）分普通槽钢和轻型槽钢两种，以腹板厚度区分，常用作格构式柱的肢件和檩条等。型号用符号"["和"Q["及号数表示，号数也代表截面高度的厘米数。[14 和 [25 号以上的普通槽钢，同一号数中又分 a、b 和 a、b、c 型，其腹板厚度和翼缘宽度均分别递增2 mm。如 [36a 表示截面高度为 360 mm、腹板厚度为 a 类的普通槽钢。

（4）角钢

角钢分等边角钢（图3.6）和不等边角钢两种。等边角钢的型号用符号"L"和肢宽×肢厚的毫米数表示，如 L 100×10 为肢宽 100 mm、肢厚 10 mm 的等边角钢。不等边角钢的型号用符号"L"和长肢宽×短肢宽×肢厚的毫米数表示，如 L 100×80×8 为长肢宽 100 mm、短肢宽 80 mm、肢厚 8 mm 的不等边角钢。角钢的长度一般为 3～19 m。

图 3.5　热轧槽钢

图 3.6　等边角钢

（5）钢管

钢管分无缝钢管和电焊钢管两种，型号用"φ"和外径×壁厚的毫米数表示，如 φ219×14

为外径 219 mm、壁厚 14 mm 的钢管。

3)冷弯型钢和压型钢板

建筑中使用的冷弯型钢常用厚度为 1.5~5 mm 的薄钢板或钢带经冷轧(弯)或模压而成,故也称为冷弯薄壁型钢,如图 3.7 所示。另外,还有用厚钢板(大于 6 mm)冷弯成的方管、矩形管、圆管等,称为冷弯厚壁型钢。压型钢板是冷弯型钢的另一种形式,它是用厚度为 0.3~2 mm 的镀锌或镀铝锌钢板、彩色涂层钢板经冷轧(压)而成的各种类型的波形板,图 3.8 所示为其中数种。冷弯型钢和压型钢板(图 3.9)分别适用于轻钢结构的承重构件和屋面、墙面构件。冷弯型钢和压型钢板都属于高效经济截面,由于壁薄、截面几何形状开展、截面惯性矩大、刚度好,故能高效地发挥其作用,节约钢材。

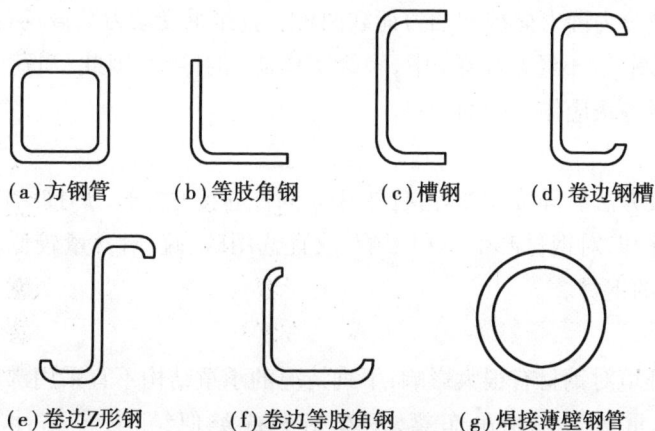

| (a)方钢管 | (b)等肢角钢 | (c)槽钢 | (d)卷边钢槽 |

| (e)卷边Z形钢 | (f)卷边等肢角钢 | (g)焊接薄壁钢管 |

图 3.7　冷弯薄壁型钢

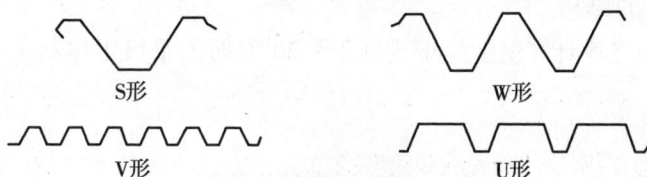

S形　　　　　W形

V形　　　　　U形

图 3.8　压型钢板

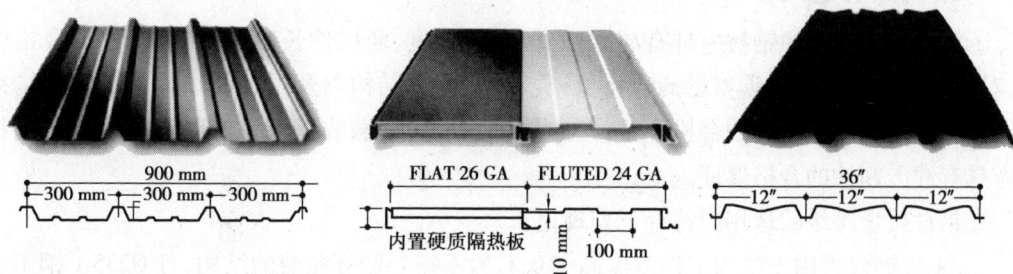

图 3.9　压型钢板

3.1.3　建筑结构钢的选用

1)影响钢材选用的主要因素

(1)结构的重要性

建筑钢结构及其构件按其用途、部位和破坏后果的严重性,可分为重要的、一般的和次要的三类,相应的安全等级为一级、二级和三级。如对大跨度屋架、重级工作制吊车梁等按一级考虑,应选用质量好的钢材;对一般屋架、梁和柱等按二级考虑;对其他如梯子、平台、栏杆等则按三级考虑,可采用质量较低的钢材。

(2)荷载特征

结构所受荷载分为静力荷载和动力荷载两种。直接承受动力荷载的构件如吊车梁有经常满载(重级工作制)和不经常满载(中、轻级工作制)的区别,因此,当荷载特征不同时,对钢材的品种和质量等级应作不同的选择。

(3)连接方法

钢结构的连接方法有焊接和非焊接(采用紧固件连接)之分。焊接结构由于焊接过程中的不均匀加热和冷却,对钢材产生不利影响,故宜选用碳、硫、磷含量较低,塑性和韧性指标较高,可焊性较好的钢材。

(4)工作环境

结构的工作环境对钢材有很大影响,下列情况的承重结构不宜采用沸腾钢:

①焊接结构:重级工作制吊车梁、吊车桁架或类似结构;冬季计算温度等于或低于 $-20\ ℃$ 时的轻、中级工作制吊车梁、吊车桁架或类似结构;冬季计算温度等于或低于 $-30\ ℃$ 时的其他承重结构。

②非焊接结构:冬季计算温度等于或低于 $-20\ ℃$ 时的重级工作制吊车梁、吊车桁架或类似结构。

(5)其他因素

其他因素,如结构形式、应力状态、钢材厚度和价格等。

2)结构钢材选用

①承重结构所用的钢材应具有屈服强度、抗拉强度、断后伸长率和硫、磷含量的合格保证,对焊接结构尚应具有碳当量的合格保证。焊接承重结构以及重要的非焊接承重结构采用的钢材应具有冷弯试验的合格保证;对直接承受动力荷载或需验算疲劳的构件所用钢材尚应具有冲击韧性的合格保证。

②钢材质量等级的选用应符合下列规定:

Ⅰ.A 级钢仅可用于结构工作温度高于 $0\ ℃$ 的不需要验算疲劳的结构,且 Q235A 钢不宜用于焊接结构。

Ⅱ.需验算疲劳的焊接结构用钢材应符合下列规定:

a.当工作温度高于 $0\ ℃$ 时其质量等级不应低于 B 级;

b.当工作温度不高于 $0\ ℃$ 但高于 $-20\ ℃$ 时,Q235、Q355 钢不应低于 C 级,Q390、Q420

及 Q460 钢不应低于 D 级;

c.当工作温度不高于－20 ℃时,Q235 钢和 Q355 钢不应低于 D 级,Q390 钢、Q420 钢、Q460 钢应选用 E 级。

Ⅲ.需验算疲劳的非焊接结构,其钢材质量等级要求可较上述焊接结构降低一级但不应低于 B 级。吊车起重量不小于 50 t 的中级工作制吊车梁,其质量等级要求应与需要验算疲劳的构件相同。

③工作温度不高于－20 ℃的受拉构件及承重构件的受拉板材应符合下列规定:

Ⅰ.所用钢材厚度或直径不宜大于 40 mm,质量等级不宜低于 C 级;

Ⅱ.当钢材厚度或直径不小于 40 mm 时,其质量等级不宜低于 D 级;

Ⅲ.重要承重结构的受拉板材宜满足现行国家标准《建筑结构用钢板》(GB/T 19879—2015)的要求。

④在 T 形、十字形和角形焊接的连接节点中,当其板件厚度不小于 40 mm 且沿板厚方向有较高撕裂拉力作用,包括较高约束拉应力作用时,该部位板件钢材宜具有厚度方向抗撕裂性能即 Z 向性能的合格保证,其沿板厚方向断面收缩率不小于现行国家标准《厚度方向性能钢板》(GB/T 5313—2010)规定的 Z15 级允许限值。钢板厚度方向承载性能等级应根据节点形式、板厚、熔深或焊缝尺寸、焊接时节点拘束度以及预热、后热情况等综合确定。

⑤采用塑性设计的结构及进行弯矩调幅的构件,所采用的钢材应符合下列规定:

Ⅰ.屈强比不应大于 0.85;

Ⅱ.钢材应有明显的屈服台阶,且伸长率不应小于 20%。

⑥钢管结构中的无加劲直接焊接相贯节点,其管材的屈强比不宜大于 0.8;与受拉构件焊接连接的钢管,当管壁厚度大于 25 mm 且沿厚度方向承受较大拉应力时,应采取措施防止层状撕裂。

3)钢材代用原则

①钢材的化学成分应符合钢的化学成分的标准规定,其允许偏差应符合钢材化学成分允许偏差。

②对于造成混批的钢材,当用于主要承重结构时,必须逐一(型钢逐根,板材逐张)按现行标准对其机械性能和化学成分进行试验。如检验不符合要求,可根据实际性能用于非承重结构构件。

③钢材机械性能所需规定保证项目仅有一项不合格时,经设计或有关主管技术部门确定,一般可按如下原则处理:

a.抗拉强度比钢材的机械性能表规定的下限值低 5% 以内时允许使用,当其冷弯合格时,抗拉强度之上限值可以不限;

b.伸长率比规定的数值低 5% 以内时允许使用,但不宜用于塑性变形易于发展的构件;

c.屈服强度比规定的数值低 5% 以内时,可按比例折减允许应力;

d.冷弯角为 150°＜α＜180°时,可允许用于铆接或螺栓连接焊接结构的次要构件上;

e. 冲击韧性不允许降低。

④对于无牌号或无证明书的钢材原则上不允许使用，但经过设计允许，一般可按下列情况处理：

a. 经试验证明其机械性能和化学成分符合《碳素结构钢》（GB/T 700—2006）中所列钢号要求，但未查明其冶炼方法时，可按相应的氧气转炉沸腾钢使用；

b. 如有充分证据证明其为平炉或氧气转炉钢，但未查明其为镇静钢时，可按相应的沸腾钢使用；

c. 经试验证明其机械性能和化学成分符合《低合金高强度结构钢》（GB/T 1591—2018）中所列的 Q355 钢的要求时，可用于一般结构承重构件。

⑤由于备料规格不能完全满足设计要求，需要代用钢材时，应按下列原则进行：

a. 代用钢材的机械性能和化学成分应与原设计一致；

b. 代用钢材时应认真复核构件的强度、稳定性和刚度，特别要注意因材料代用可能产生的偏心影响，在机械性能能够保证的条件下，还应兼顾同厚度、截面一致规格材料；

c. 因代用材料可能引起构件之间连接尺寸与设计要求有变动或不符，设计者应在代用材料时给予合理修改；

d. 代用钢材时不可以大代小，引起自重载荷增加，导致结构的疲劳，应在可能的范围内尽量做到使用上和经济上合理。

4）结构钢材代用原则

结构钢材的代用原则如下：

①当钢号满足设计要求，但生产厂家提供的材质保证书中缺少设计提出的部分性能要求时，应做补充试验，合格后方能使用。补充试验的试件数量，每炉钢材、每种型号规格一般不宜少于 3 个。

②当钢材性能满足设计要求，且钢号的质量优于设计提出的要求，如镇静钢代替沸腾钢、平炉钢代替顶吹转炉钢等时，应注意节约，不应任意以优代劣，不应使质量差距过大。

③当钢材品种不全，需用其他专业用钢材代替建筑结构钢材时，应把代用钢材生产的技术条件与建筑钢材的技术条件相对照，以保证代用的安全性和经济合理性。

④当钢材品种不全，需普通低合金钢相互代用时，应十分谨慎，除机械性能满足设计要求外，在化学成分方面应注意可焊性，重要的结构要有可靠的试验依据。

⑤当钢材性能满足设计要求，而钢号质量低于设计要求时，一般不允许代用。如结构性质和使用条件允许，在材质差距不大的情况下，经设计同意方可代用。

⑥当钢材的钢号和技术性能都与设计提出的要求不符时，应检查是否合理和符合有关规定，然后按钢材设计重新计算，改变结构截面、焊缝尺寸和有关节点构造。

⑦当钢材规格（尺寸）与设计要求不符，需以小代大或以大代小时，要经计算符合要求后才能代用，不能随意以大代小。

⑧当材料规格、品种供应不全，需用不同规格品种的钢材相互代换时，可根据钢材选用原则灵活调整。一般是受拉构件高于受压构件；焊接结构高于螺栓连接结构；厚钢板结构高

于薄钢板结构;低温结构高于常温结构;受动力荷载的结构高于受静力荷载的结构。

⑨当缺乏钢材品种,需采用进口钢材代用时,应验证其化学成分和机械性能是否满足相应钢号的标准。

⑩当成批钢材混合,不能确定钢材的钢号和技术性能时,如用于主要承重结构时,必须逐根进行化学成分和机械性能试验,如试验不符合要求时,可根据实际情况用于非承重结构构件。

⑪当钢材的化学成分与标准有一定偏差,高于或低于标准值时,钢材的化学成分如在容许偏差范围以内可以使用,否则按甲类钢使用。

⑫当钢材机械性能所需的保证项目中,有一项不符合要求时,抗拉强度比规定下限值低5%以内时容许使用;屈服强度比规定数值低5%以内时可按比例折减设计强度;当冷弯合格时,抗拉强度之上限值可以不限。

3.1.4 建筑结构钢的验收

根据《钢结构工程施工质量验收标准》(GB 50205—2020)对施工质量控制的要求,钢结构工程采用的主要材料、半成品、成品等应进行进场验收。凡涉及安全、功能的有关材料、产品,应进行复验,并经监理工程师检查认可。

钢结构用钢材应进行进场验收。进场验收的检验批划分原则上宜与各分项工程检验批一致,也可根据工程规模及进料实际情况划分检验批。下面重点阐述钢板、型材、管材及压型金属板的验收要点。

1) 钢板

(1) 主控项目

①钢板的品种、规格、性能应符合国家现行标准的规定并满足设计要求。钢板进场时,应按国家现行标准的规定抽取试件且应进行屈服强度、抗拉强度、伸长率和厚度偏差检验,检验结果应符合国家现行标准的规定。

检查数量:质量证明文件全数检查;抽样数量按进场批次和产品的抽样检验方案确定。

检验方法:检查质量证明文件和抽样检验报告。

②钢板应按《钢结构工程施工质量验收标准》(GB 50205—2020)附录 A 的规定进行见证抽样复验,其复验结果应符合国家现行标准的规定并满足设计要求。

检查数量:全数检查。

检验方法:见证取样送样,检查复验报告。

(2) 一般项目

①钢板厚度及其允许偏差应满足其产品标准和设计文件的要求。

检查数量:每批同一品种、规格的钢板抽检10%,且不应少于3张,每张检测3处。

检验方法:用游标卡尺或超声波测厚仪量测。

②钢板的平整度应满足其产品标准的要求。

检查数量:每批同一品种、规格的钢板抽检10%,且不应少于3张,每张检测3处。

检验方法:用拉线、钢尺和游标卡尺量测。

③钢板的表面外观质量除应符合国家现行标准规定外,尚应符合下列规定:

a. 当钢板的表面有锈蚀、麻点或划痕等缺陷时,其深度不得大于该钢材厚度允许负偏差值的1/2,且不应大于0.5 mm;

b. 钢板表面的锈蚀等级应符合现行国家标准《涂覆涂料前钢材表面处理 表面清洁度的目视评定 第1部分:未涂覆过的钢材表面和全面清除原有涂层后的钢材表面的锈蚀等级和处理等级》(GB/T 8923.1—2011)规定的C级及C级以上等级;

c. 钢板端边或断口处不应有分层、夹渣等缺陷。

检查数量:全数检查。

检验方法:观察检查。

2)型材、管材

(1)主控项目

①型材和管材的品种、规格、性能应符合国家现行标准的规定并满足设计要求。型材和管材进场时,应按国家现行标准的规定抽取试件且应进行屈服强度、抗拉强度、伸长率和厚度偏差检验,检验结果应符合国家现行标准的规定。

检查数量:质量证明文件全数检查;抽样数量按进场批次和产品的抽样检验方案确定。

检验方法:检查质量证明文件和抽样检验报告。

②型材、管材应按《钢结构工程施工质量验收标准》(GB 50205—2020)附录A的规定进行抽样复验,其复验结果应符合国家现行标准的规定并满足设计要求。

检查数量:按《钢结构工程施工质量验收标准》(GB 50205—2020)附录A复验检验批量检查。

检验方法:见证取样送样,检查复验报告。

(2)一般项目

①型材、管材截面尺寸、厚度及允许偏差应满足其产品标准的要求。

检查数量:每批同一品种、规格的型材或管材抽检10%,且不应少于3根,每根检测3处。

检验方法:用钢尺、游标卡尺及超声波测厚仪量测。

②型材、管材外形尺寸允许偏差应满足其产品标准的要求。

检查数量:每批同一品种、规格的型材或管材抽检10%,且不应少于3根。

检验方法:用拉线和钢尺量测。

③型材、管材的表面外观质量要求与钢板一般项目第③条规定要求相同。

检查数量:全数检查。

检验方法:观察检查。

3)压型金属板

(1)主控项目

①压型金属板及制作压型金属板所采用的原材料(基板、涂层板),其品种、规格、性能等

应符合国家现行标准的规定并满足设计要求。

检查数量:全数检查。

检验方法:检查产品的质量合格证明文件、中文产品标志及检验报告等。

②泛水板、包角板、屋脊盖板及制造泛水板、包角板、屋脊盖板所采用的原材料,其品种、规格、性能等应符合国家现行产品标准的规定并满足设计要求。

检查数量:全数检查。

检验方法:检查产品的质量合格证明文件、中文产品标志及检验报告等。

③压型金属板用固定支架的材质、规格尺寸、表面质量等应符合国家现行产品标准的规定并满足设计要求。

检查数量:全数检查。

检验方法:检查产品的质量合格证明文件、中文产品标志及检验报告等。

④压型金属板用橡胶垫、密封胶及其他材料,其品种、规格、性能等应符合国家现行产品标准的规定并满足设计要求。

检查数量:全数检查。

检验方法:检查产品的质量合格证明文件、中文产品标志及检验报告等。

(2)一般项目

①压型金属板的规格尺寸及允许偏差、表面质量、涂层质量等应符合国家现行产品标准的规定并满足设计要求。

检查数量:每种规格抽查5%,且不应少于10件。

检验方法:基板厚度采用测厚仪测量,涂镀层厚度采用称重法测量。

②压型金属板用固定支架应无变形,表面平整光滑,无裂纹、损伤、锈蚀。

检查数量:按照检验批或每批进场数量抽取5%检查。

检验方法:角尺量和观察检查。

③压型金属板用紧固件,其表面应无损伤、锈蚀。

检查数量:按照检验批或每批进场数量抽取5%检查。

检验方法:观察检查。

④压型金属板用橡胶垫、密封胶及其他特殊材料,其外观质量应满足其产品标准要求,包装完好。

检查数量:按照每批进场数量抽取10%检查。

检验方法:观察检查。

子项 3.2 连接材料

3.2.1 焊接材料

1)焊条

涂有药皮的供焊条电弧焊用的熔化电极称为焊条。焊条电弧焊时,焊条既作为电极传导电流而产生电弧,为焊接提供所需热量;又在熔化后作为填充金属过渡到熔池,与熔化的焊件金属熔合,凝固后形成焊缝。

（1）焊条的组成

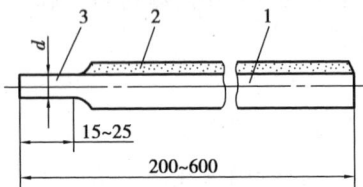

图 3.10 焊条组成
1—焊芯;2—药皮;3—夹持端

焊条由焊芯与药皮两部分组成,其构造如图 3.10 所示。焊条前端药皮有 45°左右的倒角,以便于引弧;尾部的夹持端用于焊钳夹持并利于导电。焊条直径指的是焊芯直径,是焊条的重要尺寸,有 $\phi1.6 \sim \phi8$ 共 8 种规格。焊条长度由焊芯直径而定,为 $200 \sim 650$ mm。生产中应用最多的是 $\phi3.2$ mm、$\phi4$ mm、$\phi5$ mm 三种,长度分别为 350 mm、400 mm 和 450 mm。

①焊芯。焊芯的主要作用是传导电流维持电弧燃烧和熔化后作为填充金属进入焊缝。

焊条电弧焊时,焊芯在焊缝金属中占 50% ~70% 。可以看出,焊芯的成分直接决定了焊缝的成分与性能。因此,焊芯用钢应是经过特殊冶炼,并单独规定牌号与技术条件的专用钢,通常称之为焊条用钢。

焊条用钢的化学成分与普通钢的主要区别在于严格控制磷、硫杂质的含量,并限制碳含量,以提高焊缝金属的塑性、韧性,防止产生焊接缺陷。国家现行标准《焊接用钢盘条》（GB/T 3429—2015）中规定了焊条用钢的牌号、化学成分等内容。

②药皮。焊条药皮是指压涂在焊芯表面上的涂料层。根据药皮组成物在焊接过程中所起的作用,可将其分为稳弧剂、脱氧剂、造渣剂、造气剂、合金剂、稀释剂、黏结剂与成形剂 8 类。

（2）焊条的分类、型号及牌号

按焊条的用途分类,可分为碳钢焊条、低合金钢焊条、不锈钢焊条、堆焊焊条、铸铁焊条、镍及镍合金焊条、铜及铜合金焊条、铝及铝合金焊条、特殊用途焊条共 9 种。

焊条型号是指国家标准中规定的焊条代号。

①碳钢和低合金钢焊条型号。根据现行国家标准《非合金钢及细晶粒钢焊条》（GB/T 5117—2012）、《热强钢焊条》（GB/T 5118—2012）规定,碳钢焊条的型号根据熔敷金属的抗拉强度、药皮类型、焊接位置和焊接电流种类划分,以字母 E 后加四位数字表示,即 E××××,见表 3.1 至表 3.3。

表 3.1 碳钢和低合金钢焊条型号编制方法

E	××	××	后缀字母	元素符号
焊条	熔敷金属抗拉强度最小值（MPa）	焊接电流的种类及药皮类型,见表 3.4 "0""1"适用于全位置焊;"2"适用于平焊及平角焊;"4"适用于立向下焊	熔敷金属化学成分分类代号,见表 3.5	附加化学成分的元素符号

表 3.2　碳钢和低合金钢焊条型号的第三、四位数字组合的含义

焊条型号	药皮类型	焊接位置	电流种类	焊条型号	药皮类型	焊接位置	电流种类
E××00 E××01 E××03	特殊型 钛铁矿型 钛钙型	平、立、横、仰	交流或直流正、反接	E××20 E××22	氧化铁型	平焊、平角焊	交流或直流正、反接
E××10	高纤维钠型		直流反接	E××23	铁粉钛钙型		
E××11	高纤维钾型		交流或直流反接	E××24	铁粉钛型		
E××12	高钛钠型		交流或直流正接	E××28 E××48	铁粉低氢型	平、立、横、仰	交流或直流反接
E××13	高钛钾型		交流或直流正、反接	E××16 E××18	低氢钾型 铁粉低氢型	平、立、横、仰	交流或直流反接
E××14	铁粉钛型						
E××15	低氢钠型		直流反接				

表 3.3　焊条熔敷金属化学成分的分类

焊条型号	分类	焊条型号	分类
E××××-A1	碳钼钢焊条	E××××-NM	镍钼钢焊条
E××××-B1~5	铬钼钢焊条	E××××-D1~3	锰钼钢焊条
E××××-C1~3	镍钢焊条	E××××-G、M、M1、W	所有其他低合金钢焊条

完整的焊条型号举例如下：

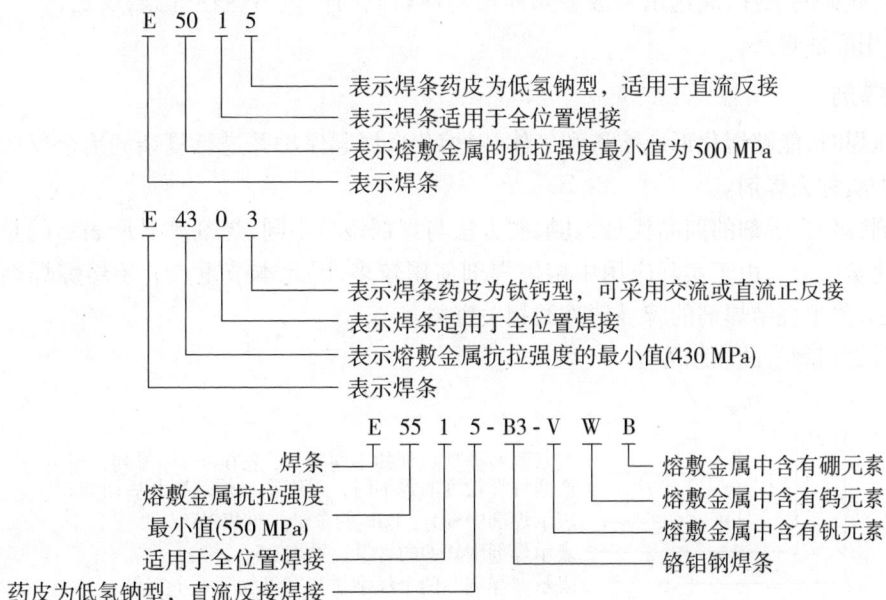

E 50 1 5
表示焊条药皮为低氢钠型，适用于直流反接
表示焊条适用于全位置焊接
表示熔敷金属的抗拉强度最小值为 500 MPa
表示焊条

E 43 0 3
表示焊条药皮为钛钙型，可采用交流或直流正反接
表示焊条适用于全位置焊接
表示熔敷金属抗拉强度的最小值(430 MPa)
表示焊条

E 55 1 5 - B3 - V W B
焊条
熔敷金属抗拉强度最小值(550 MPa)
适用于全位置焊接
药皮为低氢钠型，直流反接焊接
铬钼钢焊条
熔敷金属中含有钒元素
熔敷金属中含有钨元素
熔敷金属中含有硼元素

②焊条的牌号。焊条牌号是焊条生产厂家或有关部门对焊条的命名,编排规律不尽相同,但大多数是用在三位数字前面冠以代表厂家或用途的字母(或符号)表示。前面两位数字表示各大类中的若干小类,不同用途焊条的前两位数字表示的内容及编排规律不尽相同。第三位数表示焊条药皮的类型及焊接电流种类,适用于各种焊条,具体内容见表3.4。

表 3.4　焊条牌号中第三位数字的含义

焊条牌号	药皮类型	电流种类	焊条牌号	药皮类型	电流种类
××0	不属已规定类型	不规定	××5	纤维素型	交直流
××1	氧化钛型	交直流	××6	低氢钾型	交直流
××2	钛钙型	交直流	××7	低氢钠型	直　流
××3	钛铁矿型	交直流	××8	石墨型	交直流
××4	氧化铁型	交直流	××9	盐基型	直　流

结构钢焊条是品种最多、应用最广的一大类焊条,其牌号编制方法是前两位数字表示焊缝金属抗拉强度等级,从430~1 000 MPa共有8个等级。按照原国家机械委的规定,结构钢焊条在三位数字前冠以汉语拼音字母J(结)。碳钢焊条有J422、J507、J427、J502等牌号,而强度级别≥550 MPa的结构钢焊条不属于碳钢焊条。

(3)焊条选用原则

①等强度原则。对于承受静载或一般载荷的工件或结构,通常选用抗拉强度与母材相等的焊条。例如,20号钢抗拉强度在400 MPa左右的,可以选用E43系列焊条。

②同等性能原则。在特殊环境下工作的结构如要求耐磨、耐腐蚀、耐高温或低温等具有较高的力学性能,则应选用能保证熔敷金属的性能与母材相近或相近似的焊条。如焊接不锈钢时,应选用不锈钢焊条。

③等条件原则。根据工件或焊接结构的工作条件和特点选择焊条。如焊接需要受动载荷或冲击载荷的工件,应选用熔敷金属冲击韧性较高的低氢型碱性焊条;反之,焊一般结构时,应选用酸性焊条。

2)焊剂

埋弧焊时,能够熔化形成熔渣和气体,对熔化金属起保护并进行复杂的冶金反应的一种颗粒状物质称为焊剂。

焊剂牌号是焊剂的商品代号,其编制方法与焊剂型号不同,焊剂牌号所表示的是焊剂中的主要化学成分。由于实际应用中熔炼焊剂使用较多,因此本节重点介绍熔炼焊剂牌号的表示方法,关于烧结焊剂的牌号请查阅相关资料。

熔炼焊剂牌号的表示方法:

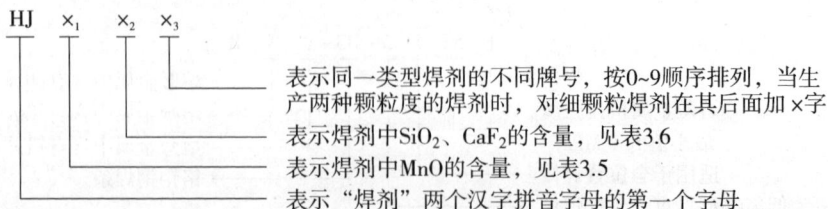

HJ　$\times_1$　$\times_2$　$\times_3$

表示同一类型焊剂的不同牌号,按0~9顺序排列,当生产两种颗粒度的焊剂时,对细颗粒焊剂在其后面加×字

表示焊剂中SiO_2、CaF_2的含量,见表3.6

表示焊剂中MnO的含量,见表3.5

表示"焊剂"两个汉字拼音字母的第一个字母

熔炼焊剂牌号举例如下：

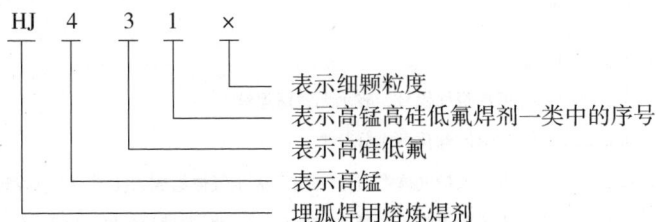

```
HJ    4    3    1    ×
```
表示细颗粒度
表示高锰高硅低氟焊剂一类中的序号
表示高硅低氟
表示高锰
埋弧焊用熔炼焊剂

表 3.5　熔炼焊剂牌号第一个字母 $×_1$ 含义

牌号	焊剂类型	MnO 平均含量	牌号	焊剂类型	MnO 平均含量
HJ 1××	无锰	<2%	HJ 3××	中锰	15%～30%
HJ 2××	低锰	2%～15%	HJ 4××	高锰	>30%

表 3.6　熔炼焊剂牌号第二个字母 $×_2$ 含义

牌　号	焊剂类型	SiO_2、CaF_2 的平均含量	
HJ $×_1$1$×_3$	低硅低氟	$w(SiO_2)<10\%$	$w(CaF_2)<10\%$
HJ $×_1$2$×_3$	中硅低氟	$w(SiO_2)≈10\%～30\%$	$w(CaF_2)<10\%$
HJ $×_1$3$×_3$	高硅低氟	$w(SiO_2)>30\%$	$w(CaF_2)<10\%$
HJ $×_1$4$×_3$	低硅中氟	$w(SiO_2)=10\%$	$w(CaF_2)≈10\%～30\%$
HJ $×_1$5$×_3$	中硅中氟	$w(SiO_2)≈10\%～30\%$	$w(CaF_2)≈10\%～30\%$
HJ $×_1$6$×_3$	高硅中氟	$w(SiO_2)>30\%$	$w(CaF_2)≈10\%～30\%$
HJ $×_1$7$×_3$	低硅高氟	$w(SiO_2)<10\%$	$w(CaF_2)>30\%$
HJ $×_1$8$×_3$	中硅高氟	$w(SiO_2)≈10\%～30\%$	$w(CaF_2)>30\%$

3) 焊丝

（1）焊丝的分类

焊丝的分类方法有很多,常用的分类方法如下：

①按被焊的材料性质分,有碳钢焊丝、低合金钢焊丝、不锈钢焊丝、铸铁焊丝和有色金属焊丝等。

②按使用的焊接工艺方法分,有埋弧焊用焊丝、气体保护焊用焊丝、电渣焊用焊丝、堆焊用焊丝和气焊用焊丝等。

③按不同的制造方法分,有实心焊丝和药芯焊丝两大类。其中,药芯焊丝又分为气保护焊丝和自保护焊丝两种。这里主要介绍实心焊丝的型号、牌号表示方法。

（2）熔化极气体保护焊用非合金钢及细晶粒钢实心焊丝型号的表示方法

根据《熔化极气体保护电弧焊用非合金钢及细晶粒钢实心焊丝》(GB/T 8110—2020) 的规定,焊丝型号按熔敷金属力学性能、焊后状态、保护气体类型和焊丝化学成分等进行划分。

焊丝型号示例如下：

示例1：

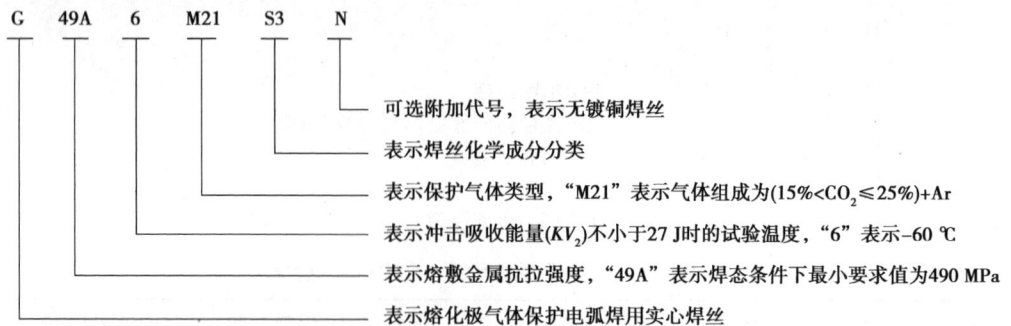

G 49A 6 M21 S3 N

可选附加代号，表示无镀铜焊丝
表示焊丝化学成分分类
表示保护气体类型，"M21"表示气体组成为$(15\% < CO_2 \le 25\%) + Ar$
表示冲击吸收能量(KV_2)不小于27 J时的试验温度，"6"表示–60 ℃
表示熔敷金属抗拉强度，"49A"表示焊态条件下最小要求值为490 MPa
表示熔化极气体保护电弧焊用实心焊丝

示例2：

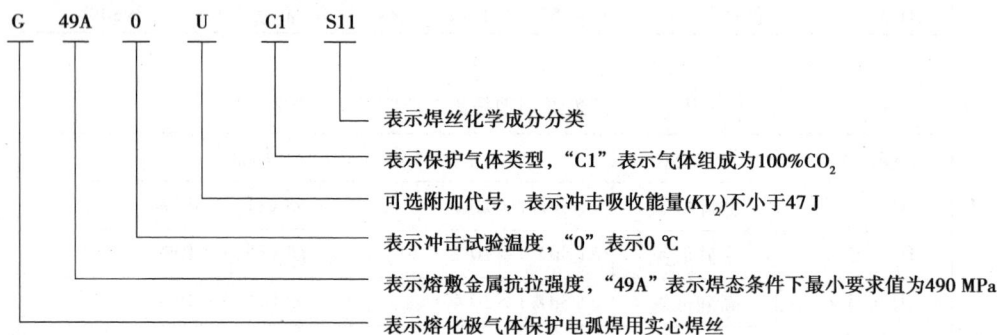

G 49A 0 U C1 S11

表示焊丝化学成分分类
表示保护气体类型，"C1"表示气体组成为100%CO_2
可选附加代号，表示冲击吸收能量(KV_2)不小于47 J
表示冲击试验温度，"0"表示0 ℃
表示熔敷金属抗拉强度，"49A"表示焊态条件下最小要求值为490 MPa
表示熔化极气体保护电弧焊用实心焊丝

示例3：

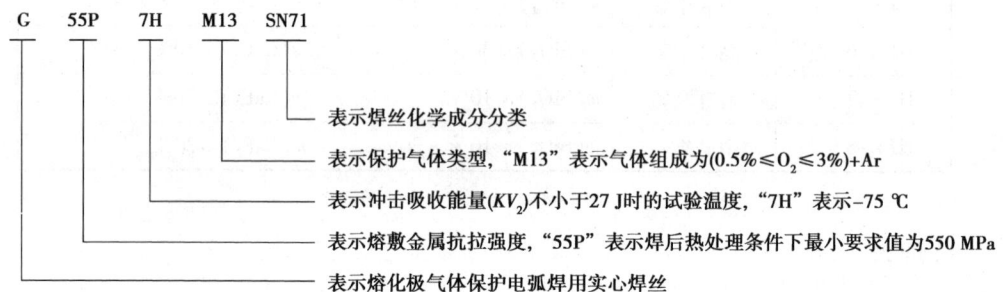

G 55P 7H M13 SN71

表示焊丝化学成分分类
表示保护气体类型，"M13"表示气体组成为$(0.5\% \le O_2 \le 3\%) + Ar$
表示冲击吸收能量(KV_2)不小于27 J时的试验温度，"7H"表示–75 ℃
表示熔敷金属抗拉强度，"55P"表示焊后热处理条件下最小要求值为550 MPa
表示熔化极气体保护电弧焊用实心焊丝

4) 焊接材料的正确使用和保管

（1）焊条的正确使用和保管

①焊条储存与保管：

a. 焊条必须在干燥、通风良好的室内仓库中存放，焊条储存库内不允许放置有害气体和腐蚀性介质。室内应保持整洁，应设有温度计、湿度计和去湿机。库房的温度与湿度必须符合表3.7的要求。

表3.7 库房温度与湿度的关系

气　温	>5~20 ℃	20~30 ℃	>30 ℃
相对湿度	60%以下	50%以下	40%以下

b.库内无地板时,焊条应存放在架子上,架子离地面高度不小于300 mm,离墙壁距离不小于300 mm。架子下应放置干燥剂,严防焊条受潮。

c.焊条堆放时应按种类、牌号、批次、规格、入库时间分类堆放。每垛应有明确标注,避免混乱。

d.焊条在供给使用单位之后至少6个月之内可保证使用,入库的焊条应做到先入库的先使用。

e.特种焊条储存与保管应高于一般性焊条,应堆放在专用仓库或指定区域,受潮或包装破损的焊条未经处理不允许入库。

f.对于受潮、药皮变色、焊芯有锈迹的焊条,须经烘干后进行质量评定,若各项性能指标满足要求时方可入库,否则不准入库。

g.一般焊条出库量不能超过2 d用量,已经出库的焊条,焊工必须保管好。

②焊条的烘干与使用:

a.发放使用的焊条必须有质保书和复验合格证。

b.焊条在使用前,如果焊条使用说明书无特殊规定时,一般都应进行烘干。酸性焊条视受潮情况和性能要求,在75～150 ℃烘干1～2 h;碱性低氢型结构钢焊条应在350～400 ℃烘干1～2 h。烘干的焊条应放在100～150 ℃保温箱(筒)内,随取随用,使用时注意保持干燥。

c.根据《焊接材料质量管理规程》(JB/T 3223—2017)规定,低氢型焊条一般在常温下超过4 h应重新烘干,累计烘干次数不宜超过3次。

d.烘干焊条时,禁止将焊条突然放进高温炉内,或从高温炉中突然取出冷却,防止焊条骤冷骤热而产生药皮开裂、脱皮现象。

e.焊条烘干时应作记录,记录上应有牌号、批号、温度、时间等项内容。

f.焊工领用焊条时,必须根据产品要求填写领用单,填写项目应包括生产工号,产品图号,被焊工件钢号,领用焊条的牌号、规格、数量及领用时间等,并作为下班时回收剩余焊条的核查依据。

g.防止焊条牌号用错,除建立焊接材料领用制度外,还应相应建立焊条头回收制,以防剩余焊条散失生产现场。应规定:剩余焊条数量和回收焊条头数量的总和,应与领用的数量相符。

(2)焊剂的正确使用和保管

焊剂的存放要求,基本与焊条的要求相似,不过应特别注意防止焊剂在保存中受潮,搬运时防止包装破损,对烧结焊剂更应注意存放中的受潮及颗粒的破碎。

焊剂使用时有以下注意事项:

①焊剂使用前必须进行烘干,烘干要求见表3.8。

表3.8　焊剂烘干温度与要求

焊剂类型	烘干温度/℃	烘干时间/h	烘干后在大气中允许放置时间/h
熔炼焊剂(玻璃状)	150～350	1～2	12
熔炼焊剂(薄石状)	200～350	1～2	12
烧结焊剂	200～350	1～2	5

②烘干时焊剂厚度要均匀且不得大于30 mm。

③回收焊剂须经筛选、分类,去除渣壳、灰尘等杂质,再经烘干与新焊剂按比例(一般回用焊剂不得超过40%)混合使用,不得单独使用。

④回收焊剂中粉末含量不得大于5%,回收使用次数不得多于3次。

(3)焊丝的正确使用和保管

焊丝的存放要求,也基本与焊条相似。焊丝的储存,要求保持干燥、清洁和包装完整;焊丝盘、焊丝捆内焊丝不应紊乱、弯折和呈波浪形;焊丝末端应明显易找。

焊丝使用前必须除去表面的油、锈等污物,领取时进行登记,随用随领,焊接场地不得存放多余焊丝。

(4)保护气体的正确使用和保管

作为焊接过程中保护气体使用的气体,主要是氩和二氧化碳,其他还有氮、氢、氧、氦等。由于储存这些气体的气瓶,其工作压力可高达15 MPa,属于高压容器,因此对它们的使用、储存和运输都有严格规定。

①气瓶的储存与保管:

a.储存气瓶的库房建筑应符合《建筑设计防火规范》(GB 50016—2014,2018年版)的规定,应为一层建筑,其耐火等级不低于二级,库内温度不得超过35 ℃,地面必须平整、耐磨、防滑。

b.气瓶储存库房应没有腐蚀性气体,应通风、干燥,不受日光暴晒。

c.气瓶储存时,应旋紧瓶帽,放置整齐,留有通道,妥善固定;立放时应设栏杆固定以防跌倒;卧放时,应防滚动,头部应朝向一方,且堆放高度不得超过5层。

d.空瓶与实瓶、不同介质的气体气瓶,必须分开存放,且有明显标志。

e.氧气瓶与氢气瓶必须分室储存,在其附近应设有灭火器材。

②气瓶的使用:

a.禁止碰撞、敲击,不得用电磁起重机等搬运。

b.气瓶不得靠近热源,离明火距离不得小于10 m,气瓶不得"吃光用尽",应留有余气,应直立使用,应有防倒固定架。

c.氧气瓶使用时不得接触油脂,开启瓶阀应缓慢,头部不得面对减压阀。

d.夏天要防止日光暴晒。

3.2.2 螺栓连接材料

1)普通螺栓连接

钢结构普通螺栓连接就是将螺栓、螺母、垫圈机械地和连接件连接在一起形成的一种连接形式。从连接工作机理看,荷载是通过螺栓杆受剪、连接板孔壁承压来传递的,接头受力后会产生较大的滑移变形,因此一般受力较大结构或承受动力荷载的结构,应采用精制螺栓,以减少接头变形量。由于精制螺栓加工费用较高、施工难度大,工程上极少采用,已逐渐被高强度螺栓取代。

钢结构普通螺栓连接是由螺栓、螺母和垫圈三部分组成的,现分述如下。

(1)普通螺栓

按照普通螺栓的形式,可将其分为六角头螺栓、双头螺栓和地脚螺栓等。

①六角头螺栓。按照制造质量和产品等级,六角头螺栓可分为 A、B、C 3 个等级,其中,A、B 级为精制螺栓,C 级为粗制螺栓。A、B 级一般用 35 号钢或 45 号钢做成,级别为 5.6 级或 8.8 级。A、B 级螺栓加工尺寸精确、受剪性能好、变形很小,但制造和安装复杂、价格昂贵,目前在钢结构中应用较少。C 级为六角头螺栓,也称粗制螺栓,一般由 Q235 镇静钢制成,性能等级为 4.6 级和 4.8 级。C 级螺栓常用于安装连接及可拆卸的结构中,有时也可以用于不重要的连接或安装时的临时固定等。

建筑钢结构中使用的普通螺栓一般为六角头螺栓,螺栓的标记通常为 $Md \times L$,其中 d 为螺栓规格(即直径)、L 为螺栓的公称长度。

普通螺栓的通用规格为 M8、M10、M12、M16、M20、M24、M30、M36、M42、M48、M56 和 M64 等。

②双头螺栓。双头螺栓一般称为螺栓,多用于连接厚板和不便使用六角头螺栓连接的地方,如混凝土屋架、屋面梁悬挂单轨梁吊挂件等。

③地脚螺栓。地脚螺栓分为一般地脚螺栓、直角地脚螺栓、锤头螺栓和锚固地脚螺栓 4 种。

a.一般地脚螺栓和直角地脚螺栓是在浇筑混凝土基础时预埋在基础中用以固定钢柱的。

b.锤头螺栓是基础螺栓的一种特殊形式,是在混凝土基础浇筑时将特制模箱(锚固板)预埋在基础内用以固定钢柱的。

c.锚栓。锚栓是用于钢构件与混凝土构件之间的连接件,如钢柱柱脚与混凝土基础之间的连接、钢梁与混凝土墙体的连接等。锚栓可分为化学试剂型和机械型两类。化学试剂型是指锚栓通过化学试剂(如结构胶等)与其所植入的构件材料黏结传力,而机械型则不需要。锚栓是一种非标准件,其直径和长度随工程情况而定,化学试剂型锚栓的锚固长度一般不小于 15 倍栓径,机械型锚栓的锚固长度一般不小于 25 倍栓径,下部弯折或焊接方钢板以增大抗拔力。锚栓一般由圆钢制作而成,材料多为 Q235 钢和 Q355 钢,有时也采用优质碳素钢。

钢结构中常用普通螺栓的性能等级、化学成分及力学性能见表 3.9。

表 3.9 普通螺栓性能等级、化学成分及力学性能

性能等级		3.6	4.6	4.8	5.6	5.8	6.8
材料		低碳钢	低碳钢或中碳钢				
化学成分%	C	≤0.20	≤0.55				
	P	≤0.05	≤0.05				
	S	≤0.06	≤0.06				
抗拉强度/MPa	公称	300	400	400	500	500	600
	最小	330	400	420	500	520	600
维氏硬度	最小	95	115	121	148	154	178
	最大	206	206	206	206	206	227

（2）螺母

建筑钢结构中选用的螺母应与相匹配的螺栓性能等级一致，当拧紧螺母达到规定程度时，不允许发生螺纹脱扣现象。为此可选用栓接结构用六角螺母及相应的栓接结构大六角头螺栓、平垫圈，使连接副能防止因超拧而引起的螺纹脱扣。

螺母性能等级分4、5、6、8、9、10、12级等，其中8级（含8级）以上螺母与高强度螺栓匹配，8级以下螺母与普通螺栓匹配。表3.10为螺母与螺栓性能等级相匹配的参照表。

表3.10 螺母与螺栓性能等级相匹配的参照表

螺母性能等级	相匹配的螺栓性能等级		螺母性能等级	相匹配的螺栓性能等级	
	性能等级	直径范围/m		性能等级	直径范围/m
4	3.6,4.6,4.8	>16	9	8.8	16<直径≤39
5	3.6,4.6,4.8	≤16		9.8	≤16
	5.6,5.8	所有的直径	10	10.9	所有的直径
6	6.8	所有的直径	12	12.9	≤39
8	8.8	所有的直径			

螺母的螺纹应与螺栓一致，一般应为粗牙螺纹（除非特殊注明用细牙螺纹）。螺母的机械性能主要是螺母的保证应力和硬度，其值应符合《紧固件机械性能 螺母》（GB/T 3098.2—2015）的规定。

（3）垫圈

常用钢结构螺栓连接的垫圈，按其形状及使用功能可分为以下几类：

①圆平垫圈。圆平垫圈一般放置于紧固螺栓头及螺母的支承面下面，用以增加螺栓头及螺母的支承面，同时防止被连接件表面损伤。

②方形垫圈。方形垫圈一般置于地脚螺栓头及螺母支承面下面，用以增加支承面及遮盖较大螺栓孔眼。

③斜垫圈。主要用于工字钢、槽钢翼缘倾斜面的垫平，使螺母支承面垂直于螺杆，避免紧固时造成螺母支承面和被连接的倾斜面局部接触，以确保连接安全。

④弹簧垫圈。为防止螺栓拧紧后在动载作用下产生振动和松动，依靠垫圈的弹性功能及斜口摩擦面来防止螺栓松动，一般用于有动荷载（振动）或经常拆卸的结构连接处。

2）高强度螺栓连接

高强度螺栓是钢结构连接的主要手段之一，在高层建筑钢结构中已成为主要的连接件。高强度螺栓是用优质碳素钢或低合金钢材料制成的一种特殊螺栓，由于螺栓的强度高，故称高强度螺栓。高强度螺栓连接具有安装简便、迅速、能装能拆和承压高、受力性能好、安全可靠等优点。

（1）高强度螺栓分类

高强度螺栓采用经过热处理的高强度钢材制成，施工时需要对螺栓杆施加较大的预拉力。

①高强度螺栓从性能等级上可分为8.8级和10.9级（也记作8.8S、10.9S）。

②根据其受力特征可分为摩擦型高强度螺栓与承压型高强度螺栓两类。摩擦型高强度螺栓是靠连接板间的摩擦阻力传递剪力,以摩擦阻力克服作为连接承载力的极限状态,具有连接紧密、受力良好、耐疲劳的特点,适宜承受动力荷载,但连接面需要做摩擦面处理,如喷砂、喷砂后涂无机富锌漆等。承压型高强度螺栓,是当剪力大于摩擦阻力后,以螺杆被剪断或连接板被挤坏作为承载力极限状态,其计算方法基本上同普通螺栓,它们的承载力极限值大于摩擦型高强度螺栓。

③根据螺栓构造及施工方法不同,可分为大六角头高强度螺栓、扭剪型高强度螺栓两类,如图3.11和图3.12所示。

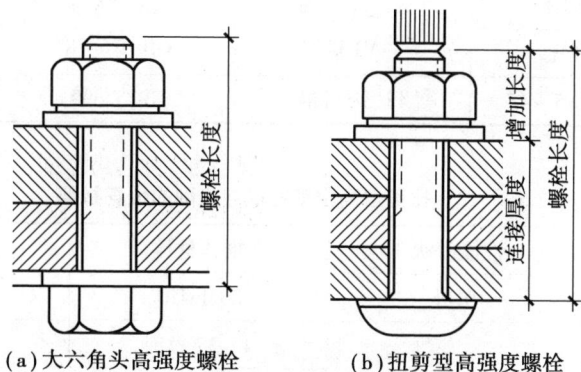

（a）大六角头高强度螺栓　　（b）扭剪型高强度螺栓

图 3.11　高强度螺栓构造

a.大六角头高强度螺栓。大六角头高强度螺栓的头部尺寸比普通六角头螺栓要大,可适应施加预拉力的工具及操作要求,同时也可增大与连接板间的承压或摩擦面积。大六角头高强度螺栓施加预拉力的工具有电动、风动扳手及人工特制扳手。

b.扭剪型高强度螺栓。扭剪型高强度螺栓的尾部连着一个梅花头,梅花头与螺栓尾部之间有一沟槽。当用特制扳手拧螺母时,以梅花头作为反扭支点,终拧时梅花头沿沟槽被拧断,并以拧断为标准表示已达到规定的预拉力值。

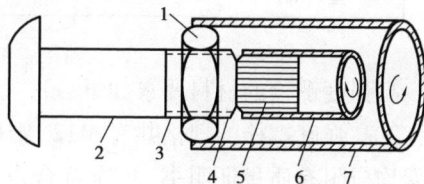

图 3.12　扭剪型高强度螺栓构造

1—螺母;2—螺杆;3—螺纹;

4—槽口;5—螺杆尾部梅花卡头;

6—小套筒;7—大套筒

（2）高强度螺栓的性能

高强度螺栓和与之配套的螺母和垫圈合称连接副,须经热处理(淬火和回火)后方可使用。高强度大六角头螺栓连接副包括一个螺栓、一个螺母和两个垫圈。扭剪型高强度螺栓连接副包括一个螺栓、一个螺母和一个垫圈。其连接副的推荐材料分别见表3.11和表3.12。

表 3.11　大六角头高强度螺栓连接副的推荐材料

类　　别	性能等级	推荐材料	标准编号	适用规格
螺　栓	10.9S	20MnTiB	GB/T 3077	≤M24
		ML20MnTiB	GB/T 6478	
		35VB		≤M30

续表

类　别	性能等级	推荐材料	标准编号	适用规格
螺栓	8.8S	45、35 号钢	GB/T 699	≤M20
		20MnTiB、40Cr	GB/T 3077	≤M24
		ML20MnTiB	GB/T 6478	
		35CrMO	GB/T 3077	≤M30
		35VB		
螺母	10H	45、35 号钢	GB/T 699	
	8H	ML35	GB/T 6478	
垫圈	HRC35～45	45、35 号钢	GB/T 699	

表 3.12　扭剪型高强度螺栓连接副的推荐材料

类　别	性能等级	推荐材料	标准编号
螺　栓	10.9S	20MnTiD	GB/T 3077
螺　母	10H	45、35 号钢	GB/T 699
		15MnVB	GB/T 3077
垫　圈	HRC35～45	45、35 号钢	GB/T 699

高强度螺栓的材料要求如下：

①高强度螺栓的规格共有 M12、M16、M18、M20、M22、M24、M27、M30 几种。螺栓、螺母、垫圈均应附有质量证明书，并应符合设计要求和国家标准的规定。高强度螺栓(六角头螺栓、扭剪型螺栓等)、半圆头铆钉等孔的直径应比螺栓杆和钉杆公称直径大 1.0～3.0 mm。螺栓孔应具有 H14 或 H15 的精度。

②高强度螺栓按性能等级可分为 8.8、10.9 级等。8.8 级仅用于大六角头高强度螺栓，10.9 级用于扭剪型高强度螺栓和大六角头高强度螺栓。制造厂应对原材料(按加工高强度螺栓的同样工艺进行热处理)进行抽样试验，其力学性能应符合表 3.13 的规定。

表 3.13　高强度螺栓的力学性能

性能等级	螺栓类型	抗拉强度/MPa	屈服强度/MPa	伸长率 Js/%	收缩率/%	冲击韧性/$(J \cdot cm^{-1})$
			≥			
10.9S	大六角头螺栓 扭剪型螺栓	1 040～1 240	940	10	42	59
8.8S	大六角头螺栓	830～1 030	660	12	45	78

当高强度螺栓的性能等级为 8.8 级时，热处理后硬度为 HRC21～29；性能等级为 10.9 级时，热处理后硬度为 HRC32～36。

高强度螺栓不允许存在任何淬火裂纹,其表面要进行发黑处理。

③高强度螺栓抗拉极限承载力应符合表3.14的规定,其偏差应符合表3.15的规定。

表3.14　高强度螺栓抗拉极限承载力

公称直径 d/mm	公称应力截面积 A/mm	抗拉极限承载力/kN	
		10.9S	8.8S
12	84	84 ~ 95	68 ~ 83
14	115	115 ~ 129	93 ~ 113
16	157	157 ~ 176	127 ~ 154
18	192	192 ~ 216	156 ~ 189
20	245	245 ~ 275	198 ~ 241
22	303	303 ~ 341	245 ~ 298
24	353	353 ~ 397	286 ~ 347
27	459	459 ~ 516	372 ~ 452
30	561	561 ~ 631	454 ~ 552
33	694	694 ~ 780	562 ~ 663
36	817	817 ~ 918	662 ~ 804
39	976	976 ~ 1 097	791 ~ 960
42	1 121	1 121 ~ 1 260	908 ~ 1 103
45	1 306	1 306 ~ 1 468	1 058 ~ 1 285
48	1 473	1 473 ~ 1 656	1 193 ~ 1 450
52	1 758	1 758 ~ 1 976	1 424 ~ 1 730
56	2 030	2 030 ~ 2 282	1 644 ~ 1 998
60	2 362	2 362 ~ 2 655	1 913 ~ 2 324

表3.15　高强度螺栓极限偏差　　　　　　　　　　　　单位:mm

公称直径	12	14	16	20	(22)	24	(27)	30
允许偏差		±0.43			±0.52		±0.84	

④采用高强度螺栓连接副,应分别符合《钢结构用高强度大六角头螺栓》(GB/T 1228—2006)、《钢结构用高强度大六角螺母》(GB/T 1229—2006)、《钢结构用高强度垫圈》(GB/T 1230—2006)、《钢结构用高强度大六角头螺栓、大六角螺母、垫圈技术条件》(GB/T 1231—2006)或《钢结构用扭剪型高强度螺栓连接副》(GB/T 3632—2008)的规定。

⑤高强度螺栓连接副必须经过以下试验,符合规范要求后方可出厂:材料、炉号、制作批号、化学成分与机械性能证明或试验数据;螺栓的负荷试验;螺母的保证荷载试验;螺母及垫

圈的硬度试验;连接副的扭矩系数试验(注明试验温度);大六角头连接副的扭矩系数平均值和标准偏差;扭剪型连接副的紧固轴力平均值和标准偏差。

⑥高强度螺栓的储运应符合:

a.存放应防潮、防雨、防粉尘,并按类型和规格分类存放;使用时应轻拿轻放,防止撞击、损坏包装和损伤螺纹;发放和回收应做记录,使用剩余的紧固件应当天回收保管。

b.长期保管超过6个月或保管不善而造成螺栓生锈及沾染脏物等可能改变螺栓的扭矩系数或性能的高强度螺栓,应视情况进行清洗、除锈和润滑等处理,并对螺栓进行扭矩系数或预拉力检验,合格后方可使用。

c.高强度螺栓连接摩擦面应平整、干燥,表面不得有氧化皮、毛刺、焊疤、油漆和油污等。

子项 3.3 防护材料

3.3.1 涂料

1)涂料分类

我国涂料产品按《涂料产品分类和命名》(GB/T 2705—2003)的规定,有以下两种分类方法:

①分类方法1:主要是以涂料产品的用途为主线,并辅以主要成膜物的分类方法。将涂料产品划分为三个主要类别:建筑涂料、工业涂料和通用涂料及辅助材料,详见表3.16。

②分类方法2:除建筑涂料外,主要以涂料产品的主要成膜物为主线,并适当辅以产品主要用途的分类方法。将涂料产品划分为两个主要类别:建筑涂料、其他涂料及辅助材料,详见表3.17至表3.19。

表3.16 分类方法1

主要产品类型		主要成膜物类型
建筑涂料	墙面涂料	合成树脂乳液内墙涂料 合成树脂乳液外墙涂料 溶剂型外墙涂料 其他墙面涂料	丙烯酸酯类及其改性共聚乳液;乙酸乙烯及其改性共聚乳液;聚氨酯、氟碳等树脂;无机黏合剂等
	防水涂料	溶剂型树脂防水涂料 聚合物乳液防水涂料 其他防水涂料	EVA、丙烯酸酯类乳液;聚氨酯、沥青、PVC泥或油膏、聚丁二烯等树脂
	地坪涂料	水泥基等非木质地面用涂料	聚氨酯、环氧等树脂
	功能性建筑涂料	防火涂料 防霉(藻)涂料 保温隔热涂料 其他功能性建筑涂料	聚氨酯、环氧、丙烯酸酯类、乙烯类、氟碳等树脂

续表

主要产品类型		主要成膜物类型
工业涂料	汽车涂料 （含摩托车涂料）	汽车底漆（电泳漆） 汽车中涂漆 汽车罩光漆 汽车修补漆 其他汽车专用漆	丙烯酯类、聚酯、聚氨酯、醇酸、环氧、氨基、硝基、PVC 等树脂
	木器涂料	溶剂型木器涂料 水性木器涂料 光固化木器涂料 其他木器涂料	聚氨酯、丙烯酸酯类、醇酸、硝基、氨基、酚醛、虫胶等树脂
	铁路、公路涂料	铁路车辆涂料 道路标志涂料 其他铁路、公路设施涂料	丙烯酸酯类、聚氨酯、环氧、醇酸、乙烯类等树脂
	轻工涂料	自行车涂料 家用电器涂料 仪器、仪表涂料 塑料涂料 纸张涂料 其他轻工专用涂料	聚氨酯、聚酯、醇酸、丙烯酸酯类、环氧、酚醛、氨基、乙烯类等树脂
	船舶涂料	船壳及上层建筑物漆 船底防锈漆 船底防污漆 水线漆 甲板漆 其他船舶漆	聚氨酯、醇酸、丙烯酸酯类、环氧、乙烯类、酚醛、氯化橡胶、沥青等树脂
	防腐涂料	桥梁涂料 集装箱涂料 专用埋地管道及设施涂料 耐高温涂料 其他防腐涂料	聚氨酯、丙烯酸酯类、环氧、醇酸、酚醛、氯化橡胶、乙烯类、沥青、有机硅、氟碳等树脂
	其他专用涂料	卷材涂料 绝缘涂料 机床、农机、工程机械等涂料 航空、航空涂料 军用器械涂料 电子元器件涂料 以上未涵盖的其他专用涂料	聚酯、聚氨酯、环氧、丙烯酸酯类、醇酸、乙烯类、氨基、有机硅、氟碳、酚醛、硝基等树脂

续表

	主要产品类型		主要成膜物类型
通用涂料及辅助材料	调和漆 清　漆 磁　漆 底　漆 腻　子 稀释剂 防潮剂 催干剂 脱漆剂 固化剂 其他通用涂料及辅助材料	以上未涵盖的无明确应用	油脂；天然树脂、酚醛、沥青、醇酸等树脂

注：主要成膜物类型中树脂类型包括水性、溶剂型、无溶剂型、固体粉末。

表3.17　建筑涂料

	主要产品类型		主要成膜物类型
建筑涂料	墙面涂料	合成树脂乳液内墙涂料 合成树脂乳液外墙涂料 溶剂型外墙涂料 其他墙面涂料	丙烯酸酯类及其改性共聚乳液；乙酸乙烯及其改性共聚乳液；聚氨酯；氟碳等树脂；无机黏合剂等
	防水涂料	溶剂型树脂防水涂料 聚合物乳液防水涂料 其他防水涂料	EVA、丙烯酸酯类乳液；聚氨酯、沥青、PVC胶泥或油膏、聚丁二烯等树脂
	地坪涂料	水泥基等非木质地面用涂料	聚氨酯、环氧等树脂
	功能性建筑涂料	防火涂料 防霉(藻)涂料 保温隔热涂料 其他功能性建筑涂料	聚氨酯、环氧、丙烯酸酯类、乙烯类、氟碳等树脂

注：主要成膜物类型中树脂类型包括水性、溶剂型、无溶剂型等。

表3.18　其他涂料

	主要成膜物类型	主要产品类型
油脂漆类	天然植物油、动物油(脂)、合成油等	清油、厚漆、调和漆、防锈漆、其他油脂漆
天然树脂漆类	松香、虫胶、乳酪素、动物胶及其衍生物等	清漆、调和漆、磁漆、底漆、绝缘漆、生漆、其他天然树脂漆

主要成膜物类型		主要产品类型
酚醛树脂②漆类	酚醛树脂、改性酚醛树脂等	清漆、调和漆、磁漆、底漆、绝缘漆、船舶漆、防锈漆、耐热漆、黑板漆、防腐漆、其他酚醛树脂漆
沥青漆类	天然沥青、(煤)焦油沥青、石油沥青等	清漆、磁漆、底漆、绝缘漆、防污漆、船舶漆、耐酸漆、防腐漆、锅炉漆、其他沥青漆
醇酸树脂漆类	甘油醇酸树脂、季戊四醇醇酸树脂、其他醇类的醇酸树脂、改性醇酸树脂等	清漆、调和漆、磁漆、底漆、绝缘漆、船舶漆、防锈漆、汽车漆、木器漆、其他醇酸树脂漆
氨基树脂漆类	三聚氰胺甲醛树脂、脲(甲)醛树脂及其改性树脂等	清漆、磁漆、绝缘漆、美术漆、闪光漆、汽车漆、其他氨基树脂漆
硝基漆类	硝基纤维素(酯)等	清漆、磁漆、铅笔漆、木器漆、汽车修补漆、其他硝基漆
过氯乙烯树脂漆类	过氯乙烯树脂等	清漆、磁漆、机床漆、防腐漆、可剥漆、胶液、其他过氯乙烯树脂漆
烯类树脂漆类	聚二乙烯乙炔树脂、聚多烯树脂、氯乙烯乙酸乙烯共聚物、聚乙烯醇缩醛树脂、聚苯乙烯树脂、含氟树脂、氯化聚丙烯树脂、石油树脂等	聚乙烯醇缩醛树脂漆、氯化聚烯烃树脂漆、其他烯类树脂漆
丙烯酸酯类树脂漆类	热塑性丙烯酸酯类树脂、热固性丙烯酸酯类树脂等	清漆、透明漆、磁漆、汽车漆、工程机械漆、摩托车漆、家电漆、塑料漆、标志漆、电泳漆、乳胶漆、木器漆、汽车修补漆、粉末涂料、船舶漆、绝缘漆、其他丙烯酸酯类树脂漆
聚酯树脂漆类	饱和聚酯树脂、不饱和聚酯树脂等	粉末涂料、卷材涂料、木器漆、防锈漆、绝缘漆、其他聚酯树脂漆
环氧树脂漆类	环氧树脂、环氧酯、改性环氧树脂等	底漆、电泳漆、光固化漆、船舶漆、绝缘漆、划线漆、罐头漆、粉末涂料、其他环氧树脂漆
聚氨酯树脂漆类	聚氨(基甲酸)酯树脂等	清漆、磁漆、木器漆、汽车漆、防腐漆、飞机蒙皮漆、车皮漆、船舶漆、绝缘漆、其他聚氨酯树脂漆
元素有机漆类	有机硅、氟碳树脂等	耐热漆、绝缘漆、电阻漆、防腐漆、其他元素有机漆
橡胶漆类	氯化橡胶、环化橡胶、氯丁橡胶、氯化氯丁橡胶、丁苯橡胶、氯磺化聚乙烯橡胶等	清漆、磁漆、底漆、船舶漆、防腐漆、防火漆、划线漆、可剥漆、其他橡胶漆

续表

主要成膜物类型		主要产品类型
其他成膜物类涂料	无机高分子材料、聚酰亚胺树脂、二甲苯树脂等以上未包括的主要成膜材料	

注：①主要成膜物类型中树脂类型包括水性、溶剂型、无溶剂型、固体粉末等。
②包括直接来自天然资源的物质及其经过加工处理后的物质。

表 3.19　辅助材料

主要品种	
稀释剂	脱漆剂
防潮剂	固化剂
催干剂	其他辅助材料

2）涂料命名

①命名原则。涂料全名一般由颜色或颜料名称加上成膜物质名称,再加上基本名称(特性或专业用途)组成。对于不含颜料的清漆,其全名一般由成膜物质名称加上基本名称组成。

②颜色名称通常由红、黄、蓝、白、黑、绿、紫、棕、灰等颜色,有时再加上深、中、浅(淡)等词构成。若颜料对漆膜性能起显著作用,则可用颜料的名称代替颜色的名称,例如铁红、锌黄、红丹等。

③成膜物质名称可做适当简化,例如聚氨基甲酸酯简化成聚氨酯;环氧树脂简化成环氧;硝酸纤维素(酯)简化为硝基等。漆基中含有多种成膜物质时,选取起主要作用的一种成膜物质命名。必要时也可选取两或三种成膜物质命名,主要成膜物质名称在前,次要成膜物质名称在后,例如红环氧硝基磁漆。成膜物名称可参见表 3.18。

④基本名称表示涂料的基本品种、特性和专业用途,例如清漆、磁漆、底漆、锤纹漆、罐头漆、甲板漆、汽车修补漆等,涂料基本名称可参见表 3.20。

⑤在成膜物质名称和基本名称之间,必要时可插入适当词语来标明专业用途和特性等,例如白硝基球台磁漆、绿硝基外用磁漆、红过氯乙烯静电磁漆等。

⑥需烘烤干燥的漆,名称中(成膜物质名称和基本名称之间)应有"烘干"字样,例如银灰氨基烘干磁漆、铁红环氧聚酯酚醛烘干绝缘漆。如名称中无"烘干"词,则表明该漆是自然干燥,或自然干燥、烘烤干燥均可。

⑦凡双(多)组分的涂料,在名称后应增加"(双组分)"或"(三组分)"等字样,例如聚氨酯木器漆(双组分)。

注:除稀释剂外,混合后产生化学反应或不产生化学反应的独立包装的产品,都可认为是涂料组分之一。

表 3.20　涂料基本名称

基本名称	基本名称	基本名称
清　油	清　漆	厚　漆
调和漆	磁　漆	粉末涂料
底　漆	腻　子	大　漆
电泳漆	乳胶漆	水溶(性)漆
透明漆	斑纹漆、裂纹漆、桔纹漆	锤纹漆
皱纹漆	金属漆、闪光漆	防污漆
水线漆	甲板漆、甲板防滑漆	船壳漆
船底防锈漆	饮水舱漆	油舱漆
压载舱漆	化学品舱漆	车间(预涂)底漆
耐酸漆、耐碱漆	防腐漆	防锈漆
耐油漆	耐水漆	防火涂料
防霉(藻)涂料	耐热(高温)涂料	示湿涂料
涂布漆	桥梁漆、输电塔漆及其他 (大型露天)钢结构漆	航空、航天用漆
铅笔漆	罐头漆	木器漆
家用电器涂料	自行车涂料	玩具涂料
塑料涂料	(浸渍)绝缘漆	(覆盖)绝缘漆
抗弧(磁)漆、互感器漆	(黏合)绝缘漆	漆包线漆
硅钢片漆	电容器漆	电阻漆、电位器漆
半导体漆	电缆漆	可剥漆
卷材涂料	光固化涂料	保温隔热涂料
机床漆	工程机械用漆	农机用漆
发电、输配电设备用漆	内墙涂料	外墙涂料
防水涂料	地板漆、地坪漆	锅炉漆
烟囱漆	黑板漆	标志漆、路标漆、马路划线漆
汽车底漆、汽车中涂漆、 汽车面漆、汽车罩光漆	汽车修补漆	集装箱涂料
铁路车辆涂料	胶　液	其他未列出的基本名称

3)涂料涂装方法

涂料涂装方法一般有浸涂、手刷、滚刷和喷漆等。其中,用高压、无气喷涂具有功率高、涂料损失少、一次涂层厚的优点,在涂装时应优先考虑选用这种方法。在涂刷过程中应自上而下、从左到右、先里后外、先难后易、纵横交错地进行。

①刷涂法。刷涂法是一种古老的施工方法,它具有工具简单、施工方便、易于掌握、适应性强、节省漆料和溶剂等优点,至今仍被普遍使用。它具有劳动强度大、生产效率低、施工质量取决于操作者的技能等缺点。

②滚涂法。滚涂法是用羊毛或合成纤维做成多孔吸附材料,贴附在空的圆筒上,所制成的滚子进行涂料施工的方法。该方法施工用具简单、操作方便,施工效率比刷涂法高 1~2 倍,用漆量和刷涂法基本相同。但劳动强度大,生产效率比喷涂法低,只适用于较大面积的物体。

③浸涂法。浸涂法就是将被涂物放入漆槽中浸渍一定时间取出后吊起,让多余的涂料尽量滴净,再晾干或烘干。其特点是生产效率高、操作简便、涂料损失少,适用于形状复杂的骨架状的被涂物,适用于烘烤型涂料。

④粉末涂装法。粉末涂装法是以固体树脂粉末为成膜物质的一种涂装工艺,它具有很多优点,备受用户的欢迎。

⑤空气喷涂法。空气喷涂法是利用压缩空气的气流将涂料带入喷枪,经喷嘴吹散成雾状,并喷涂到物体表面上的一种涂装方法。其优点是:可获得均匀、光滑平整的漆膜;工效比刷涂法高 3~5 倍。主要用于喷涂烘干漆,也可喷涂一般合成树脂漆。其缺点是:稀释剂用量大,喷涂后形成的涂膜较薄;涂料损失较大,涂料的利用率一般只有 40%~60%;飞散在空气中的漆雾对操作人员的身体有害,同时污染环境。

⑥无气喷涂法。无气喷涂法是利用特殊形式的气动或其他动力驱动的液压泵,将涂料增至高压,当涂料经管路通过喷枪的喷嘴喷出时,其速度非常高(约 100 m/s),随着冲击空气和高压的急速下降及涂料溶剂的急剧挥发,使喷出的涂料体积骤然膨胀而雾化,高速地分散在被涂物表面上,形成漆膜。因为涂料的雾化和涂料的附着不是用压缩空气,故称之为无气喷涂。

3.3.2 防火涂料

1)防火涂料分类

钢结构防火涂料是施涂于建筑物及构筑物的钢结构表面,能形成耐火隔热保护层以提高钢结构耐火极限的涂料。

钢结构防火涂料按其涂层厚度及性能特点可分为:

①B 类:薄涂型钢结构防火涂料,涂层厚度一般为 2~7 mm,有一定装饰效果,高温时膨胀增厚、耐火隔热,耐火极限可达 0.5~1.5 h,又称为钢结构膨胀防火涂料。

②H 类:厚涂型钢结构防火涂料,其涂层厚度一般为 8~50 mm,粒状表面,密度较小,热导率低,耐火极限可达 0.5~3.0 h,又称为钢结构防火隔热涂料。

2)技术条件与性能指标

①用于制造防火涂料的原料应预先检验。不得使用石棉材料和苯类溶剂。

②防火涂料可用喷涂、抹涂、滚涂、刮涂或刷涂等方法中的任何一种或多种方法方便地施工,并能在通常的自然环境条件下干燥固化。

③防火涂料应呈碱性或偏碱性。复层涂料应相互配套。底层涂料应能同普通的防锈漆配合使用。

④涂层实干后不应有刺激性气味,燃烧时一般不产生浓烟和有害人体健康的气体。

室内钢结构防火涂料的理化性能应符合表 3.21 的规定。

3)防火涂料涂装方法

①厚涂型防火涂料涂装可采用喷涂法施工。

②薄涂型防火涂料涂装可采用刷涂、喷涂或滚涂法施工。

表 3.21 钢结构防火涂料技术性能指标

理化性能项目	技术指标		缺陷类别
	膨胀型	非膨胀型	
在容器中的状态	经搅拌后呈均匀细腻状态或稠厚流体状态,无结块	经搅拌后呈均匀稠厚流体状态,无结块	C
干燥时间(表干)/h	≤12	≤24	C
初期干燥抗裂性	不应出现裂纹	允许出现 1~3 条裂纹,其宽度应≤0.5 mm	C
黏结强度/MPa	≥0.15	≥0.04	A
抗压强度/MPa	—	≥0.3	C
干密度/(kg·m⁻³)	—	≤500	C
隔热效率偏差	±15%	±15%	—
pH 值	≥7	≥7	C
耐水性	24 h 试验后,涂层应无起层、发泡、脱落现象,且隔热效率衰减量应≤35%	24 h 试验后,涂层应无起层、发泡、脱落现象,且隔热效率衰减量应≤35%	A
耐冷热循环性	15 次试验后,涂层应无开裂、剥落、起泡现象,且隔热效率衰减量应≤35%	15 次试验后,涂层应无开裂、剥落、起泡现象,且隔热效率衰减量应≤35%	B

注:①A 为致命缺陷,B 为严重缺陷,C 为轻缺陷;"—"表示无要求;
②隔热效率偏差只作为出厂检验项目;
③pH 值只适用于水基性钢结构防火涂料。

子项 3.4 实训项目——认知钢材种类、规格

(1)实训目的
认知钢材的种类、规格。
(2)实训要求
①能认知实物钢材种类、规格,并结合表 3.22 统计其数量。
②材料要求:热轧钢板、型钢以及冷弯薄壁型钢、压型板。
③工具要求:直尺、卡尺、证明文件、中文标志、检验报告。
(3)步骤提示
①归类。
②识读证明文件、中文标志、检验报告。
③测量。
④填钢材统计表,见表 3.22。

表 3.22　钢材统计表

项目	材质	规格	长度/m	数量	质量/kg	备注
1						
2						
3						

（4）实训时间

2 学时。

（5）实训考核

①考核组织。将学生分组,由指导教师进行考核。

②考核方式与内容。教师根据钢材的种类、规格及相关材料,提出 3 个问题,由学生进行回答,然后给出实训考核成绩。

项目小结

①建筑结构钢的分类。按建筑用途分类,有碳素结构钢、焊接结构用耐候钢、高耐候性结构钢、桥梁用结构钢等专用结构钢;按化学成分分类,有碳素结构钢、低合金结构钢、热处理低合金钢;按硫、磷含量及机械性能分类,有普通钢、优质钢、高级优质钢;按炼钢炉炉种分类,有平炉钢、氧气顶吹转炉钢、碱性侧吹转炉钢及电炉钢等;按浇注脱氧程度分类,有沸腾钢、镇静钢。

②钢结构常用的钢材规格主要有钢板（钢带）、型钢、冷弯型钢和压型钢板。

③影响钢材选用的主要因素有结构等级、荷载特性、连接方法、工作条件。

④钢结构的选用原则、代用原则。

⑤建筑结构钢的验收依据、验收标准。

⑥连接材料。焊接材料:焊条、焊剂、焊丝,以及它们的正确使用和保管;螺栓连接材料:普通螺栓、高强度螺栓。

⑦防护材料:防腐涂料、防火涂料。

复习思考题

1. 钢结构中常用的钢材有哪几种? 碳素结构钢和低合金钢牌号的表示方法是什么?

2. 钢材规格有哪些? 如何表示?

3. 影响钢材选用的主要因素有哪些? 钢材的选用原则和代用原则是什么?

4. 建筑结构钢的验收依据和标准有哪些?

5. 试述焊条的组成、分类、型号及牌号。

6. 碳素钢埋弧焊用焊剂型号和低合金钢埋弧焊用焊剂型号的表示方法是什么?

7. 试述焊剂的牌号表示方法。

8. 气体保护焊用碳钢、低合金钢焊丝（实心）型号的表示方法是什么?

9. 试述焊丝的牌号表示方法。

10. 如何正确使用和保管焊接材料?

11. 普通螺栓连接由哪几部分组成? 高强度螺栓如何分类?

12. 防腐和防火涂料如何分类? 有哪些涂装方法?

项目 4

钢结构连接施工

项目导读

- **基本要求** 通过本项目学习,应了解普通螺栓连接施工,熟悉钢结构连接方式及其适用情况,熟悉高强度螺栓材料、连接构造,熟悉相关工具设备和相关规范,熟悉焊缝构造、特点及残余应力、残余变形等内容,掌握钢结构焊接及质量控制,掌握高强度螺栓连接及质量检查,掌握钢结构连接施工方案,掌握钢结构焊接和螺栓连接验收。
- **重点** 高强度螺栓连接施工、焊接施工。
- **难点** 高强度螺栓的工作性能及预应力控制、焊接工艺评定。

钢结构构件是由型钢、钢板等通过螺栓或焊缝连接构成的,各构件再通过安装连接成整个结构。因此,连接在钢结构中处于重要地位。在进行连接设计时,必须遵循安全可靠、传力明确、构造简单、制造方便和节约钢材的原则。

钢结构的连接可分为焊接、铆接、螺栓连接和轻型钢结构用的紧固件连接等,如图4.1所示。目前以焊接连接应用最为广泛,螺栓其次。铆接由于费工费料,基本已经不采用。本章主要讲述钢结构中焊接连接和螺栓连接的施工工艺、构造要求和受力分析。

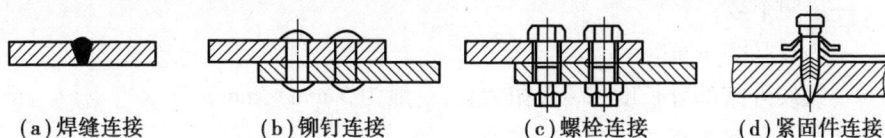

(a)焊缝连接　　(b)铆钉连接　　(c)螺栓连接　　(d)紧固件连接

图4.1　钢结构的连接方法示意图

螺栓作为钢结构主要连接紧固件,通常用于钢结构中构件间的连接、固定、定位等。钢结构中使用的连接螺栓一般分为普通螺栓和高强度螺栓两种。普通螺栓通常采用 Q235 钢制成,安装时使用普通扳手拧紧;高强度螺栓则采用高强度钢材经热处理后制成,用能控制扭矩或螺栓拉力的特制扳手拧到规定的预拉力值,将被连接件高度夹紧。

子项4.1　普通螺栓连接施工

钢结构普通螺栓连接是将螺栓、螺母、垫圈机械地和连接件连接在一起形成的一种连接方式。一般受力较大的结构或承受动荷载的结构,当采用普通螺栓连接时,螺栓应采用精制螺栓以减小接头的变形量。精制螺栓连接是一种紧配合连接,即螺栓孔径和螺栓直径差一般为0.2~0.5 mm,有的要求螺栓孔径和螺栓直径相等,施工时需要强行打入。精制螺栓连接加工费用高、施工难度大,工程上已极少使用,已逐渐被高强度螺栓连接所替代。

1)一般要求

普通螺栓作为永久性连接螺栓时,应符合下列要求:

①对一般的螺栓连接,螺栓头和螺母下面应放置平垫圈,以增大承压面积。

②螺栓头下面放置的垫圈一般不应多于两个,螺母头下的垫圈一般应多于一个。

③对于设计有要求放松的螺栓、锚固螺栓,应采用有放松装置的螺母或弹簧垫圈,或用人工方法采取放松措施。

④对于承受动荷载或重要部位的螺栓连接,应按设计要求放置弹簧垫圈,弹簧垫圈必须设置在螺母一侧。

⑤对于工字钢、槽钢应尽量使用斜垫圈,使螺母和螺栓头部的支承面垂直于螺杆。

2)螺栓直径及长度的选择

(1)螺栓直径

螺栓直径原则上应由设计人员按等强原则通过计算确定,但对一个工程来讲,螺栓直径规格应尽可能少,有的还需要适当归类,以便于施工和管理。

(2)螺栓长度

螺栓长度通常是指螺栓螺头内侧面到螺杆端头的长度,一般都是以5 mm进制。从螺栓的标准规格上可以看出,螺纹的长度基本不变,显而易见,影响螺栓长度的因素主要有被连接件的厚度、螺母高度、垫圈的数量及厚度等。一般可按下列公式计算:

$$L = \delta + H + nh + C$$

式中　δ——被连接件总厚度,mm;

H——螺母高度,mm,一般为$0.8D$(D为与其相匹配的螺栓直径);

n——垫圈个数;

h——垫圈厚度,mm;

C——螺纹外露部分长度(2~3扣为宜,一般为5 mm),mm。

(3)常用螺栓连接形式

常用螺栓连接形式主要有平接连接、搭接连接、T形连接等。

(4)螺栓的布置

螺栓在连接接头中的排列布置主要有并列和交错排列两种形式。螺栓间的间距确定既要考虑连接效果(连接强度和变形),同时也要考虑螺栓的施工要求。

(5)螺栓孔

对于精制螺栓(A、B 级螺栓),螺栓孔必须是 Ⅰ 类孔,应具有 H12 的精度,孔壁表面粗糙度 Ra 不应大于 12.5 μm,为保证上述精度要求必须钻孔成型。

对于粗制螺栓(C 级螺栓),螺栓孔为 Ⅱ 类孔,孔壁表面粗糙度 Ra 不应大于 25 μm,其允许偏差:直径为 0 ~ +1.0 mm;圆度为 2.0 mm;垂直度为 0.03t(t 为连接板的厚度)且不大于 2.0 mm。

(6)螺栓的紧固及其检验

普通螺栓连接对螺栓紧固轴力没有要求,因此螺栓的紧固施工以操作者的手感及连接接头的外形控制为准,保证被连接接触面能密贴,无明显间隙即可。螺栓的紧固次序应从中间开始,对称向两边进行。对大型接头应采用复拧,即两次紧固方法,保证接头内各个螺栓能均匀受力。

普通螺栓连接的紧固检验比较简单,即用 3 kg 小锤,一手扶螺栓(或螺母)头,另一手用锤敲,要求螺栓头(或螺母)不偏移、不颤动、不松动,锤声比较干脆,否则说明螺栓紧固质量不好,需要重新紧固。

子项 4.2　高强度螺栓连接施工

高强度螺栓连接具有受力性能好、耐疲劳、抗震性能好、连接刚度高、施工简便等优点,被广泛应用于建筑钢结构和桥梁钢结构的工地连接中。

高强度螺栓连接按其传力状况,可分为摩擦型连接和承压型连接两种类型,其中摩擦型连接是目前广泛采用的基本连接形式。

4.2.1　高强度螺栓连接的表面处理

1)摩擦面的处理方法

(1)喷砂(丸)法

利用压缩空气为动力,将砂(丸)直接喷射到钢材表面,使钢材表面达到一定的粗糙度,铁锈除掉,经喷砂(丸)后的钢材表面呈铁灰色。这种方法的效果较好,质量容易达到要求,目前大型金属结构厂基本上都采用此方法。试验结果表明,经过喷砂(丸)处理过的摩擦面,在露天生锈一段时间,安装前再除掉浮锈,此方案能够得到比较大的抗滑移系数值,理想的生锈时间为 60 ~ 90 d。

(2)化学处理——酸洗法

酸洗法一般是将加工完的构件浸入酸洗槽中,停留一段时间,然后放入石灰槽中,中和及清水清洗。酸洗后钢板表面应无轧制铁皮,呈银灰色。这种方法的优点是处理简便,省时间;缺点主要是残留酸液极易引起钢板腐蚀,特别是在焊缝及边角处,因此已较少使用。试验结果表明,酸洗后生锈 60 ~ 90 d,表面粗糙度可达 45 ~ 50 μm。

(3)砂轮打磨法

对于小型工程或已有建筑物加固改造工程,常常采用手工方法进行摩擦面处理,砂轮打磨是最直接、最简便的方法。在用砂轮机打磨钢材表面时,砂轮打磨方向垂直于受力方向,打磨范围应为4倍螺栓直径。打磨时应注意钢材表面不能有明显的打磨凹坑。试验结果表明,砂轮打磨以后,露天生锈60~90 d,摩擦面粗糙度可达50~55 μm。

(4)钢丝刷人工除锈

用钢丝刷将摩擦面处的铁屑、浮锈、尘埃、油污等污物刷掉,使其露出金属光泽,并保留原轧制表面。此方法一般用在不重要的结构或受力不大的连接处。试验结果表明,此法处理过的摩擦面抗滑移系数值能达到0.3左右。

2) 高强度螺栓摩擦面抗滑移系数

高强度螺栓摩擦面抗滑移系数的大小与连接处构件接触面的处理方法和构件的钢号有关。试验表明,此系数值有随连接构件接触面间的压紧力减小而降低的现象,故与物理学中的摩擦系数有区别。

我国规范推荐采用的接触面处理方法有:喷砂、喷砂后涂无机富锌漆、喷砂后生赤锈、钢丝刷消除浮锈或对干净轧制表面不作处理等。各种处理方法相应的抗滑移系数 μ 值见表4.1。

表4.1　摩擦面的抗滑移系数 μ 值

在连接处构件接触面的处理方法	构件的钢材牌号		
	Q235 钢	Q355 或 Q390 钢	Q420 钢或 Q460 钢
喷硬质石英砂或铸钢棱角砂	0.45	0.45	0.45
抛丸(喷砂)	0.40	0.40	0.40
钢丝刷清除浮锈或未经处理的干净轧制表面	0.30	0.35	—

注:①钢丝刷除锈方向应与受力方向相垂直;
　②当连接构件采用不同钢材牌号时, μ 按相应较低强度者取值;
　③采用其他方法处理时,其处理工艺及抗滑移系数值均需经试验确定。

由于冷弯薄壁型钢构件板壁较薄,其抗滑移系数均较普通钢结构的有所降低。

钢材表面经喷砂除锈后,表面看起来光滑平整,实际上金属表面尚存在着细微的凹凸不平,高强度螺栓连接在很高的压紧力作用下,使连接构件表面相互啮合,钢材强度和硬度越高,这种啮合面产生滑移的力就越大,因此, μ 值与钢种有关。

试验证明,摩擦面涂红丹后 $\mu < 0.15$,即使经处理后仍然很低,故严禁在摩擦面上涂刷红丹。另外,在潮湿或雨淋条件下拼装,也会降低 μ 值,故应采取有效措施保证连接处表面的干燥。

3) 高强度螺栓的工作性能及预拉力的控制

(1)高强度螺栓连接的工作性能

①高强度螺栓的抗剪性能。由于高强度螺栓连接有较大的预拉力,从而使被连板叠中有很大的预压力,当连接受剪时,主要依靠摩擦力形成高强度螺栓连接的抗剪承载力。继续增大外力,连接产生了滑动,当螺杆与孔壁接触后,连接又可继续承载直到破坏。如果连接不产生滑动,即为高强度螺栓摩擦型连接;如果允许连接产生滑动,即为高强度螺栓承压型连接。

②高强度螺栓的抗拉性能。高强度螺栓在承受外拉力前,螺杆中已有很高的预拉力 P ,

板层之间则有压力 C,而 P 与 C 维持平衡,如图 4.2(a)所示。当对螺栓施加外拉力 N_t,则螺杆在板层之间的压力未完全消失前被拉长,此时螺杆中拉力增量为 ΔP,同时把压紧的板件拉松,使压力 C 减少 ΔC,如图 4.2(b)所示。

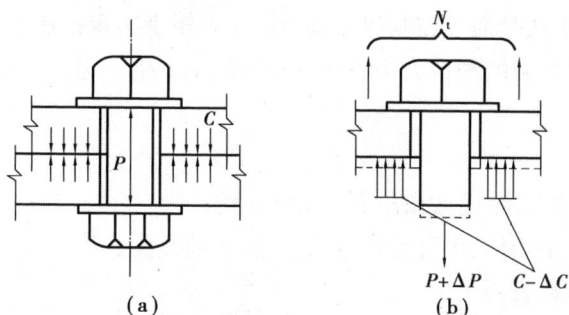

图 4.2 高强度螺栓受拉

计算表明,当加于螺杆上的外拉力 N_t 为预拉力 P 的 80% 时,螺杆内的拉力增加很少,因此可认为此时螺杆的预拉力基本不变。同时由试验得知,当外加拉力大于螺杆的预拉力时,卸荷后螺杆中的预拉力会变小,即发生松弛现象。当外加拉力小于螺杆预拉力的 80% 时,卸荷后无松弛现象发生。也就是说,被连接板件接触面间仍能保持一定的压紧力,可以假定整个板面始终处于紧密接触状态。但上述取值没有考虑杠杆作用引起的撬力影响。实际上这种杠杆作用存在于所有螺栓的抗拉连接中。研究表明,当外拉力 $N_t \leq 0.5P$ 时,不出现撬力,如图 4.3 所示,撬力 Q 大约在 N_t 达到 0.5P 时开始出现,起初增加缓慢,以后逐渐加快,到临近破坏时因螺栓开始屈服而又有所下降。

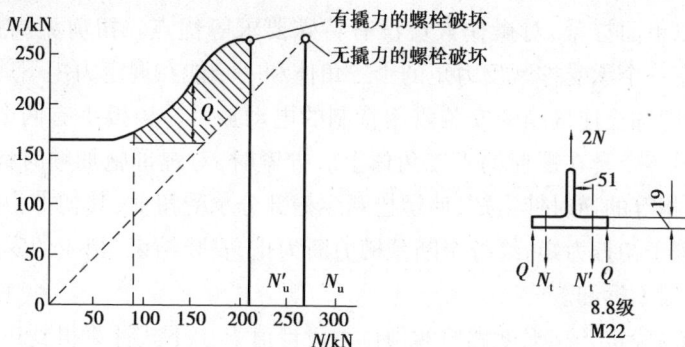

图 4.3 高强度螺栓的撬力影响

由于撬力 Q 的存在,外拉力的极限值由 N_u 下降到 N_u'。因此,如果在设计中不计算撬力 Q,应使 $N \leq 0.5P$;或者增大 T 形连接件翼缘板的刚度。分析表明,当翼缘板的厚度 t_1 不小于 2 倍螺栓直径时,螺栓中可完全不产生撬力。但实际上很难满足这一条件,因此可采用加劲肋代替。

在直接承受动力荷载的结构中,由于高强度螺栓连接受拉时的疲劳强度较低,每个高强度螺栓的外拉力不宜超过 0.5P。当需考虑撬力影响时,外拉力还得降低。

(2)高强度螺栓预拉力的控制方法

为了保证通过摩擦力抵抗剪力,高强度螺栓预拉力 P 的准确控制非常重要。针对不同类型的高强度螺栓,其预拉力的控制方法不尽相同。

①大六角头螺栓的预拉力控制方法。

a. 力矩法:一般采用指针式扭力(测力)扳手或预置式扭力(定力)扳手,目前用得多的是电动扭矩扳手。力矩法是通过控制扭矩扳手拧紧力矩来实现控制预拉力。拧紧力矩可由试验确定,应使施工时控制的预拉力为设计预拉力的1.1倍。当采用电动扭矩扳手时,所需要的施工扭矩 T_f 为:

$$T_f = kP_f d$$

式中　P_f——施工预拉力,为设计预拉力的1/0.9倍;

　　　k——扭矩系数平均值,由供货厂方给定,施工前复验;

　　　d——高强度螺栓直径。

为了克服板件和垫圈等的变形,基本消除板件之间的间隙,使拧紧力矩系数有较好的线性度,从而提高施工控制预拉力值的准确度,在安装大六角头高强度螺栓时,应先按拧紧力矩的50%进行初拧,然后按100%拧紧力矩进行终拧。对于大型节点,在初拧之后,还应按初拧力矩进行复拧,然后再进行终拧。

力矩法的优点是较简单、易实施、费用少,但由于连接件和被连接件的表面和拧紧速度的差异,测得的预拉力值误差大且分散,一般误差为±25%。

b. 转角法:先用普通扳手进行初拧,使被连接板件相互紧密贴合,再以初拧位置为起点,按终拧角度,用长扳手或电动扳手旋转螺母,拧至该角度值时,螺栓的拉力即达到施工控制预拉力。

②扭剪型高强度螺栓的预拉力控制方法。扭剪型高强度螺栓具有强度高、安装简单、质量易于保证、可以单面拧紧、对操作人员没有特殊要求等优点。扭剪型高强度螺栓头为盘头,螺纹段端部有一个承受拧紧反力矩的十二角体和一个能在规定力矩下剪断的断颈槽。

扭剪型高强度螺栓连接副的安装需用特制的电动扳手。该扳手有两个套头,一个套在螺母六角体上,另一个套在螺栓的十二角体上。拧紧时,对螺母施加顺时针力矩,对螺栓十二角体施加大小相等的逆时针力矩,使螺栓断颈槽部分承受扭剪,其初拧力矩为拧紧力矩的50%,复拧力矩等于初拧力矩,终拧至断颈槽剪断为止,安装结束,相应的安装力矩即为拧紧力矩。安装后一般不拆卸。

③预拉力值的确定。高强度螺栓的预拉力设计值 P 由下式计算得到:

$$P = \frac{0.9 \times 0.9 \times 0.9}{1.2} A_e f_u$$

式中　A_e——螺栓的有效截面面积;

　　　f_u——螺栓材料经热处理后的最低抗拉强度,对于8.8级螺栓,$f_u = 830$ N/mm^2;对10.9级螺栓,$f_u = 1\,040$ N/mm^2。

上式的系数考虑了以下几个因素:

a. 拧紧螺帽时螺栓同时受到由预拉力引起的拉应力和由螺纹力矩引起的扭转剪应力作用。折算应力为:

$$\sqrt{\sigma^2 + 3\tau^2} = \eta\sigma$$

根据试验分析,系数 η 为 1.15~1.25,取平均值为 1.2。式中分母的 1.2 即为考虑拧紧螺栓时扭矩对螺杆的不利影响系数。

b.为了弥补施工时高强度螺栓预拉力的松弛损失,在确定施工控制预拉力时,考虑了预拉力设计值的 1/0.9 的超张拉,故式中分子应考虑超张拉系数 0.9。

c.考虑螺栓材质的不定性系数 0.9,再考虑用 f_u 而不是用 f_y 作为标准值的系数 0.9。

各种规格高强度螺栓预拉力的取值见表 4.2 和表 4.3。

表 4.2 一个高强度螺栓的设计预拉力值(GB 50017—2017)

螺栓的性能等级	螺栓公称直径/mm					
	M16	M20	M22	M24	M27	M30
8.8 级	80	125	155	180	230	285
10.9 级	100	155	190	225	290	355

表 4.3 高强度螺栓的预拉力 P 值(GB 50017—2017)　　　　单位:kN

螺栓的性能等级	螺栓公称直径/mm		
	M12	M14	M16
8.8 级	45	60	80
10.9 级	55	75	100

4.2.2 高强度螺栓连接施工

1)一般规定

①高强度螺栓连接在施工前应对连接副实物和摩擦面进行检验和复验,合格后才能进行安装施工。

②对每一个连接接头,应先用临时螺栓或冲钉定位,为防止损伤螺纹引起扭矩系数的变化,严禁把高强度螺栓作为临时螺栓使用。对一个接头来说,临时螺栓和冲钉的数量原则上应根据该接头可能承担的荷载计算确定,并应符合下列规定:不得少于安装螺栓总数的 1/3;不得少于两个临时螺栓;冲钉穿入数量不宜多于临时螺栓的 30%。

③高强度螺栓的穿入,应在结构中心位置调整后进行,其穿入方向应以施工方便为准,力求一致;安装时要注意垫圈的正反面,即:螺母带圆台面的一侧应朝向垫圈有倒角的一侧;大六角头高强度螺栓连接副靠近螺头一侧的垫圈,其有倒角的一侧朝向螺栓头。

④高强度螺栓的安装应能自由穿入孔,严禁强行穿入。如不能自由穿入时,应用铰刀修整,修整后孔的最大直径应小于 1.2 倍螺栓直径。修孔时,为了防止铁屑落入板缝中,铰孔前应将四周螺栓全部拧紧,使板密贴后再进行,严禁气割扩孔。高强度螺栓连接的孔型尺寸匹配,孔距、边距和端距容许值,孔距允许偏差见表 4.4 至表 4.6。

表4.4　高强度螺栓连接孔型尺寸匹配　　　　　　　　单位:mm

螺栓公称直径			12	16	20	22	24	27	30
孔型	标准孔	直径	13.5	17.5	22	24	26	30	33
	大圆孔	直径	16	20	24	28	30	35	38
	槽孔	短向	13.5	17.5	22	24	26	30	33
		长向	22	30	37	40	45	50	55

表4.5　高强度螺栓的孔距、边距和端距容许值表

名称	位置和方向			最大值(取两者的较小值)	最小容许间距
中心间距	外排(垂直内力方向或顺内力方向)			$8d_0$或$12t$	$3d_0$
	中间排	垂直内力方向		$16d_0$或$24t$	
		顺内力方向	构件受压力	$12d_0$或$18t$	
			构件受拉力	$16d_0$或$24t$	
	沿对角线方向			—	
中心至构件边缘的距离	顺内力方向			$4d_0$或$8t$	$2d_0$
	垂直内力方向	剪切边或手工切割边			$1.5d_0$
		轧制边、自动气割或锯割边	高强度螺栓		$1.5d_0$
			其他螺栓或铆钉		$1.2d_0$

注:①d_0为螺栓或铆钉孔径,对槽孔为短向尺寸;t为外层较薄板件的厚度。
　　②钢板边缘与刚性构件(如角钢、槽钢等)相连的高强度螺栓的最大间距,可按中间排数值采用。
　　③计算螺栓孔引起的截面削弱时可取$d+4$ mm和d_0的较大者。

表4.6　高强度螺栓连接构件的孔距允许偏差　　　　　　　　单位:mm

项次	螺栓孔孔距范围	≤500	501～1 200	1 201～3 000	＞3 000
1	同一组内任意两孔间距离	±1.0	±1.5	—	—
2	相邻两组的端孔间距离	±1.5	±2.0	±2.5	±3.0

注:①在节点中连接板与一根杆件相连的所有螺栓孔为一组。
　　②对接接头在拼接板一侧的螺栓孔为一组。
　　③在两相邻节点或接头间的螺栓孔为一组,但不包括上述两款所规定的螺栓孔。
　　④受弯构件翼缘上的连接螺栓孔,每1 m长度范围内的螺栓孔为一组。

⑤高强度螺栓连接中连接钢板的孔径略大于螺栓直径,并且必须采取钻孔成型方法。钻孔后的钢板表面应平整,孔边无飞边和毛刺,连接板表面应无焊接飞溅物、油污等。

⑥高强度螺栓连接板螺栓孔的孔距及边距除应符合规范要求外,还应考虑专用施工机具的可操作空间。

⑦高强度螺栓在终拧以后,螺栓丝扣外露应为2扣或3扣,其中允许有10%的螺栓丝扣

外露 1 扣或 4 扣。

高强度螺栓连接除需满足与普通螺栓连接相同的排列布置要求外,尚须注意以下两点:

a. 当型钢构件拼接采用高强度螺栓连接时,其拼接件宜采用钢板,以使被连接部分能紧密贴合,保证预拉力的建立;

b. 在高强度螺栓连接范围内,构件接触面的处理方法应在施工图中说明。

2) 大六角头高强度螺栓连接施工

(1) 扭矩法施工

对大六角头高强度螺栓连接副来说,当扭矩系数 K 确定之后,由于螺栓的轴力(预拉力) P 是由设计规定的,则螺栓应施加的扭矩 M 就可以根据下式很容易地计算确定。根据计算确定的施工扭矩值,使用扭矩扳手(手动、电动、风动)按施工扭矩值进行终拧,这就是扭矩法施工的原理。

扭矩 M 与轴力(预拉力) P 之间的关系式为:

$$M = K \cdot D \cdot P$$

式中 D——螺栓公称直径,mm;

P——螺栓轴力,kN;

M——施加于螺母上的扭矩值,kN·m;

K——扭矩系数。

在确定螺栓的轴力 P 时应考虑螺栓的施工预拉力损失 10%,即螺栓施工预拉力(轴力) P 按 1.1 倍的设计预拉力取值。

螺栓在储存和使用过程中扭矩系数易发生变化,因此在工地安装前一般都要进行扭矩系数复验,复验合格后根据复验结果确定施工扭矩,并以此安排施工。扭矩系数试验用螺栓、螺母、垫圈试样,应从同批螺栓副中随机抽取,按批量大小一般取 5~10 套,试验状态应与螺栓使用状态相同,试样不允许重复使用。扭矩系数复验应在国家认可的有资质的检测单位进行,试验所用的轴力计和扭矩扳手应经计量认证。

在采用扭矩法终拧前,应首先进行初拧,对螺栓多的大接头还需进行复拧。初拧的目的是使连接接触面密贴,螺栓"吃上劲",常用规格螺栓(M20、M22、M24)的初拧扭矩一般为 200~300 N·m,螺栓轴力达到 10~50 kN 即可,在实际操作中,可以让一个操作工用普通扳手手工拧紧即可。

初拧、复拧及终拧的次序,一般是从中间向两边或四周对称进行。初拧和终拧的螺栓都应做不同的标记,避免漏拧、超拧,同时也便于检查人员检查紧固质量。

(2) 转角法施工

因扭矩系数的离散性,特别是螺栓制造质量或施工管理不善,扭矩系数大于标准值(平均值和变异系数),在这种情况下采用扭矩法施工,即用扭矩值控制螺栓轴力的方法就会出现较大误差,欠拧或超拧问题突出。为解决这一问题,引入转角法施工,即利用螺母旋转角度以控制螺杆弹性伸长量来控制螺栓轴向力的方法。

试验结果表明,螺栓在初拧以后,螺母的旋转角度与螺栓轴向力成对应关系,当螺栓受拉处于弹性范围内时两者呈线性关系。根据这一线性关系,在确定了螺栓的施工预拉力后,就很容易得到螺母的旋转角度,施工操作人员按照此旋转角度紧固施工,就可以满足设计上对螺栓预拉力的要求,这就是转角法施工的基本原理。

高强度螺栓转角法施工分初拧和终拧两步进行(必要时需增加复拧)。初拧的要求比扭矩法施工要严,初拧扭矩与扭矩法相同,对于常用螺栓(M20、M22、M24)定在200～300 N·m比较合适,原则上应以连接板缝密贴为准。终拧是在初拧的基础上再将螺母拧转一定角度,使螺栓轴向力达到施工预拉力。

转角法施工程序如下:

①初拧:采用定扭扳手,从栓群中心顺序向外拧紧螺栓。

②初拧检查:一般采用敲击法,即用小锤逐个检查,目的是防止螺栓漏拧。

③划线:初拧后对螺栓逐个进行划线。

④终拧:用专用扳手使螺母再旋转一定角度,螺栓群紧固的顺序同初拧。

⑤终拧检查:对终拧后的螺栓逐个检查螺母旋转角度是否符合要求,可用量角器检查螺栓与螺母上划线的相对转角。

⑥做标记:对终拧完的螺栓用不同颜色笔做出明显的标记,以防漏拧和超拧,并供质检人员检查。

3) 扭剪型高强度螺栓连接施工

扭剪型高强度螺栓连接副紧固施工相对于大六角头高强度螺栓连接副紧固施工要简便得多,正常情况下采用专用的电动扳手进行终拧,梅花头拧掉即标志终拧的结束,对检查人员来说也很直观明了,只要检查梅花头是否掉落就可以了。

为了减少接头中螺栓群间相互影响及消除连接板面间的缝隙,紧固要分初拧和终拧两个步骤进行,对于超大型的接头还要进行复拧。扭剪型高强度螺栓连接副的初拧扭矩可适当加大,一般初拧螺栓轴力可以控制在螺栓终拧轴力值的50%～80%,对常用规格的高强度螺栓(M20、M22、M24),初拧扭矩可以控制在400～600 N·m。若用转角法初拧,初拧转角控制在45°～75°,一般以60°为宜。

由于扭剪型高强度螺栓是利用螺尾梅花头切口的扭断力矩来控制紧固扭矩的,所以用专用扳手进行终拧时,螺母一定要处于转动状态,即在螺母转动一定角度后扭断切口,才能起到控制终拧扭矩的作用。否则,由于初拧扭矩达到或超过切口扭断扭矩,或出现其他一些不正常情况,终拧时螺母不再转动切口即被拧断,这样就失去了控制作用,螺栓紧固状态成为未知,便会造成工程安全隐患。

扭剪型高强度螺栓终拧过程如下:

①先将扳手内套筒套入梅花头上,轻压扳手,再将外套筒套在螺母上。完成此操作后最好晃动一下扳手,确认内、外套筒均已套好,且调整套筒与连接板面垂直。

②按下扳手开关,外套筒旋转,直至切口拧断。

③切口断裂,扳手开关关闭,将外套筒从螺母上卸下,此时注意拿稳扳手,特别是高空作业时。

④开启顶杆开关,将内套筒中已拧掉的梅花头顶出。梅花头应收集在专用容器内,禁止随便丢弃,特别是严防高空坠落伤人。

4）高强度螺栓连接施工的检验项目

（1）主要检验项目

主要包括：螺栓实物最小荷载检验；扭剪型高强度螺栓连接副预拉力复验；高强度螺栓连接副扭矩检验；高强度大六角头螺栓连接副扭矩系数复验；高强度螺栓连接摩擦面的抗滑系数检验。

（2）主控项目

①钢结构制作和安装单位应按《钢结构工程施工质量验收标准》（GB 50205—2020）附录 B 的有关规定，分别进行高强度螺栓连接摩擦面的抗滑系数试验和复验，现场处理的构件摩擦面应单独进行摩擦面的抗滑系数试验，其结果应符合设计要求。

②高强度大六角头螺栓连接副终拧完成 1 h 后、48 h 内应进行终拧扭矩检查，检查结果应符合规范规定。检查数量：按节点数抽查 10%，且不少于 10 个节点；每个被抽查节点按螺栓数抽查 10%，且不应少于 2 个。

③扭剪型高强度螺栓连接副终拧后，除因构造原因无法使用专用扳手拧掉梅花头者外，未在终拧中拧掉梅花头的螺栓数不应大于该节点螺栓数的 5%。对所有梅花头未拧掉的扭剪型高强度螺栓连接副，应采用扭矩法或转角法进行终拧并做标记，且按②中的规定进行终拧扭矩检查。检查数量：按节点数抽查 10%，但不应少于 10 个节点，被抽查节点中梅花头未拧掉的扭剪型高强度螺栓连接副应全数进行终拧扭矩检查。

（3）一般项目

①高强度螺栓连接副的施拧顺序和初拧、终拧扭矩，应符合设计要求和国家现行标准《钢结构高强度螺栓连接技术规程》（JGJ 82—2011）的规定。

②高强度螺栓连接副终拧后，螺栓丝扣外露应为 2 或 3 扣，其中允许有 10% 的螺栓丝扣外露 1 扣或 4 扣。检查数量：按节点数抽查 5%，且不应少于 10 个。

③高强度螺栓连接摩擦面应保持干燥、清洁，不应有飞边、毛刺、焊接飞溅物、焊疤、氧化铁皮、污垢等，除设计要求外摩擦面不应涂漆。

④高强度螺栓应能自由穿入螺栓孔。高强度螺栓孔不应采用气割扩孔，扩孔数量应征得设计同意，扩孔后的孔径不应超过 $1.2d$（d 为螺栓直径）。

⑤螺栓球节点网架总拼完成后，高强度螺栓与球节点应紧固连接，高强度螺栓拧入螺栓球内的螺纹长度不应小于 $1.0d$（d 为螺栓直径），连接处不应出现间隙、松动等未拧紧情况。

子项 4.3　钢结构焊接施工

4.3.1　钢构件的焊接分类

焊接是借助于能源，使两个分离的物体产生原子（分子）间结合而连接成整体的过程。用焊接方法不仅可以连接金属材料，如钢材、铝、铜、钛等，还能连接非金属，如塑料、陶瓷等，甚至还可以解决金属和非金属之间的连接，我们统称为工程焊接。用焊接方法制造的结构称为焊接结构，又称为工程焊接结构。根据对象和用途大致可分为建筑焊接结构、贮罐和容器焊接结构、管道焊接结构、导电性焊接结构 4 类，我们所称的钢结构包含了这 4 类焊接结构。选用的结构材料是钢材,而且大多为普通碳素钢和低合金结构钢,主要的焊接方法有手工电弧焊、气体保护焊、自保护电弧焊、埋弧焊、电渣焊、等离子焊、激光焊、电子束焊、栓焊等。

在钢结构制作和安装领域中,广泛使用的是电弧焊。在电弧焊中又以药皮焊条手工电弧焊、自动埋弧焊、半自动与自动 CO_2 气体保护焊和自保护电弧焊为主。在某些特殊场合,则必须使用电渣焊和栓焊。

1) 手工电弧焊

手工电弧焊(图4.4)是利用电弧产生的热量熔化被焊金属的一种手工操作焊接方法。由于它所需的设备简单,操作灵活,对空间不同位置、不同接头形成的焊缝均能方便地进行焊接,因此目前仍被广泛使用。

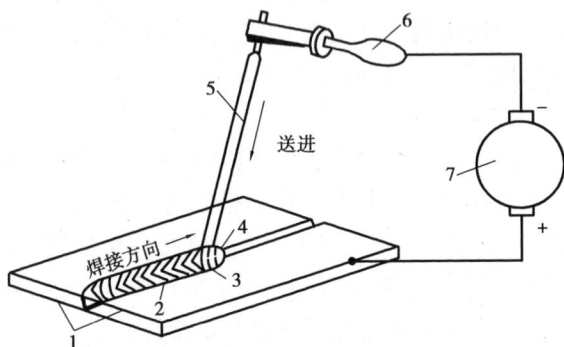

图4.4　手工电弧焊焊接

1—工件;2—焊缝;3—熔池;4—电弧;5—焊条;6—焊钳;7—电焊机

依靠电弧的热量进行焊接的方法称为电弧焊,手工电弧焊是用手工操作焊条进行焊接的一种电弧焊,是钢结构焊接中最常用的方法。焊条和焊件就是两个电极,产生电弧,电弧产生大量的热量熔化焊条和焊件,焊条端部熔化形成熔滴,过渡到熔化的焊件的母材上融合,形成熔池并进行一系列复杂的物理化学反应。随着电弧的移动,液态熔池逐步冷却、结晶,形成焊缝。在高温作用下,冷敷于电焊条钢芯上的药皮熔融成熔渣,覆盖在熔池金属表面,它不仅能保护高温的熔池金属不与空气中有害的氧、氮发生化学反应,还能参与熔池的化学反应和渗入合金,在冷却凝固的金属表面形成保护渣壳。

2) 气体保护电弧焊

气体保护电弧焊又称为熔化极气体电弧焊,以焊丝和焊件作为两个电极,两极之间产生电弧热来熔化焊丝和焊件母材,同时向焊接区域送入保护气体,使电弧、熔化的焊丝、熔池及附近的母材与周围的空气隔开,焊丝自动送进;在电弧作用下不断熔化,与熔化的母材一起融合,形成焊缝,这种焊接法简称为 GMAW(Gas Metal Arc Welding)。由于保护气体的不同,又可分为 CO_2 气体保护电弧焊、MIG 电弧焊和 MAG 电弧焊。

CO_2 气体保护电弧焊是目前最广泛使用的焊接法,特点是使用大电流和细焊丝,焊接速度快、熔深大、作业效率高。

MIG(Metal Inert-Gas)电弧焊,是将 CO_2 气体保护焊的保护气体换成 Ar 或 He 等惰性气体。

MAG(Metal Active Gas)电弧焊,是使用 CO_2 和 Ar 的混合气体作为保护气体(80% Ar + 20% CO_2),这种方法既经济又有 MIG 的好性能。

3) 自保护电弧焊

自保护电弧焊又称为无气体保护电弧焊。与气体保护电弧焊相比抗风性好,风速达10 m/s时仍能得到无气孔且力学性能优越的焊缝。由于自动焊接,因此焊接效率极高。焊枪轻,不用气瓶,因此操作十分方便,但焊丝价格比 CO_2 气体保护焊的要高。

自保护电弧焊用焊丝是药芯焊丝,焊机使用的是比交流电源更稳定的直流平特性电源。

4) 埋弧焊

埋弧焊是电弧在可熔化的颗粒状焊剂覆盖下燃烧的一种电弧焊。原理是:向熔池连续不断送进的裸焊丝,既是金属电极,又是填充材料,电弧在焊剂层下燃烧,将焊丝、母材熔化而形成熔池。熔融的焊剂成为熔渣,覆盖在液态金属熔池的表面,使高温熔池金属与空气隔开。焊剂形成熔渣除了起保护作用外,还与熔化金属参与化学反应,从而影响焊缝金属的化学成分。

埋弧焊示意图如图4.5和图4.6所示,焊剂2由漏斗3流出后均匀地堆敷在装配好的工件1上,焊丝4由送丝机构经送丝滚轮5和导电嘴6送入焊接电弧区。焊接电源的两端分别接在导电嘴和工件上。送丝机构、焊剂漏斗及控制盘通常都装在一台小车上,以实现焊接电弧的移动。

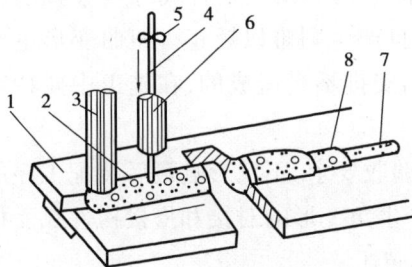

图4.5 埋弧自动焊焊接
1—工件;2—焊剂;3—焊剂漏斗;4—焊丝;
5—送丝滚轮;6—导电嘴;7—焊缝;8—渣壳

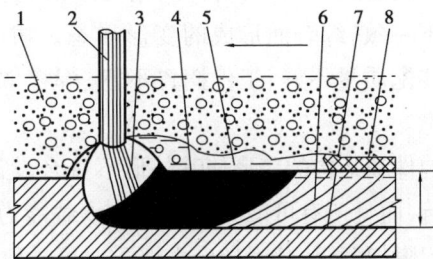

图4.6 埋弧焊时焊缝的形成过程
1—焊剂;2—焊丝;3—电弧;4—熔池金属;
5—熔渣;6—焊缝;7—工件;8—渣壳

焊接过程是通过操作控制盘上的按钮开关来实现自动控制的。焊接过程中,在工件被焊处覆盖着一层30~50 mm厚的粒状焊剂,连续送进的焊丝在焊剂层下与焊件间产生电弧,电弧的热量使焊丝、工件和焊剂熔化,形成金属熔池,并使它们与空气隔绝。随着焊机自动向前移动,电弧不断熔化前方的焊件金属、焊丝及焊剂,而熔池后方的边缘开始冷却凝固形成焊缝,液态熔渣随后也冷凝形成坚硬的渣壳。未熔化的焊剂可回收使用。

埋弧自动焊的主要优点是:

①生产率高。埋弧焊的焊丝伸出长度(从导电嘴末端到电弧端部的焊丝长度)远较手工电弧焊的焊条短,一般在50 mm左右,而且是光焊丝,不会产生因加大电流而造成焊条药皮发红的问题,即可使用较大的电流(比手工焊大5~10倍)。对于20 mm以下的对接焊可以不开坡口,不留间隙,从而可减少填充金属的数量。

②焊缝质量高。对焊接熔池保护较完善,焊缝金属中杂质较少,只要焊接工艺选择恰当,较易获得稳定高质量的焊缝。

③劳动条件好。除了减轻手工操作的劳动强度外,电弧弧光埋在焊剂层下,没有弧光辐

射,劳动条件较好。埋弧自动焊适用于批量较大、较厚较长的直线及较大直径的环形焊缝的焊接,广泛应用于化工容器、锅炉、造船、桥梁等金属结构的制作。

这种方法也有不足之处,如不及手工焊灵活,一般只适合于水平位置或倾斜度不大的焊缝;工件边缘准备和装配质量要求较高,费工时;由于是埋弧操作,看不到熔池和焊缝形成过程,因此,必须注意严格控制焊接质量。

4.3.2　焊接变形

1)焊接变形分类

焊接变形可分为线性缩短、角变形、弯曲变形、扭曲变形、波浪形失稳变形等。

①线性缩短:指焊件收缩引起的长度缩短和宽度变窄的变形,分为纵向缩短和横向缩短。

②角变形:由于焊缝截面形状在厚度方向上不对称引起的在厚度方向上产生的变形。

③波浪变形:大面积薄板拼焊时,在内应力作用下产生失稳而使板面产生翘曲成为波浪形的变形。

④扭曲变形:焊后构件的角变形沿构件纵轴方向数值不同及构件翼缘与腹板的纵向收缩不一致,综合而形成的变形形态。扭曲变形一旦产生则难以矫正。扭曲变形主要是由于装配质量不好、工件搁置不正、焊接顺序和方向安排不当造成的,在施工中要特别引起注意。

构件和结构的变形使其外形不符合设计图纸和验收要求,不仅影响最后装配工序的正常进行,而且还有可能降低结构的承载能力。如已产生角变形的对接和搭接构件在受拉时将引起附加弯矩,其附加应力严重时可导致结构超载破坏。

2)焊接残余变形的影响因素

①焊缝截面积。焊缝截面积越大,冷却时引起的塑性变形量越大。焊缝截面积对纵向、横向及角变形的影响趋势是一致的,而且是主要的影响因素。

②焊接热输入。一般情况下,热输入大时,加热的高温区范围大,冷却速度慢,使接头塑性变形区增大。对纵向、横向及角变形都有变形增大的影响。

③工件的预热、层间温度。预热、层间温度越高,相当于热输入增大,使冷却速度变慢,收缩变形增大。

④焊接方法。各种焊接方法的热输入差别较大,在其他条件相同的情况下,收缩变形值不同。

⑤接头形式。焊接热输入、焊缝截面积、焊接方法等因素相同时,不同的接头形式对纵向、横向及角变形量有不同的影响。

⑥焊接层数。在对接接头多层焊时,第一道焊缝的横向收缩符合对接焊的一般条件和变形规律,第一层以后相当于无间隙对接焊,接近于盖面焊时已与堆焊的条件和变形规律相似,因此横向收缩变形相对较小;多层焊时的纵向收缩变形比单层焊时小得多,而且焊的层数越多,纵向变形越小。

4.3.3 焊接施工

1)焊接准备工作

(1)检验焊条、垫板和引弧板

焊条必须符合设计要求的规格,应存放在仓库内并保持干燥。焊条的药皮如有剥落、变质、污垢、受潮、生锈等均不得使用。垫板和引弧板均用低碳钢板制作,间隙过大的焊缝宜使用紫铜板。垫板尺寸为:厚6~8 mm,宽50 mm,长度应与引弧板长度相适应。引弧板长50 mm左右,引弧长30 mm。

(2)焊接工具、设备、电源准备

焊机型号正确且工作正常,必要的工具应配备齐全;放在设备平台上的设备排列应符合安全规定;电源线路要合理且安全可靠,要装配稳压电源;事先放好设备平台,确保能焊接到所有部位。

(3)焊条预热

使用焊条前应熟悉焊条的技术标准,了解焊条的使用说明书及焊条标签中的内容,以便合理、正确地使用各类焊条。为保证焊接质量,在焊接之前应将焊条进行烘热。酸性焊条的烘熔温度为75~150 ℃,时间为1~2 h;碱性低氢型焊条的烘熔温度为350~400 ℃,时间为1~2 h;烘干的焊条应放在100 ℃的保温筒(箱)内保存。焊接时从烘箱内取出焊条,放在具有120 ℃保温功能的手提式保温桶内带到焊接部位,随用随取,在4 h内用完,超过4 h则焊条必须重新烘热,严禁使用湿焊条。

(4)焊缝坡口检查

柱与柱下翼缘的坡口焊接,电焊前应对坡口组装的质量进行检查,若误差超过允许范围,则应返修后再焊接。同时,焊前需对坡口进行清理,去除对焊接有妨碍的水分、油污、锈迹等。

(5)气象条件

气象条件对焊接质量有较大影响。原则上雨雪天气应停止焊接作业(除非采取相应措施),当风速超过10 m/s时,不准焊接。若有防雨雪及挡风措施,确认可保证焊接质量时,方可进行焊接。在-10 ℃气温条件下,焊接应采取升温和保温措施。

(6)焊接顺序

钢结构焊接顺序一般应从中心向四周扩展,采用结构对称、节点对称的焊接顺序。柱与柱、柱与梁之间的焊接多为坡口焊,常用坡口的构造应符合规范要求,当焊件的宽度不同或厚度相差4 mm以上时,应分别在宽度方向或厚度方向从一侧或两侧做成坡度不大于1/4的斜角,形成平缓过渡;当厚度不同时,焊缝坡口形式应根据较薄焊件厚度按要求取用。

2)焊接施工

(1)手工电弧焊

①使用低氢焊条焊接时,焊前应将距接缝30 mm以内范围的油、水、锈及氧化皮等污物清除干净,使其露出金属本色。

②焊条直径的选择应根据被焊工件的厚度、接头形式、坡口形状、焊接位置确定。

③有坡口的多层焊,其打底焊用直径4 mm或3.2 mm焊条;(对接)横焊、立焊、仰焊使

用焊条直径不得大于 4 mm。

④焊接电流的选择,工件如经预热,可比正常电流减少 5% ~15% ,对接横焊、立焊、仰焊比平焊电流小 10% ~15% 。

⑤禁止焊条未熔化部分在赤红状态下施焊;焊时不得在工艺装备上或部件接缝以外处引弧,应在焊缝起点或弧坑前方 20 mm 左右处引弧。

⑥多层焊时,每焊完一层要进行自检,若发现缺陷,应立即清除和补焊,否则不得焊下一层,每道焊缝的接头应错开 30 mm 以上。

⑦焊接顺序的安排应使焊缝在焊接时尽量处于自由收缩状态,接头有对接焊缝和角焊缝时,应先焊对接焊缝,后焊角焊缝。

⑧施焊时尽可能采用分段退焊法、分中对称法、跳焊法、强制固定法等,以减小焊后变形。

⑨焊接设备:使用低氢型焊条时,选用直流弧焊电源反接法;使用酸性焊条时,用交直流弧焊电源均可,为避免磁偏吹,应优先选用交流弧焊电源。

(2)埋弧焊

①焊前应检查距角焊缝 30 mm、距对接焊缝 50 mm 以内区域的铁锈、氧化皮、油污等是否按要求清除干净。

②施焊前应检查定位焊缝的质量,如有裂纹、焊瘤、夹渣及密集气孔时,应在缺陷两端补充定位焊缝,并用气刨枪清除缺陷。

③焊缝两端应安装引弧板和引出板,其厚度和材质应与工件相同。角接盖板引出板,当盖板厚度大于 16 mm 时,引出板厚度可取 16 mm,其规格为:自动焊对接 50 mm ×120 mm;角接竖板 50 mm ×120 mm;水平板 100 mm(腹板厚度大于 20 mm 时应相应增加)×120 mm。半自动焊可照此规格适当减小,但长度不小于 80 mm。引出板的坡口必须与工件相同。

④埋弧焊采用直流电源反接法,焊接工艺给定的埋弧焊电流是指电源上电流表所示数值。

⑤自动焊不得随意在部件中间熄弧,但因停电或不得已的情况下熄弧须重新焊接时,其焊缝接头应搭接 50 mm 以上,且接头前应将熄弧处用气刨枪刨成 1∶5 的斜坡,清除熔渣后再进行焊接。

⑥横向对接焊缝背面采用焊剂垫,焊剂应与焊缝密贴,以免烧穿。所用焊剂要清洁并按规定进行烘干。

(3)CO_2 气体保护焊(以下简称 CO_2 焊)

①使用范围。CO_2 焊可用于设计允许、焊接工艺规定的杆件。该焊接方法的特点是操作方便简单、焊接效率高、变形小、焊接质量高。

②焊接材料。CO_2 纯度不小于 99.5% ,当气瓶内 CO_2 气体压力小于 1 MPa 时不宜使用。

③焊前气路检查。CO_2 气体保护气路系统包括 CO_2 气瓶、预热干燥器、减压阀、电磁气阀、流量计等,使用前必须检查各部连接处是否漏气,CO_2 气体是否畅通和均匀喷出,发现漏气或堵塞应及时修理,以保证气路畅通;焊前打开低压气阀,调节所需气体流量;焊接中要经常检查喷嘴,并随时清除附着的飞溅物,保证气体保护效果。

④焊后应清除工件上的飞溅物等,焊缝表面应匀顺平整。

⑤焊接工作完毕,应先关闭气瓶阀门,再关闭调节气体流量旋钮,最后关闭电源。

（4）碳弧气刨

①碳弧气刨一般应在 5 ℃以上进行。气刨前应清理工作场地,清除易燃易爆物品。

②碳弧气刨应采用直流电源反接;压缩空气压力为 0.4 ~ 0.6 MPa;电弧长度保持在 1 ~ 2 mm;碳棒与工件的倾角一般为 30° ~ 40°;碳棒伸出长度一般为 80 ~ 100 mm;当碳棒烧损至 30 ~ 50 mm 时须进行调整。

③刨削速度以不产生"夹碳"且电弧稳定为宜,一般以 0.5 ~ 1.2 m/min 为宜。

④刨削槽口的深、宽应均匀一致,其任意 25 mm 长的凸凹不大于 2 mm。对气刨中产生的夹碳、黏渣、铜斑等缺陷及熔渣要认真清理干净,以确保焊缝质量。

（5）补焊和返修

①按照焊缝质量标准,对自检中发现的缺陷应自觉补焊和修整,对检验不合格的焊件应进行返修。

②对于定位焊和焊接前需要预热的焊件,修理时应在原预热温度的基础上提高 30 ~ 50 ℃,预热范围为缺陷部位及其周围 80 mm 的区域;对于不需要预热的焊件,在潮湿的阴雨天气中返修、在环境温度 0 ~ 5 ℃时返修、工件的拘束度较大时返修,返修应增加预热 40 ~ 60 ℃。

③对咬边、焊偏可直接补焊,对裂纹、未焊透、未熔合、气孔、夹渣、焊瘤等缺陷应用气刨枪或砂轮等清除缺陷后再补焊,补焊后应按规定修磨匀顺,修磨应顺应力方向加工。对重要杆件产生的裂纹应查明原因,制定出措施后方可补焊。

④要求探伤的焊缝,返修后仍须探伤。同处缺陷返修次数不宜超过两次。

4.3.4 焊接缺陷和质量检验

1）焊接缺陷

（1）焊接变形

工件焊后一般都会产生变形,如果变形量超过允许值,就会影响使用。焊接变形的几个例子如图 4.7 所示。产生的主要原因是焊件不均匀地局部加热和冷却。因为焊接时,焊件仅在局部区域被加热到高温,离焊缝越近,温度越高,膨胀也越大,加热区域的金属因受到周围温度较低金属的阻止,不能自由膨胀,冷却时又由于周围金属的牵制不能自由地收缩。结果这部分加热的金属存在拉应力,而其他部分的金属则存在与之平衡的压应力。当这些应力超过金属的屈服极限时,将产生焊接变形;当超过金属的强度极限时,还会出现裂缝。

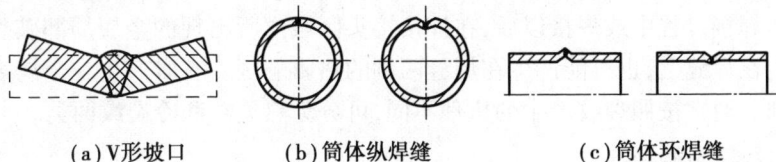

（a）V形坡口   （b）筒体纵焊缝   （c）筒体环焊缝

图 4.7 焊接变形示意图

（2）焊缝的外部缺陷

①焊缝过高。如图 4.8（a）所示,当焊接坡口的角度开得太小或焊接电流过小时,均会出现这种现象。焊件焊缝的危险平面已从 $M—M$ 平面过渡到熔合区的 $N—N$ 平面,由于应力集中易发生破坏。因此,为提高压力容器的疲劳寿命,要求将焊缝的增强高铲平。

②焊缝过凹。如图4.8(b)所示,因焊缝工作截面的减小而使接头处的强度降低。

③焊缝咬边。在工件上沿焊缝边缘形成的凹陷称为咬边,如图4.8(c)所示。它不仅减少了接头工作截面,在咬边处还造成严重的应力集中。

④焊瘤。熔化金属流到熔池边缘未熔化的工件上,堆积形成焊瘤,它与工件没有熔合,如图4.8(d)所示。焊瘤对静载强度无影响,但会引起应力集中,使动载强度降低。

⑤烧穿。如图4.8(e)所示,烧穿是指部分熔化金属从焊缝反面漏出,甚至烧穿成洞,使接头强度下降。

以上5种缺陷存在于焊缝的外表,肉眼就能发现,并可及时补焊。如果操作熟练,一般是可以避免的。

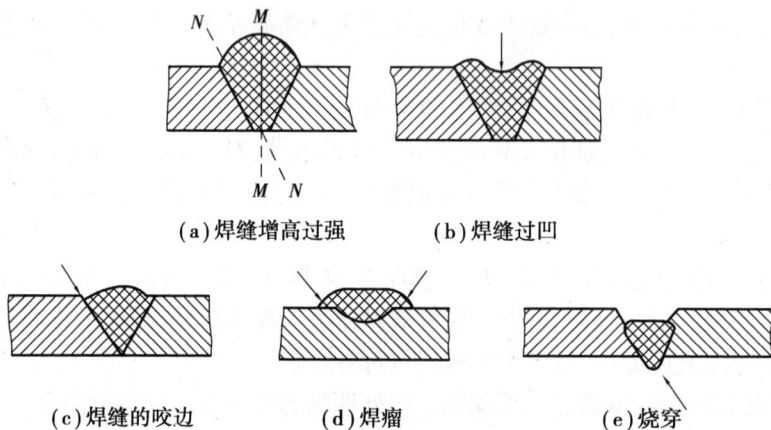

(a)焊缝增高过强　　(b)焊缝过凹

(c)焊缝的咬边　　　(d)焊瘤　　　(e)烧穿

图4.8　焊接外部缺陷

(3)焊缝的内部缺陷

①未焊透。未焊透是指工件与焊缝金属或焊缝层间局部未熔合的一种缺陷。未焊透减弱了焊缝工作截面,造成严重的应力集中,大大降低了接头强度,往往成为焊缝开裂的根源。

②夹渣。焊缝中夹有非金属熔渣,即称为夹渣。夹渣减小了焊缝工作截面有效面积,造成应力集中,会降低焊缝强度和冲击韧性。

③气孔。焊缝金属在高温时吸收了过多的气体(如 H_2)或由于熔池内部化学反应产生的气体(如 CO)在熔池冷却凝固时来不及排出,而在焊缝内部或表面形成孔穴,即为气孔。气孔的存在减小了焊缝有效工作截面,降低了接头的机械强度。若有穿透性或连续性气孔存在,会严重影响焊件的密封性。

④裂纹。焊接过程中或焊接以后,在焊接接头区域内所出现的金属局部破裂称为裂纹。裂纹可能产生在焊缝上,也可能产生在焊缝两侧的热影响区。有时产生在金属表面,有时产生在金属内部。通常按照裂纹产生的机理不同,可分为热裂纹和冷裂纹两类。

2)焊接质量的检验

对焊接接头进行必要的检验是保证焊接质量的重要措施。因此,工件焊完后应根据产品技术要求对焊缝进行相应检验,凡不符合技术要求所允许的缺陷需及时返修。焊接质量的检验包括外观检查、无损探伤和机械性能试验3个方面。这三者互相补充,而以无损探伤为主。

(1)外观检查

外观检查一般以肉眼观察为主,有时用5~20倍的放大镜进行观察。通过外观检查,可发现焊缝表面缺陷,如咬边、焊瘤、表面裂纹、气孔、夹渣及焊穿等。焊缝的外形尺寸还可采用焊口检测器或样板进行测量。

(2)无损探伤

无损探伤用于对隐藏在焊缝内部的夹渣、气孔、裂纹等缺陷的检验。目前使用最普遍的是采用 X 射线检验,还有超声波探伤和磁力探伤。

X 射线检验是利用 X 射线对焊缝照相,根据底片影像来判断内部有无缺陷、缺陷多少和缺陷类型,再根据产品技术要求评定焊缝是否合格。

超声波探伤的基本原理如图 4.9 所示。超声波束由探头发出,传到金属中,当超声波束传到金属与空气界面时,它就折射而通过焊缝。如果焊缝中有缺陷,超声波束就反射到探头而被接受,这时荧光屏上就出现了反射波。通过这些反射波与正常波比较就可以鉴别缺陷的大小及位置。超声波探伤比 X 射线检验简便得多,因而得到了广泛应用。但超声波探伤往往只能凭操作经验做出判断,而且不能留下检验根据。

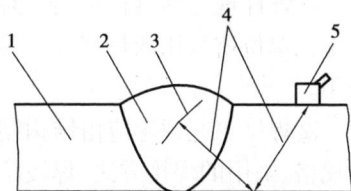

图 4.9 超声波探伤原理示意图
1—工件;2—焊缝;3—缺陷;
4—超声波束;5—探头

对于离焊缝表面不深的内部缺陷和表面极微小的裂纹,还可采用磁力探伤。

(3)水压试验和气压试验

对于要求密封性的受压容器,须进行水压试验和(或)气压试验,以检查焊缝的密封性和承压能力。其方法是向容器内注入 1.25 ~ 1.5 倍工作压力的清水或等于工作压力的气体(多数用空气),停留一定的时间,然后观察容器内的压力下降情况,并在外部观察有无渗漏现象,根据这些可评定焊缝是否合格。

(4)焊接试板的机械性能试验

无损探伤可以发现焊缝内在的缺陷,但不能反映焊缝热影响区金属的机械性能,因此有时对焊接接头要做拉力、冲击、弯曲等试验。这些试验由试板完成。所用试验板最好与圆筒纵缝一起焊成,以保证施工条件一致。然后将试板进行机械性能试验。实际生产中,一般只对新钢种的焊接接头进行这方面的试验。

4.3.5 焊接工艺评定

焊接工艺评定试件应从工程中使用的相同钢材中取样,并在产品焊接之前完成。焊接工艺评定按下列程序进行:

①由技术员提出工艺评定任务书(焊接方法、试验项目和标准);

②焊接责任工程师审核任务书并拟定焊接工艺评定指导书(焊接工艺规范参数);

③焊接责任工程师将任务书、指导书安排焊试室责任人组织实施;

④焊接责任工程师监督由本企业熟练焊工施焊试件及试件和试样的检验、测试等工作;

⑤焊试室责任人负责评定试样的送检工作,并汇总评定检验结果,提出焊接工艺评定报告;

⑥评定报告经监理单位和焊接责任工程师审核,企业技术总负责人批准后,正式作为编制指导生产的焊接工艺的可靠依据。

1) 一般规定

①焊接工艺评定要求。凡符合以下情况之一者,应在钢结构构件制作及安装施工之前进行焊接工艺评定:

a. 国内首次应用于钢结构工程的钢材(包括钢材牌号与标准相符但微合金强化元素的类别不同和供货状态不同,或国外钢号国内生产);

b. 国内首次应用于钢结构工程的焊接材料;

c. 设计规定的钢材类别、焊接材料、焊接方法、接头形式、焊接位置、焊后热处理制度以及施工单位所采用的焊接工艺参数、预热后热措施等各种参数的组合条件为施工企业首次采用。

②焊接工艺评定应由结构制作、安装企业根据所承担钢结构的设计节点形式、钢材类型和规格、采用的焊接方法、焊接位置等,制定焊接工艺评定方案,拟定相应的焊接工艺评定指导书,按规程规定施焊试件、切取试样并由具有国家技术质量监督部门认证资质的检测单位进行检测试验。

③焊接工艺评定的施焊参数,包括热输入、预热、后热制度等,应根据被焊材料的焊接性制订。

④焊接工艺评定所用设备、仪表的性能应与实际工程施工焊接相一致并处于正常工作状态。焊接工艺评定所用的钢材、焊钉、焊接材料必须与实际工程所用材料一致并符合相应标准要求,且具有生产厂出具的质量证明文件。

⑤焊接工艺评定试件应由该工程施工企业中技能熟练的焊接人员施焊。

⑥焊接工艺评定所用的焊接方法、钢材类别、试件接头形式、施焊位置分类代号应符合表4.7至表4.10及图4.10至图4.13的规定。

⑦焊接工艺评定试验完成后,应由评定单位根据检测结果提出焊接工艺评定报告,连同焊接工艺评定指导书、评定记录、评定试样检验结果一并报工程质量监督验收部门和有关单位审查备案。

表4.7 焊接方法分类

类别号	焊接方法	代 号
1	手工电弧焊	SMAW
2-1	半自动实心焊丝气体保护焊	GMAW
2-2	半自动药芯焊丝气体保护焊	FCAW-G
3	半自动药芯焊丝自保护焊	FCAW-SS
4	非熔化极气体保护焊	GTAW
5-1	单丝自动埋弧焊	SAW
5-2	多丝自动埋弧焊	SAW-D
6-1	熔嘴电渣焊	ESW-MN
6-2	丝极电渣焊	ESW-WE

续表

类别号	焊接方法	代 号
6-3	板极电渣焊	ESW-BE
7-1	单丝气电立焊	EGW
7-2	多丝气电立焊	EGW-D
8-1	自动实心焊丝气体保护焊	GMAW-A
8-2	自动药芯焊丝气体保护焊	FCAW-GA
8-3	自动药芯焊丝气体保护焊	FCAW-SA
9-1	穿透栓钉焊	SW-P
9-2	非穿透栓钉焊	SW

表4.8 常用钢材分类

类别号	钢材强度级别
Ⅰ	Q215,Q235,Q275,Q295 20,25,15Mn,20Mn,25Mn ZG200-400H,ZG230-450H,ZG275-485H G17Mn5QT,G20Mn5N,G20Mn5QT
Ⅱ	Q355,Q370
Ⅲ	Q390,Q420
Ⅳ	Q460,Q500,Q550,Q620,Q690

注:国内新材料和国外钢材按其化学成分、力学性能和焊接性能归入相应级别。

表4.9 接头形式分类

接头形式	代 号
对接接头	B
T形接头	T
十字接头	X

表4.10 施焊位置分类

焊接位置		代号	焊接位置	代 号
板材	平	F	水平转动平焊	1G
	横	H	竖立固定横焊	2G
	立	V	管材 水平固定全位置焊	5G
	仰	O	倾斜固定全位置焊	6G
			倾斜固定加挡板全位置焊	6GR

板平放,焊缝轴水平

(a)平焊位置F

板横立,焊缝轴水平

(b)横焊位置H

板竖立,焊缝轴垂直

(c)立焊位置V

板平放,焊缝轴水平

(d)仰焊位置O

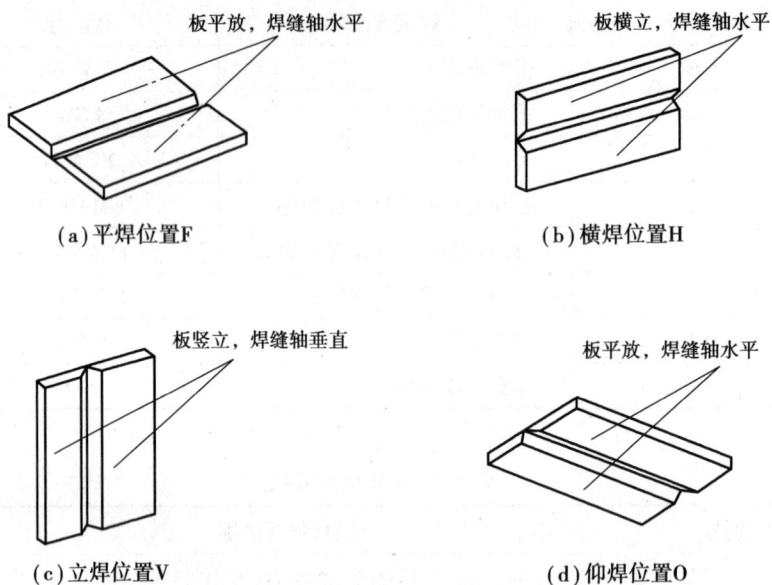

图4.10 板材对接接头焊接位置示意(1)

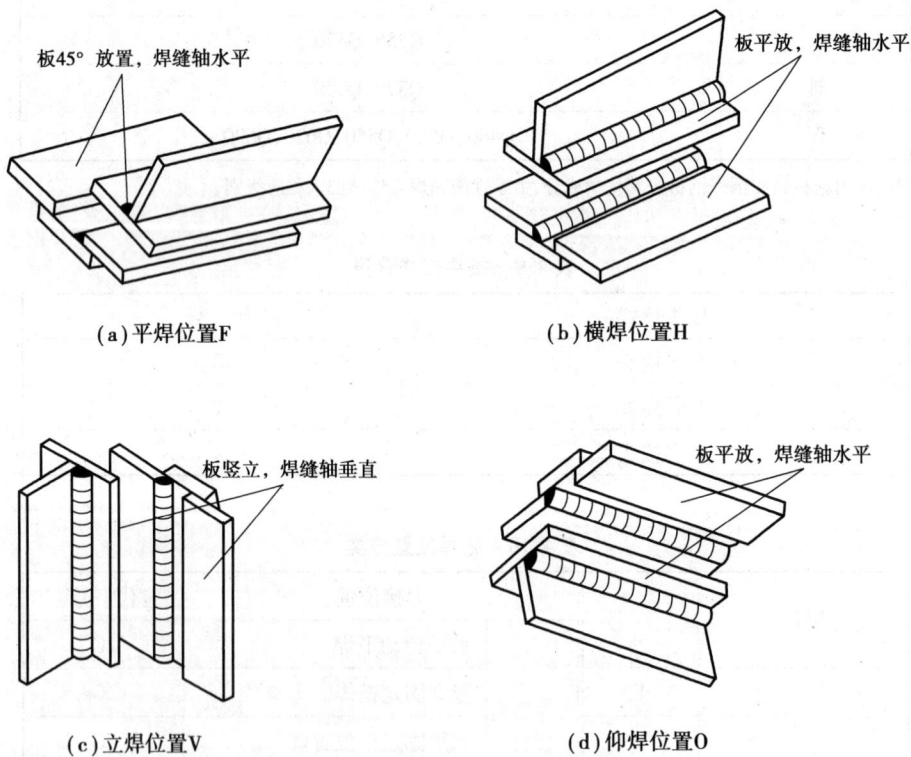

板45°放置,焊缝轴水平

(a)平焊位置F

板平放,焊缝轴水平

(b)横焊位置H

板竖立,焊缝轴垂直

(c)立焊位置V

板平放,焊缝轴水平

(d)仰焊位置O

图4.11 板材对接接头焊接位置示意(2)

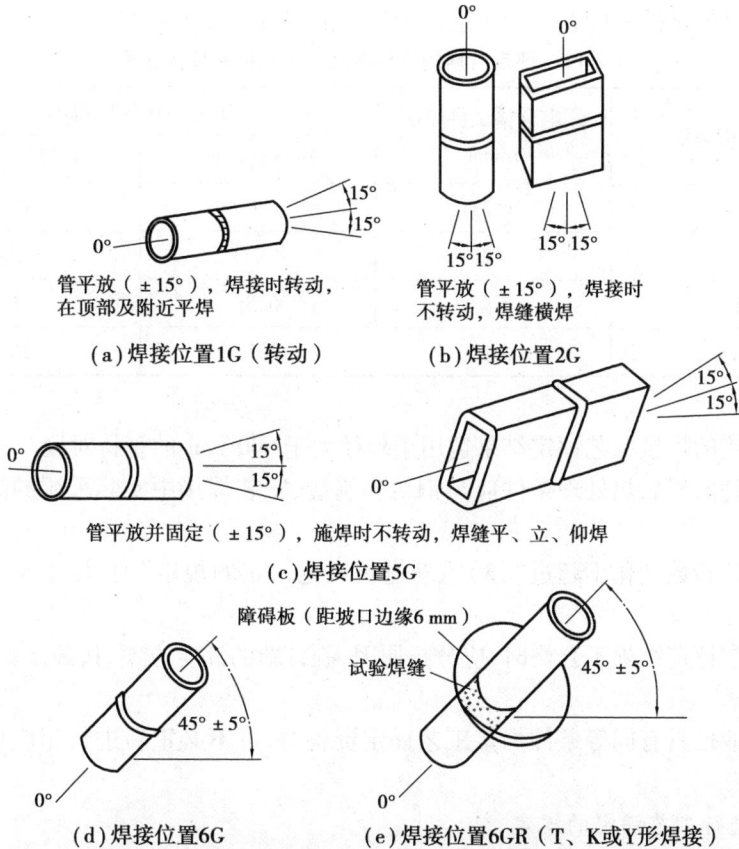

管平放（±15°），焊接时转动，
在顶部及附近平焊

（a）焊接位置1G（转动）

管平放（±15°），焊接时
不转动，焊缝横焊

（b）焊接位置2G

管平放并固定（±15°），施焊时不转动，焊缝平、立、仰焊

（c）焊接位置5G

（d）焊接位置6G

（e）焊接位置6GR（T、K或Y形焊接）

图4.12 管材对接接头位置示意

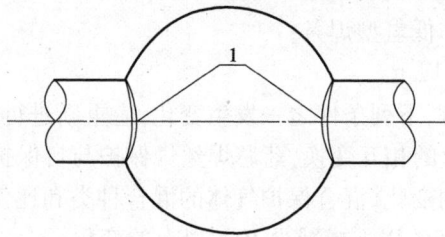

图4.13 管-球接头试样示意

1—焊接位置分类按管材对接接头

2）焊接工艺评定规则

（1）不同焊接方法的评定结果不得互相代替

（2）不同钢材的焊接工艺评定应符合的规定

①不同类别钢材的焊接工艺评定结果不得互相代替。

②Ⅰ、Ⅱ类同类别钢材中，当强度和冲击韧性级别发生变化时，高级别钢材的焊接工艺评定结果可代替低级别钢材；Ⅰ、Ⅱ类同类别钢材中的焊接工艺评定结果不得相互代替；不同类别的钢材组合焊接时应重新评定，不得用单类钢材的评定结果代替。

③接头形式变化时应重新评定，但十字形接头评定结果可代替T形接头评定结果，全焊透或部分焊透的T形或十字形接头对接与角接组合焊缝评定结果可代替角焊缝评定结果。

④评定合格的试件厚度在工程中适用的厚度范围应符合表 4.11 的规定。

表 4.11　评定合格的试件厚度与工程适用厚度范围

焊接方法类别号	评定合格试件厚度 t/mm	工程适用厚度范围	
		板厚最小值	板厚最大值
1,2,3,4,5,8	≤25	$0.75t$	$2t$
	>25	$0.75t$	$1.5t$
6,7	不限	$0.5t$	$1.1t$
9	≥12	$0.5t$	$2t$

⑤板材对接的焊接工艺评定结果适用于外径大于 600 mm 的管材对接。

⑥评定试件的焊后热处理条件应与钢结构制造、安装焊接中实际采用的焊后热处理条件基本相同。

⑦焊接工艺参数变化不超过"(3)重新进行工艺评定的规定"时,可不需重新进行工艺评定。

⑧焊接工艺评定结果不合格时,应分析原因,制订新的评定方案,按原步骤重新评定,直到合格为止。

⑨施工企业已具有同等条件焊接工艺评定资料时,可不必重新进行相应项目的焊接工艺评定试验。

(3)重新进行工艺评定的规定

①焊条手工电弧焊时,下列条件之一发生变化,应重新进行工艺评定:

a.焊条熔敷金属抗拉强度级别变化;

b.由低氢型焊条改为非低氢型焊条;

c.焊条直径增大 1 mm 以上。

②熔化极气体保护焊时,下列条件之一发生变化,应重新进行工艺评定:

a.实心焊丝与药芯焊丝的相互变换,药芯焊丝气保护与自保护的变换;

b.单一保护气体类别的变化,混合保护气体的混合种类和比例的变化;

c.保护气体流量增加 25% 以上或减少 10% 以上的变化;

d.焊炬手动与机械行走的变换;

e.按焊丝直径规定的电流值、电压值和焊接速度的变化分别超过评定合格值的 10% 、7% 和 10% 。

③非熔化极气体保护焊时,下列条件之一发生变化,应重新进行工艺评定:

a.保护气体种类的变化;

b.保护气体流量增加 25% 以上或减少 10% 以上的变化;

c.添加焊丝或不添加焊丝的变换,冷态送丝和热态送丝的变换;

d.焊炬手动与机械行走的变换;

e.按电极直径规定的电流值、电压值和焊接速度的变化分别超过评定合格值的 25% 、7% 和 10% 。

④埋弧焊时,下列条件之一发生变化,应重新进行工艺评定:

a. 焊丝钢号变化,焊剂型号变化;

b. 多丝焊与单丝焊的变化;

c. 添加与不添加冷丝的变化;

d. 电流种类和极性的变化;

e. 按焊丝直径规定的电流值、电压值和焊接速度变化分别超过评定合格值的 10%、7% 和 15%。

⑤电渣焊时,下列条件之一发生变化,应重新进行工艺评定:

a. 板极与丝极的变化,有、无熔嘴的变化;

b. 熔嘴截面积变化大于 30%,熔嘴牌号的变化,焊丝直径的变化,焊剂型号的变化;

c. 单侧坡口与双侧坡口焊接的变化;

d. 焊接电流种类和极性的变化;

e. 焊接电源伏安特性为恒压或恒流的变化;

f. 焊接电流值变化超过 20% 或送丝速度变化超过 40%,垂直行进速度变化超过 20%;

g. 焊接电压值变化超过 10%;

h. 偏离垂直位置超过 10°;

i. 成形水冷滑块与挡板的变化;

j. 焊剂装入量变化超过 30%。

⑥气电立焊时,下列条件之一发生变化,应重新进行工艺评定:

a. 焊丝钢号与直径的变化;

b. 气保护与自保护药芯焊丝的变化;

c. 保护气类别或混合比例的变化;

d. 保护气流量增加 25% 以上或减少 10% 以上的变化;

e. 焊丝极性的变化;

f. 焊接电流变化超过 15% 或送丝速度变化超过 30%,焊接电压变化超过 10%;

g. 偏离垂直位置超过 10° 的变化;

h. 成形水冷滑块与挡板的变化。

⑦栓钉焊时,下列条件之一发生变化,应重新进行工艺评定:

a. 焊钉直径或焊钉端头镶嵌(或喷涂)稳弧脱氧剂的变化;

b. 瓷环材料与规格的变化;

c. 栓焊机与配套栓焊枪形式、型号与规格的变化;

d. 被焊钢材种类的变化;

e. 非穿透焊(被焊钢材上无压型板直接焊接)与穿透焊(被焊钢材上有压型板焊接)的变化;

f. 穿透焊中被穿透板材厚度、镀层厚度与种类的变化;

g. 焊接电流变化超过 10%,焊接时间为 1 s 以上时变化超过 0.2 s 或 1 s 以下时变化超过 0.1 s;

h. 焊钉伸出长度和提升高度的变化分别超过 1 mm;

i. 焊钉焊接位置偏离平焊位置 15° 以上的变化或立焊、仰焊位置的变化。

⑧各种焊接方法时,下列条件之一发生变化,应重新进行工艺评定。

a. 坡口形状的变化超出规程规定和坡口尺寸变化超出规定允许偏差;

b. 板厚变化超过表4.11规定的适用范围;

c. 有衬垫改为无衬垫,清焊根改为不清焊根;

d. 规定的最低预热温度下降15 ℃以上或最高层间温度增高50 ℃以上;

e. 当热输入有限制时,热输入增加值超过10%;

f. 改变施焊位置;

g. 焊后热处理的条件发生变化。

(4)试件和检验试样的制备

①试件制备应符合下列要求:

a. 选择试件厚度应符合评定试件厚度对工程构件厚度的有效适用范围。

b. 母材材质、焊接材料、坡口形状和尺寸应与工程设计图的要求一致;试件的焊接必须符合焊接工艺评定指导书的要求。

c. 试件的尺寸应满足所制备试样的取样要求。各种接头形式的试件尺寸、试样取样位置应符合图4.14至图4.21的要求。

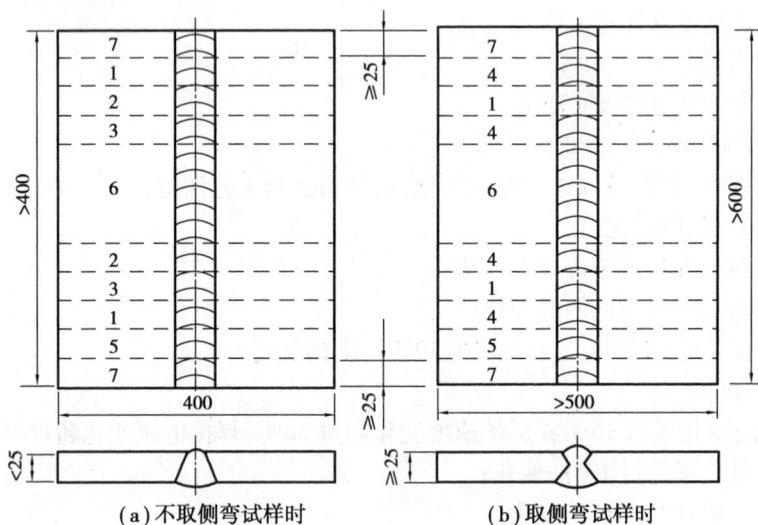

(a)不取侧弯试样时　　　　　(b)取侧弯试样时

图4.14　板材对接接头试件及试样示意

1—拉力试件;2—背弯试件;3—面弯试件;4—侧弯试件;5—冲击试件;6—备用;7—舍弃

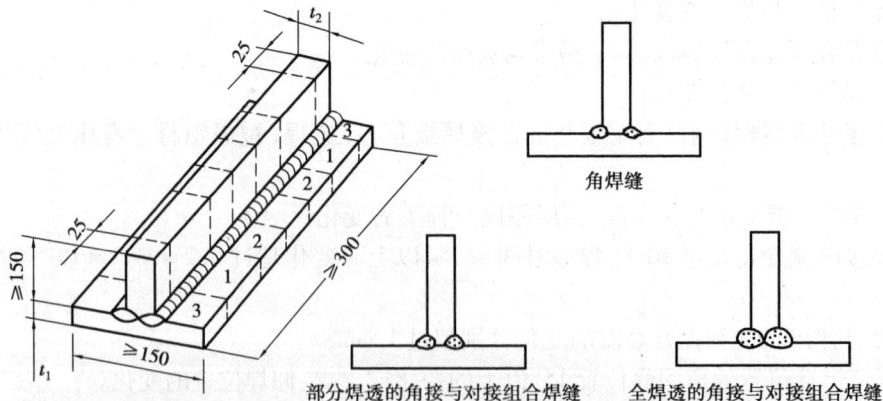

角焊缝

部分焊透的角接与对接组合焊缝　　　全焊透的角接与对接组合焊缝

图4.15　板材角焊缝和T形对接与角接组合焊缝接头试件及宏观、弯曲试样示意

1—宏观酸蚀试样;2—弯曲试样;3—舍弃

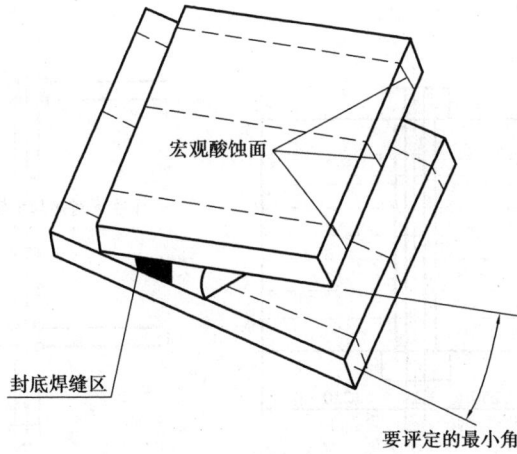

图 4.16 斜 T 形接头示意（锐角根部）

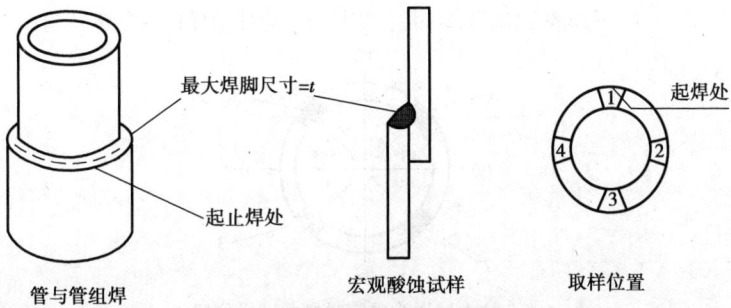

（a）圆管套管接头与宏观试样

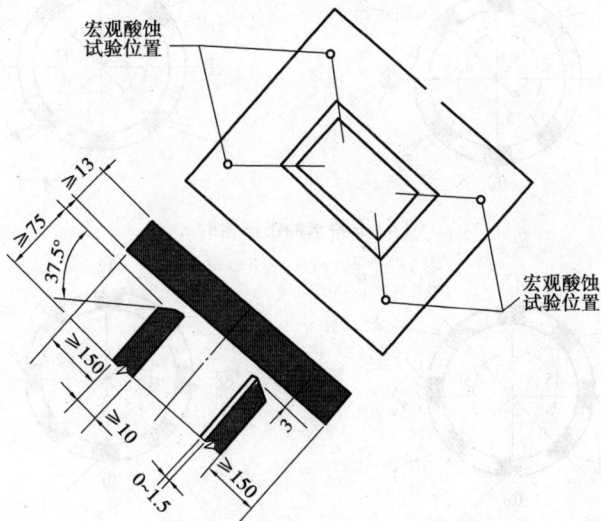

（b）矩形管 T 形角接和对接与角接组合焊缝接头与宏观试样

图 4.17 管材角焊缝致密性检验取样位置示意

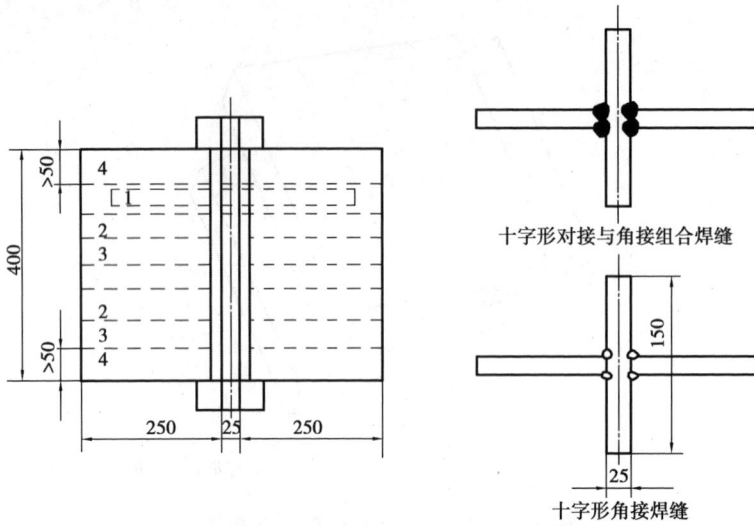

图 4.18　板材十字形角接(斜角接)及对接与角接组合焊缝接头试件及试样示意

1—宏观酸蚀试样;2—拉伸试样;3—弯曲试样;4—舍弃

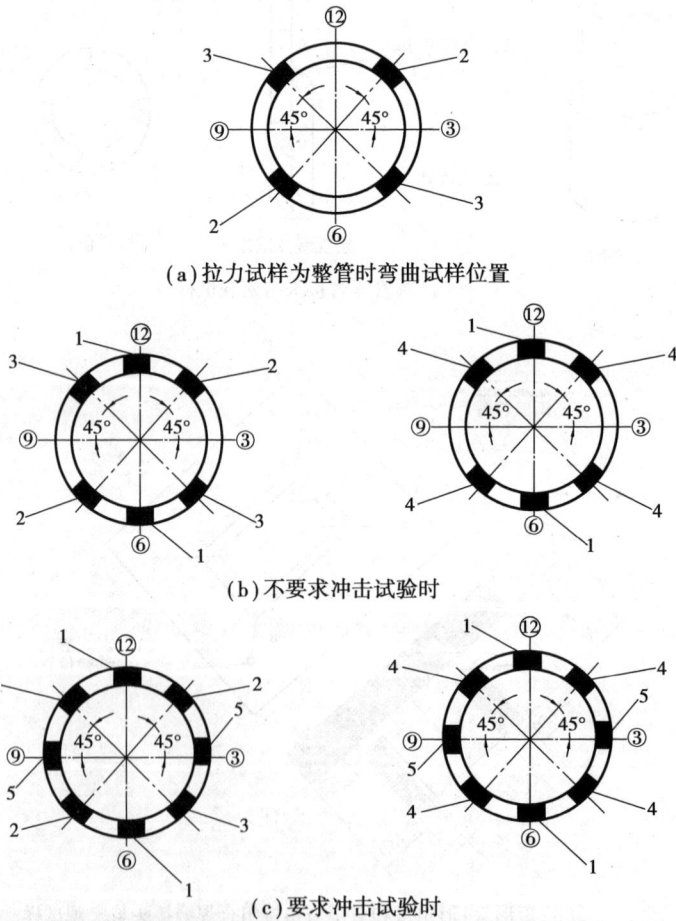

(a)拉力试样为整管时弯曲试样位置

(b)不要求冲击试验时

(c)要求冲击试验时

图 4.19　板材十字形角接(斜角接)及对接与角接组合焊缝接头试件及试样示意

③⑥⑨⑫—钟点记号,为水平固定位置焊接时的定位

1—拉伸试样;2—面弯试样;3—背弯试样;4—冲击试样

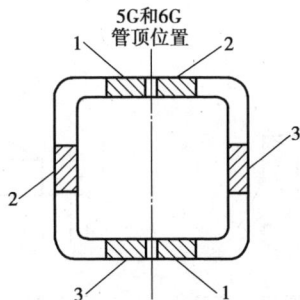

图 4.20 矩形板材对接接头试样位置示意
1—拉伸试样；2—面弯或侧弯试样；3—背弯或侧弯试样

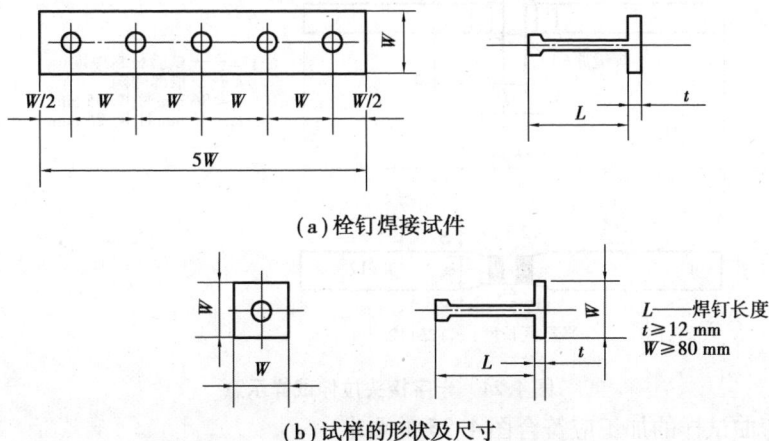

（a）栓钉焊接试件

（b）试样的形状及尺寸

图 4.21 栓钉焊接试件及试样示意

②检验试样种类及加工应符合下列要求：

a. 不同焊接接头形式和板厚检验试样的取样种类和数量应符合《焊接工艺评定规程》（DL/T 868—2014）的规定。

b. 对接接头检验试样的加工应符合下列规定：

• 拉伸试样的加工应符合现行国家标准《焊接接头拉伸试验方法》（GB/T 2651—2008）的规定，全截面拉伸试样按试验机的能力和要求加工。

• 弯曲试样的加工应符合现行国家标准《焊接接头弯曲试验方法》（GB/T 2653—2008）的规定。加工时应用机械方法去除焊缝加强高或垫板至与母材齐平，试样受拉面应保留母材原轧制表面。

• 冲击试样的加工应符合现行国家标准《金属材料焊缝破坏性试验 冲击试验》（GB/T 2650—2022）的规定，其取样位置应位于焊缝正面并尽量接近母材原表面。

• 宏观酸蚀试样的加工应符合图 4.22 的要求。每块试样应取一个面进行检验，任意两检验面不得为同一切口的两侧面。

c. T 形角接接头宏观酸蚀试样的加工应符合图 4.23 的要求。

d. 十字形角接接头检验试样的加工应符合下列要求：

• 接头拉伸试样的加工应符合图 4.24 的要求。

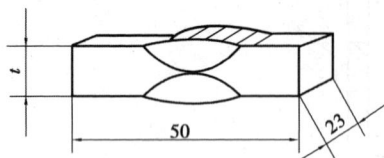

图 4.22　对接接头宏观酸蚀试样尺寸示意

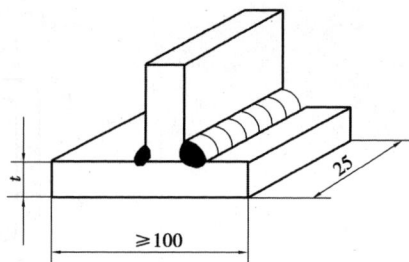

图 4.23　角接接头宏观酸蚀试样尺寸示意

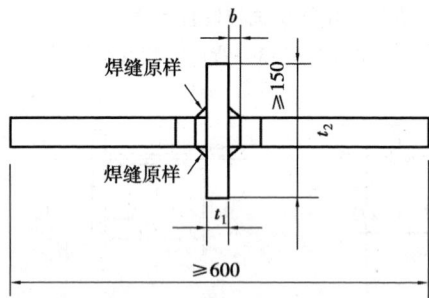

注：t_2——试验材料厚度
　　b——根部间隙
　　$t_2 < 36$ mm 时，$W = 35$ mm
　　$t_2 \geq 36$ mm 时，$W = 25$ mm

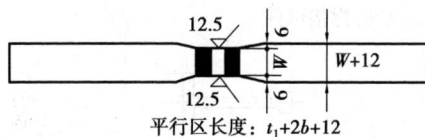

平行区长度：$t_1 + 2b + 12$

图 4.24　十字接头拉伸试样示意

• 接头弯曲试样的加工应符合图 4.25 的要求。

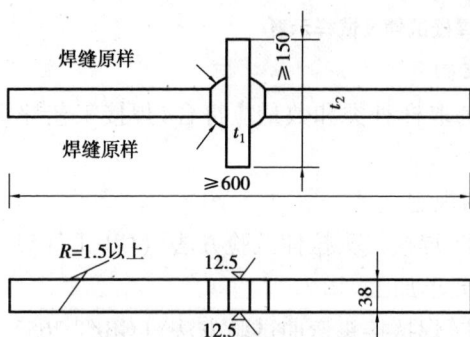

（a）十字形与角接组合焊缝接头

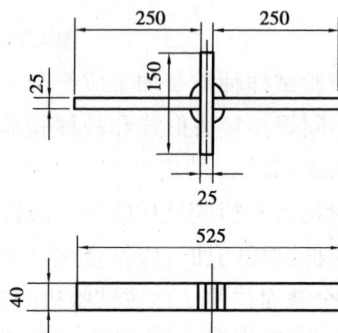

（b）十字形角焊缝接头

图 4.25　十字接头弯曲试样示意

• 接头冲击试样的加工应符合图 4.26 的要求。

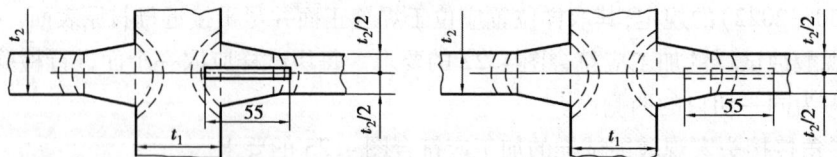

（a）焊缝金属区

（b）热影响区

图 4.26　十字接头冲击试验的取样位置示意

●接头宏观酸蚀试样的加工应符合图 4.27 的要求,检验面的选取应符合本条第 b 款的要求。

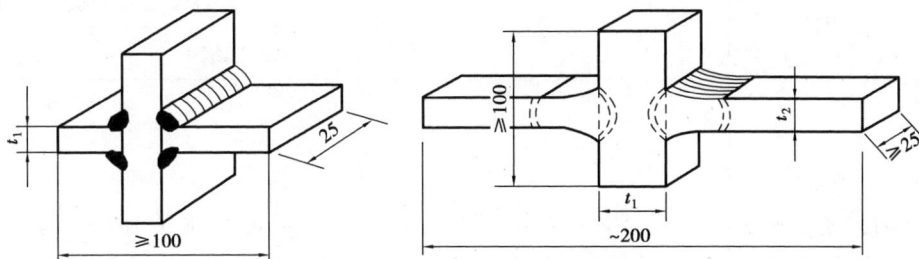

图 4.27　十字接头宏观酸蚀试样示意

e.斜 T 形角接接头、管球接头、管-管相贯接头的宏观酸蚀试样的加工宜符合图 4.23 的要求。检验面的选取应符合本条第 b 款的有关规定。

(5)试件和试样的试验与检验

①试件的外观检验。试件的外观检验应符合下列要求:

a.对接、角接及 T 形接头:

●用不小于 5 倍放大镜检查试件表面,不得有裂纹、未焊透、未熔合、焊瘤、气孔、夹渣等缺陷。

●焊缝咬边总长度不得超过焊缝两侧长度的 15%,咬边深度不得超过 0.5 mm。

●焊缝外观尺寸应符合表 4.12 和表 4.13 的要求。

表 4.12　无疲劳验算要求的钢结构对接焊缝与角焊缝外观尺寸允许偏差　　　单位:mm

序号	项目	示意图	外观尺寸允许偏差	
			一级、二级	三级
1	对接焊缝余高 C		$B<20$ 时,C 为 $0\sim3.0$;$B\geqslant20$ 时,C 为 $0\sim4.0$	$B<20$ 时,C 为 $0\sim3.5$;$B\geqslant20$ 时,C 为 $0\sim5.0$
2	对接焊缝错边 Δ		$\Delta<0.1t$,且 $\leqslant2.0$	$\Delta<0.15t$,且 $\leqslant3.0$
3	角焊缝余高 C		$h_{\mathrm{f}}\leqslant6$ 时,C 为 $0\sim1.5$;$h_{\mathrm{f}}>6$ 时,C 为 $0\sim3.0$	

续表

序号	项目	示意图	外观尺寸允许偏差	
			一级、二级	三级
4	对接和角接组合焊缝余高 C	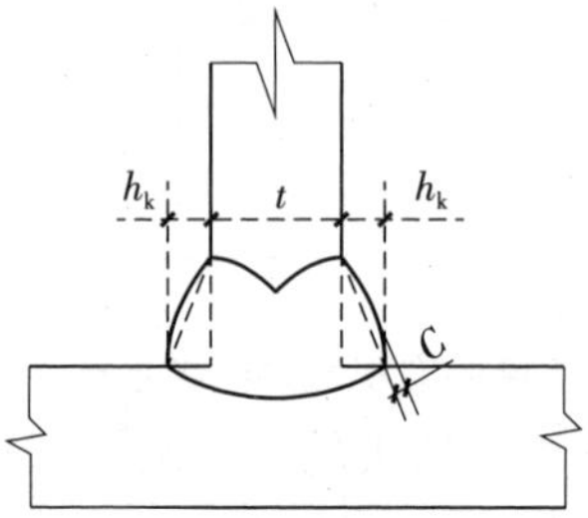	$h_k \leq 6$ 时，C 为 $0 \sim 1.5$；$h_k > 6$ 时，C 为 $0 \sim 3.0$	

注：B 为焊缝宽度；t 为对接接头较薄件母材厚度。

表 4.13　有疲劳验算要求的钢结构焊缝外观尺寸允许偏差

项目	焊缝种类	外观尺寸允许偏差
焊脚尺寸	对接与角接组合焊缝 h_k	0 $+2.0$ mm
	角焊缝 h_f	-1.0 mm $+2.0$ mm
	手工焊角焊缝 h_f（全长的 10%）	-1.0 mm $+3.0$ mm
焊缝高低差	角焊缝	≤ 2.0 mm（任意 25 mm 范围高低差）
余高	对接焊缝	≤ 2.0 mm（焊缝宽 $b \leq 20$ mm）
		≤ 3.0 mm（$b > 20$ mm）
余高铲磨后表面	横向对接焊缝	表面不高于母材 0.5 mm
		表面不低于母材 0.3 mm
		粗糙度 50 μm

b. 栓钉焊接头外观检验应符合表 4.14 的要求。当采用手工电弧焊进行栓钉焊接时，其焊缝外观检验应符合角焊缝的检验要求。

表 4.14   栓钉焊接接头外观检验合格标准

外观检验项目	合格标准	检验方法
焊缝外形尺寸	360°范围内焊缝饱满 拉弧式栓钉焊:焊缝高≥1 mm,焊缝宽≥0.5 mm 电弧焊:最小焊脚尺寸应符合表 4.15 的规定	目测、钢尺、焊缝量规
焊缝缺陷	无气孔、夹渣、裂纹等缺陷	目测、放大镜(5 倍)
焊缝咬边	咬边深度≤0.5 mm,且最大长度不得大于 1 倍的栓钉直径	钢尺、焊缝量规
栓钉焊后倾斜角度	倾斜角度偏差 θ≤5°	钢尺、量角器

表 4.15   采用电弧焊方法的栓钉焊接接头最小焊脚尺寸   单位:mm

栓钉直径	角焊缝最小焊脚尺寸	检验方法
10,13	6	钢尺、焊缝量规
16,19,22	8	
25	10	

②试件的无损检测。试件的无损检测可用射线或超声波方法进行。射线探伤应符合现行国家标准《焊缝无损检测　射线检测　第 1 部分:X 和伽玛射线的胶片技术》(GB/T 3323.1—2019)的规定,焊缝质量不低于一级;超声波探伤应符合现行国家标准《焊缝无损检测　超声检测　技术、检测等级和评定》(GB/T 11345—2013)的规定,焊缝质量不低于 B 级。

③试样的力学性能、硬度及宏观酸蚀试验方法。试样的力学性能、硬度及宏观酸蚀试验方法应符合下列规定:

a. 拉伸试验方法:

● 对接接头拉伸试验应符合现行国家标准《焊接接头拉伸试验方法》(GB/T 2651—2008)的规定。

● 栓钉焊接头拉伸试验应符合图 4.28 的要求。

b. 弯曲试验方法:

● 对接接头弯曲试验应符合现行国家标准《焊接接头弯曲试验方法》(GB/T 2653—2008)的规定。弯芯直径和冷弯角度应符合母材标准对冷弯的要求。面弯、背弯时,试样厚度应为试件全厚度;侧弯时,试样厚度应为 10 mm,试样宽度应为试件的全厚度,试件厚度超过 38 mm 时应按 20 ~ 38 mm 分层取样。

● 十字接头弯曲试验应符合图 4.29 的要求。

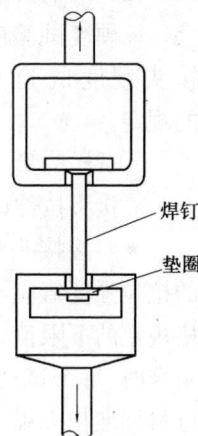

焊钉

垫圈

图 4.28   栓钉焊接接头试样拉伸试验方法示意

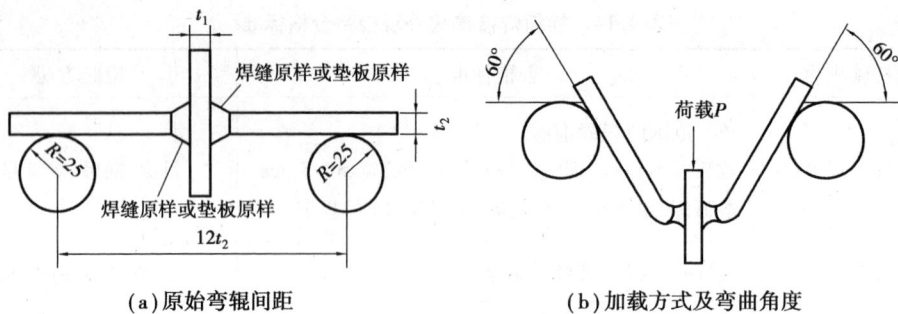

（a）原始弯辊间距　　　　　　　　（b）加载方式及弯曲角度

图4.29　十字接头弯曲试验方法示意

• 栓钉焊接头弯曲试验应符合图4.30的要求。

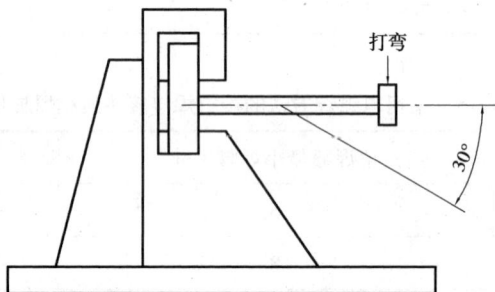

图4.30　栓钉焊接接头试样弯曲试验方法示意

c. 冲击试验应符合现行国家标准《金属材料焊缝破坏性试验　冲击试验》（GB/T 2650—2022）的规定。

d. 宏观酸蚀试验应符合现行国家标准《钢的低倍组织及缺陷酸蚀检验法》（GB/T 226—2015）的规定。

e. 硬度试验应符合现行国家标准《焊接接头硬度试验方法》（GB/T 2654—2008）的规定。

④试样检验。试样检验应符合下列规定：

a. 接头拉伸试验：

• 对接接头母材为同钢号时，每个试样的抗拉强度值应不小于该母材标准中相应规格规定的下限值。对接接头母材为两种钢号组合时，每个试样的抗拉强度应不小于两种母材标准相应规定下限值的较低者。

• 十字接头拉伸时，应不断于焊缝。

• 栓钉焊接头拉伸时，应不断于焊缝。

b. 接头弯曲试验：

• 对接接头弯曲试验。试样弯至180°后

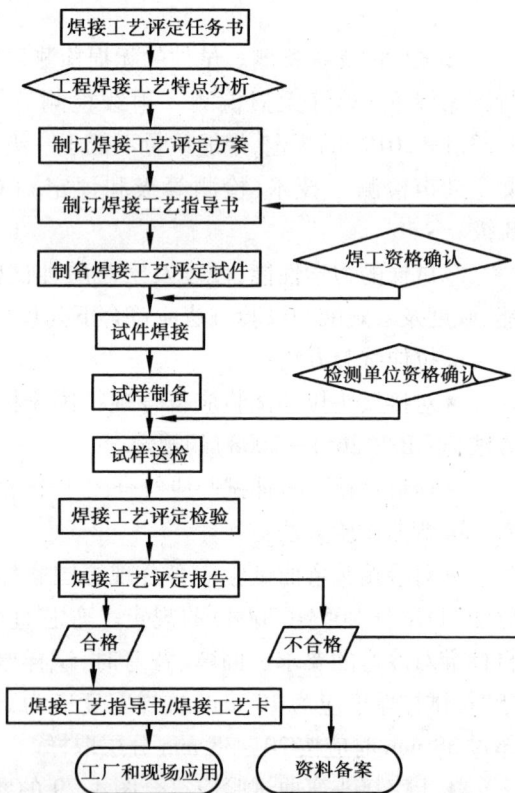

图4.31　焊接工艺评定流程

应符合下列规定：各试样任何方向裂纹及其他缺陷单个长度不大于 3 mm；各试样任何方向不大于 3 mm 的裂纹及其他缺陷的总长度不大于 7 mm；4 个试样各种缺陷总长度不大于 24 mm（边角处非熔渣引起的裂纹不计）。

- T 形及十字接头弯曲试验。弯至左右侧各 60°时应无裂纹及明显缺陷。
- 栓钉焊接头弯曲试验。试样弯曲至 30°后焊接部位无裂纹。

c. 冲击试验：焊缝中心及热影响区、粗晶区各三个试样的冲击功平均值应分别达到母材标准规定或设计要求的最低值，并允许一个试样低于以上规定值，但不得低于规定值的 70%。

d. 宏观酸蚀试验：试样接头焊缝及热影响区表面不应有肉眼可见的裂纹、未熔合等缺陷。

e. 硬度试验：Ⅰ、Ⅱ类钢材焊缝及热影响区最高硬度不宜超过 HV350；Ⅲ、Ⅳ类钢材焊缝及热影响区硬度应根据工程实际要求进行评定。

（6）焊接工艺评定

焊接工艺评定按图 4.31 所示焊接工艺评定流程进行。

子项 4.4 实训项目——钢构件连接实训

4.4.1 实训目的

钢构件连接实训是"钢结构工程施工"课程内的实训任务，是学生学习钢构件连接知识结束后进行的实操训练，主要安排大六角头高强度螺栓连接内容。

经过实训，培养学生利用工具自主进行钢结构高强度螺栓连接施工、检查和验收的职业能力。学生实训完毕后应具备以下能力：

①掌握钢构件常用连接节点构造。

②能够阅读钢结构设计图与详图，根据现场情况提出图纸中的问题。

③学生在指导教师的指导下学习国家和地区颁发的规范、标准和规定等，能够编制钢构件高强度螺栓连接专项施工方案。

④能够按照使用说明，正确选择使用电动扳手等工具。

⑤能够进行高强度螺栓连接技术交底。

⑥组织施工，完成实训项目，掌握高强度螺栓连接施工的要点和方法，掌握初拧、终拧方法。

⑦能够按照规范要求进行连接质量检查与验收。

⑧能够分析出现的质量问题，制定相关的防范措施。

4.4.2 实训内容

1）编制高强度螺栓连接专项方案

2）施工机具准备

大六角头高强度螺栓（M16、M20 两种）、冲钉、普通螺栓、普通扳手、电动扳手（初拧、终拧)、红蓝油漆、毛笔、钢丝刷等。

大六角头高强度螺栓长度选择:考虑到钢构件加工时采用钢材一般均为正公差,有时材料代用又多是以大代小、以厚代薄居多,所以连接总厚度增加 3~4 mm 的现象很多,因此,应选择好高强度螺栓长度,一般以紧固后长出 2 扣或 3 扣为宜,然后根据要求配套备用。

3) 连接实训

(1)准备工作

检查电源安全与否,检查工具是否正常工作,检查构件连接面,清除浮锈、飞刺及油污。摩擦面应防止被油污和油漆等污染,如有污染必须彻底清理干净。雨天不得进行高强度螺栓安装,雨后作业时用氧气、乙炔火焰吹干作业区连接摩擦面。

(2)临时螺栓固定钢构件

临时螺栓安装方法见表4.16。

表4.16　临时螺栓安装方法

序　号	临时螺栓安装方法
1	当构件吊装就位后,先用橄榄冲对准孔位(橄榄冲穿入数量不宜多于临时螺栓的30%),在适当位置插入临时螺栓,然后用扳手拧紧,使连接面结合紧密
2	临时螺栓安装时,注意不要使杂物进入连接面。临时螺栓的数量不得少于本节点螺栓安装总数的30%且不得少于2个临时螺栓
3	螺栓紧固时,遵循从中间开始,对称向周围进行的顺序。不允许使用高强度螺栓兼作临时螺栓,以防损伤螺纹,引起扭矩系数的变化
4	一个安装段完成后,经检查确认符合要求后方可安装高强度螺栓

(3)检查缝隙

高强度螺栓连接面板间应紧密贴实,对因板厚公差、制造偏差或安装偏差等产生的接触面间隙,应按规定处理。1 mm 以下,不作处理;3 mm 以下,将向外的一侧磨成 1:10 的斜面,打磨方向应与受力方向垂直;3 mm 以上,加垫板,垫板厚度不小于3 mm,最多不超过两层,垫板材质和摩擦面处理方法应与构件相同。

(4)拆除临时螺栓,安装高强度螺栓

螺栓的垫圈安在螺母一侧,垫圈孔有倒角的一侧应和螺母接触。螺栓穿入方向以方便施工为准,每个节点应整齐一致,临时螺栓待高强度螺栓紧固后再卸下。当拧紧螺栓时,只准在螺母上施加扭矩,不准在螺杆上施加扭矩,防止扭矩系数发生变化。

①高强度螺栓的紧固必须分两次进行。第一次为初拧:初拧紧固到螺栓标准轴力(即设计预拉力)的 60%~80%,具体还要根据钢板厚度、螺栓间距等情况适当掌握。若钢板厚度较大,螺栓布置间距较大时,初拧轴力应大一些为好。第二次紧固为终拧,扭剪型高强度螺栓终拧时以梅花头拧掉为准。

②初拧完毕的螺栓,用油漆逐个作标记,防止漏拧。为防止漏拧,当天安装的高强度螺栓,当天应终拧完毕。一般初拧后标记用一种颜色,终拧结束后用一种颜色,加以区别。

③初拧、终拧一般应从接头刚度大的地方向不受拘束的自由端顺序进行，或者从螺栓群中心向四周扩散方向进行。这是因为连接钢板翘曲不牢时，如从两端向中间紧固，有可能使拼接板中间鼓起而不能密贴，从而失去部分摩擦传力作用。

④因空间狭窄，高强度螺栓扳手不宜操作部位，可采用加高套管或用手动扳手安装。

⑤扭剪型高强度螺栓应以全部拧掉尾部梅花头为终拧结束，不准遗漏。

高强度螺栓不能自由穿入螺栓孔位时，不得硬性敲入，用绞刀扩孔后再插入，修扩后的螺栓孔最大直径不应大于1.2倍螺栓公称直径，扩孔数量应征得设计单位同意。

(5)高强度螺栓连接检查

①指派专业质检员按照规范要求对整个高强度螺栓安装工作的完成情况进行认真检查，将检验结果记录在检验报告中，检查报告送到项目质量负责人处审批。

②扭剪型高强度螺栓终拧完成后进行检查时，以拧掉尾部为合格，螺栓丝扣外露应为2扣或3扣，其中允许有10%的螺栓丝扣外露1扣或4扣。

③对于因构造原因而必须用扭矩扳手拧紧的高强度螺栓，则使用经过核定的扭矩扳手用转角法进行抽验。

④扭剪型高强度螺栓连接副终拧后，除因构造原因无法使用专用扳手终拧掉梅花头者外，未在终拧中拧掉梅花头的螺栓数不应大于该节点螺栓数的5%。

⑤高强度螺栓安装检查在终拧1 h以后、24 h之前完成。

⑥对采用扭矩扳手拧紧的高强度螺栓，终拧结束后，检查漏拧、欠拧宜用0.3~0.5 kg的小锤逐个敲检，如发现有欠拧、漏拧应补拧，超拧应更换。

⑦做好高强度螺栓检查记录，经整理后归入技术档案。

4)大六角头高强度螺栓检查验收

(1)施工操作中的工艺检查

在施工过程中检查施工工艺是否按施工工艺要求进行，具体工艺检查内容有以下几项：是否用临时螺栓安装，临时螺栓数量是否达到1/3以上；高强度螺栓的进入是否是自由进入，严禁用锤强行打入；高强度螺栓紧固顺序正确与否，紧固方法是否正确；抽检测定扭矩扳手的扭矩值，是否在设计允许范围之内；检查连接面钢板的清理情况，保证摩擦面的质量可靠。

(2)大六角头高强度螺栓的质量检查

用0.3 kg小锤敲击法，对高强度螺栓进行普查，防止漏拧；进行扭矩检查，抽查每个节点螺栓数的10%，且不少于2个。检查时先在螺栓端面和螺母上画一条直线，然后将螺母拧松约60°，再用扭矩扳手重新扭紧，使两线重合，测得此时的扭矩应在$(0.9~1.1)T_{ch}$为合格。

T_{ch}按下式计算：

$$T_{ch} = K \cdot P \cdot d$$

式中　T_{ch}——检查扭矩，N·m；

　　　K——扭矩系数；

　　　P——高强度螺栓设计预拉力；

　　　d——高强度螺栓公称直径。

如发现有不符合规定的,应再扩大检查 10% ;如仍有不合格者,则整个节点的高强度螺栓应重新拧紧。

扭矩检查应在螺栓终拧 1 h 以后、24 h 之前完成。

如果检验时发现螺栓紧固强度未达到要求,则需检查拧固该螺栓所用扳手的拧力矩。如果力矩的变化幅度在 10% 以内,可视为合格。

用塞尺检查连接板间隙,间隙超过 1 mm 的,必须重新处理。

检查大六角头高强度螺栓穿入方向是否一致,检查垫圈方向是否正确。

(3)质量标准

①高强度大六角头螺栓连接接头的外观质量:

合格:螺栓穿入方向基本一致,外露长度不应少于 2 扣。

优良:螺栓穿入方向一致,外露长度不应少于 2 扣,露长均匀。

检查数量:按节点数抽查 5% ,但不少于 10 个节点。

检验方法:观察检查。

②扭矩法施工的高强度大六角头螺栓终拧质量:

合格:螺栓的终拧扭矩经检查初拧或更换螺栓后,符合现行标准《钢结构工程施工质量验收标准》(GB 50205—2020)的规定。

优良:螺栓的终拧扭矩经检查一次即符合国家现行标准的规定。

检查数量:按节点数抽查 10% ,但不应少于 10 个节点;每个被抽查节点按螺栓数抽查 10% ,但不应少于 2 个。

当发现终拧扭矩不符合现行国家标准规定时,应扩大抽查该节点螺栓数的 20% ,当仍有不合格时,应将该节点内螺栓全数检查;当仍有不合格时,应扩大抽查节点数的 20% ;当仍有不合格时,应对全部节点进行检查。

4.4.3 实训组织与要求

①分组上交高强度螺栓连接专项方案(1 份/组)。

②高强度螺栓施工技术交底记录表。

③高强度螺栓连接副施工质量检查记录表。

④高强度螺栓连接实训总结。

⑤实训教师对学生的出勤、掌握基本知识和基本技能、遵守有关规定的情况进行评价,做好详细检查记录。

⑥师生在实训期间,不能随意离开实训现场。

⑦学生在实训期间,不准无故旷课、迟到、早退,不准寻衅闹事、打架斗殴或发生其他违规违纪的行为。

⑧指导教师要做好安全教育和监督工作,严防事故发生。

4.4.4 实训方法

由教师先进行讲解和演示,然后由学生分组在教师指导下进行实操训练。

4.4.5 实训考核

(1)考核组织

实训考核由教师组织进行。

(2)考核内容及评分办法

本实训项目考核,包括文明安全实训、成果质量要求和资料完备三大项,其中成果质量要求采用教师评价与小组互评相结合的方式进行,见表4.17。

表4.17 考核内容及评分办法

序 号	评分项目	项目要求	分 值		备 注
			单项	小计	
1	文明安全实训	实训态度端正,实训过程中积极主动,能发扬互助协作精神	5	20	教师评价
		自觉遵守实训安全管理规定,不违反操作规程	5		
		纪律性强,无迟到、早退情况发生,上班期间不随意串岗,有事请假	5		
		能保证工作场地整齐,实训期间不喧哗,注意文明用语	5		
2	成果质量要求	正确使用工具、设备	5	30 + 30	教师评价与小组互评各30分
		高强度大六角头螺栓连接接头的外观质量(满分对应优等级)	10		
		扭矩法施工的高强度大六角头螺栓终拧质量(满分对应优等级)	20		
		螺栓方向是否一致	10		
		油漆、画线标记是否正确	10		
		连接板之间的间隙	5		
3	资料完备	高强度螺栓连接专项方案	10	20	教师评价
		实训资料表格及总结	10		
			合计	100	

4.4.6 时间安排

时间安排见表4.18。

表4.18 实训时间安排

序 号	实训内容	时间安排	备 注
1	编制高强度螺栓连接专项方案	5学时	实训前完成,课外时间

续表

序 号	实训内容	时间安排	备 注
2	施工机具选取、领用及检查	15分钟	
3	高强度螺栓连接施工	40分钟	
4	高强度螺栓连接检查与修正	20分钟	
5	高强度螺栓连接验收	10分钟	不同组之间互验
6	资料填写、完善与上交	15分钟	
7	教师讲评	20分钟	
	总 计	120分钟+5学时	

项目小结

(1)普通螺栓连接施工

普通螺栓连接施工的一般要求,以及螺栓直径及长度的选择。螺栓直径:按等强原则通过计算确定。螺栓长度:$L = \delta + H + nh + C$。

(2)高强度螺栓连接施工

①高强度螺栓连接的表面处理。摩擦面的处理方法:喷砂(丸)法、化学处理(酸洗)法、砂轮打磨法、钢丝刷人工除锈。工作性能:抗剪、抗拉。预拉力的控制方法:大六角头螺栓(力矩法、转角法)、扭剪型。高强度螺栓的预拉力设计值:$P = \dfrac{0.9 \times 0.9 \times 0.9}{1.2} A_e f_u$。

②高强度螺栓连接施工的一般规定。

③大六角头高强度螺栓连接施工:扭矩法施工(初拧、复拧及终拧)、转角法施工(初拧、初拧检查、划线、终拧、终拧检查、做标记)。

④扭剪型高强度螺栓连接施工:采用专用的电动扳手进行终拧,梅花头拧掉即标志终拧结束。

⑤高强度螺栓连接施工的检验项目:螺栓实物最小荷载检验;扭剪型高强度螺栓连接副预拉力复验;高强度螺栓连接副扭矩检验;高强度大六角头螺栓连接副扭矩系数复验;高强度螺栓连接摩擦面的抗滑系数检验。

(3)钢结构焊接施工

①钢构件的焊接分类:手工电弧焊、气体保护电弧焊、自保护电弧焊、埋弧焊。

②焊接材料。手工电弧焊用焊接材料:电焊条,它由钢芯和包在钢芯外的药皮组成。埋弧焊:焊剂、焊丝。

③焊接变形。焊接变形的分类:线性缩短、角变形、弯曲变形、扭曲变形、波浪形失稳变形等。焊接残余变形的影响因素:焊缝截面积、焊接热输入、工件的预热、层间温度、焊接方法、接头形式、焊接层数。

④焊接施工。焊接准备工作:检验焊条、焊接工具、设备、电源准备、焊条预热、焊缝坡口

检查、气象条件、焊接顺序。焊接施工：手工电弧焊施工、埋弧焊施工、CO_2 气体保护焊施工、碳弧气刨施工。

⑤焊接缺陷和质量检验。焊接缺陷：变形、外部缺陷、内部缺陷。焊接的检验：外观检查、无损探伤、水压试验和气压试验、焊接试板的机械性能试验。

⑥焊接工艺评定。

复习思考题

1. 钢结构的连接方式有哪些？连接设计的原则是什么？

2. 普通螺栓连接施工的一般要求有哪些？

3. 普通螺栓的长度如何计算？

4. 如何进行普通螺栓连接的紧固检验？

5. 高强度螺栓连接的表面处理方法有哪些？

6. 高强度螺栓连接的工作性能有哪些？高强度螺栓的预拉力如何确定？

7. 高强度螺栓连接施工的一般要求有哪些？

8. 大六角头高强度螺栓连接，扭矩法施工和转角法施工的顺序是什么？

9. 试述扭剪型高强度螺栓的终拧过程。

10. 高强度螺栓连接施工的检验项目有哪些？

11. 钢结构的主要焊接方法有哪些？主要工作原理是什么？

12. 试述焊接材料的种类及焊条的表示方法。

13. 试述焊接变形的种类及焊接残余变形的影响因素。

14. 焊接准备工作有哪些？

15. 试述焊接施工的方法及要求。

16. 焊接缺陷有哪些？

17. 试述焊接的质量检验。

18. 试述焊接的工艺评定程序、评定要求及评定原则。

项目 5

钢结构制作

项目导读

- **基本内容** 通过本项目学习,应了解钢结构制作前的准备工作、制作工艺流程和制造工艺,掌握钢构件(钢梁、钢柱等构件)制作,熟悉钢管相贯线切割和球节点制作的工作过程及要求。
- **重点** 钢构件的制作。
- **难点** 钢管相贯线切割和球节点制作。

子项 5.1　钢构件制作

5.1.1　钢结构制作前的准备

1)组织准备

(1)项目管理模式

采用企业领导下的项目管理组织模式进行管理,其特点是由企业选聘或者招聘一个项目经理,由项目经理招聘管理人员组建项目经理部,然后再选择施工作业队伍进行施工活动。形成以项目经理负责制为核心,以项目合同管理和成本控制为主要内容,以科学系统管理和先进技术为手段的项目管理机制。同时,项目经理部在企业领导下充分发挥企业的整体优势,严格按照施工进度计划及确保工期的技术组织措施进行科学管理,确保工程施工任务的完成。

(2)项目组织机构

项目经理部是施工项目管理的工作班子。为充分发挥项目经理部在项目管理中的主体作用,必须设计好、组建好、运转好项目经理部,从而发挥其应有的功能。

一般钢结构工程项目经理部的设置是:项目经理一名,项目副经理一名,项目工程师一名,下设施工科、质检科、材料科、安全科、预算科,钢结构制作班组、除锈班组(油漆班组)、运输班组、钢结构安装班组、彩板安装班组等专业班组,每组设专业组长一名。

(3)劳动力计划

钢结构工程施工专业性强、劳动强度大、施工时间短,要求参加施工的技术工种有较好的技术素质,需要施工人员除完成本专业、本工种的任务外,还要完成其他工种的工作,劳动力要做到现场统一调动,一专多能,充分发挥作用,创造更好的经济效益。因此,项目经理部应根据钢结构工程的制作、安装、围护结构安装、清理、收尾等施工阶段的要求,合理配置管理员、铆工、电焊工、油漆工、电工、机械工、钢结构安装工、围护系统安装工等工种,制定科学合理的劳动力配备计划。

2)技术准备

①技术文件:包括设计文件、施工技术文件、企业技术标准文件。

• 设计文件:施工详图、设计变更、施工技术要求等。

• 施工技术文件:国家现行标准、规范和质量验收标准,以及经审批的施工方案。

• 企业技术标准:企业内部的钢结构施工工艺标准、操作规程标准等;钢结构基本构件的试验、检测方法标准等。

②施工图审查:在接到工程图后,应组织有关工程技术人员对设计图和施工图进行审查。审查设计文件、构件数量、尺寸、节点、连接、加工符号等是否齐全,图纸设计深度是否满足施工要求,制作工艺和技术是否合理等。

③图纸会审:参加人员应为甲方、设计方、监理方和施工技术人员,施工企业技术部门要做好图纸会审记录并办理相关签证手续,施工技术人员要充分理解设计意图,为技术交底做好准备。

④详图设计:根据设计文件进行构件详图设计,以便进行加工制作和安装。

⑤编制施工组织设计:根据设计要求、工程特点,结合现场施工环境及企业实际,采取行之有效的施工方法,科学、合理地编制施工组织设计。

⑥工艺试验:组织必要的工艺试验,特别是新材料、新工艺要做好工艺试验,以指导钢结构的制作加工。

⑦技术交底和安全交底:分别做好技术和安全交底工作,实行层层交底,并将书面交底文件存档。

3)机械设备准备

钢结构制作常用的设备有:

(1)加工设备

切割:剪板机、龙门剪床、数控切割机(图5.1)、型钢切割机、型钢带锯机、带齿圆盘锯、无齿摩擦圆盘锯,以及氧气切割等。

制孔:冲孔机、摇臂钻床、立式钻床等。

边缘加工:刨床、钻铣床、端面铣床,以及铲边用的风铲、翼缘矫正机(图5.2)等。

弯制:辊床、水平直弯机、立式压力机、卧式压力机等。

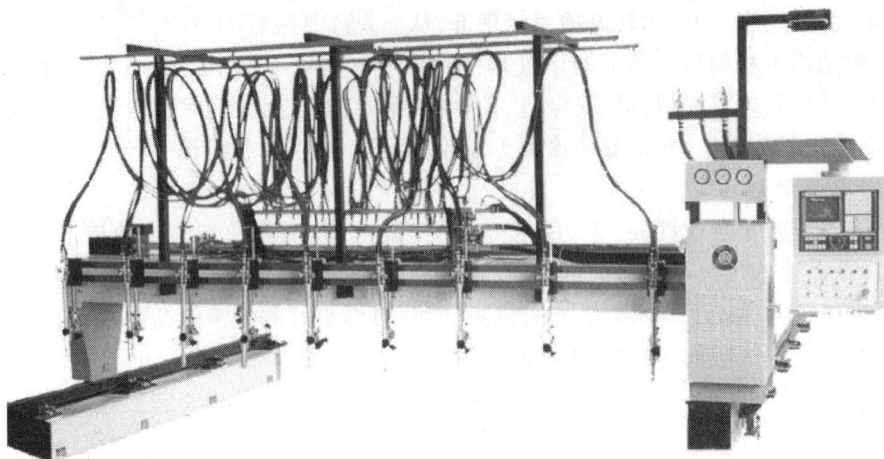

图 5.1　数控多头直条切割机

图 5.2　H 型钢翼缘矫正机

（2）焊接设备

直流焊机、交流焊机、CO_2 焊机、组立焊机（图 5.3）、埋弧焊机（图 5.4）、焊条烘干箱、焊剂烘干箱、焊接滚轮架、钢卷尺、游标卡尺、划针等。

图 5.3　H 型钢自动点焊组立机

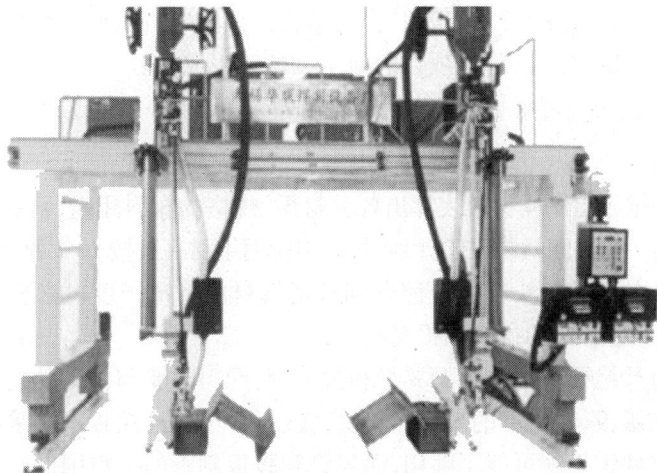

图 5.4　H 型钢门形埋弧焊机

（3）涂装设备

电动空气压缩机、喷砂机、抛丸机（图 5.5）、回收装置、喷漆枪、电动钢丝刷、铲刀、手动砂轮、砂布、油漆桶、刷子等。

图 5.5　H 型钢抛丸机

（4）检测设备

磁粉探伤仪、超声波探伤仪、焊缝检验尺、漆膜测厚仪、电流表、温湿度仪等。

（5）运输设备

桥式起重机、门式起重机、塔式起重机、汽车起重机、运输汽车、运输火车等。

钢结构构件制作所需的设备应根据工程特点、施工方案和施工计划，进行合理的选用和配置。

项目所需机械设备可从企业自有机械设备调配，或租赁，或购买，提供给项目经理部使用。项目经理部应编制机械设备使用计划报企业审批。对进入施工现场的机械设备必须进行安装验收，并做到资料齐全、准确。机械设备在使用中应做好维护和管理。

项目经理部应采取技术、经济、组织、合同措施保证施工机械设备合理使用,提高施工机械设备的使用效率,用养结合,降低项目的施工机械使用成本。

机械设备操作人员应持证上岗,严格按照操作规范作业。

4)材料准备

①备料。应根据施工图样材料表算出各种材质、规格的材料用量,再加一定数量的损耗,编制材料预算计划。在编制材料采购计划时,结构所用主材一般按10%的余量进行采购。

②构件和杆件的拼接接头布置应照顾到订货钢材的标准长度。必要时,可根据使用长度定尺进料,以减少不必要的拼接和损耗。

对拼接位置有严格要求的吊车梁翼缘和腹板等,配料时要与桁架的连接板搭配使用,即优先考虑翼缘板和腹板,将配下的余料作小块连接板。小块连接板不能采用整块钢板切割,否则计划需用的整块钢板就可能不够用,而翼缘和腹板割下的余料则没有用处。

③使用前,应对每一批钢材核对质量保证书,必要时应对钢材的化学成分和力学性能进行复验,以保证符合钢材的损耗率。钢材的实际损耗率可参考表5.1。

表5.1 钢板、角钢、工字钢、槽钢损耗率

序　号	材　料	规　格	损耗率/%
1	钢板	1 ~ 5 mm	2.00
2		6 ~ 12 mm	4.50
3		13 ~ 25 mm	6.50
4		26 ~ 60 mm	11.00
			平均:6.00
5	角钢	75 mm × 75 mm 以下	2.20
6		80 mm × 80 mm ~ 100 mm × 100 mm	3.50
7		120 mm × 120 mm ~ 150 mm × 150 mm	4.30
8		180 mm × 180 mm ~ 200 mm × 200 mm	4.80
			平均:3.70
9	工字钢	14a 以下	3.20
10		24a 以下	4.50
11		36a 以下	5.30
12		60a 以下	6.00
			平均:4.75
13	槽钢	14a 以下	3.00
14		24a 以下	4.20
15		36a 以下	4.80
16		40a 以下	5.20
			平均:4.30

④若采购个别钢材的品种、规格、性能等不能完全满足设计要求,需要进行材料代用时,须经设计单位同意并签署代用文件。

5) 作业条件

①施工详图经会审,并经设计人员、甲方、监理等签字认可。

②主要原材料及成品已经进场,并验收合格。

③加工机械设备已安装到位,并验收合格。

④各工种生产人员都进行了岗前培训,取得了相应的上岗资格证,并进行了施工技术交底。

⑤施工现场已能满足实际施工要求。

⑥各种施工工艺评定试验及工艺性能试验已完成。

⑦施工组织设计、施工方案、作业指导书等各种技术工作已准备就绪。

6) 加工环境要求

为保证钢结构零部件在加工中钢材原材质不变,在零件冷、热加工和焊接时,应按照施工规范规定的环境温度和工艺要求进行施工。

(1)冷加工温度要求

钢结构在进行冷加工中的剪切(或冲孔)、弯曲、矫正时,应按以下温度要求进行操作:

①当零件为普通碳素结构钢,操作地点环境温度低于 – 20 ℃时;零件为低合金结构钢,操作地点环境温度低于 – 15 ℃时,均不得进行剪切和冲孔,否则,在外力作用下容易发生裂纹。

②零件为普通碳素结构钢,操作地点环境温度低于 – 16 ℃时;零件为低合金结构钢,操作地点环境温度低于 – 12 ℃时,均不得进行矫正和冷弯曲,以防在低温条件和外力作用下发生裂纹。

③冷矫正和冷弯曲不仅严格要求在规定的温度下进行,还要求弯曲半径不宜过小,以免钢材丧失塑性出现裂纹。

(2)热加工温度要求

改变截面形状的热加工,应按以下温度进行热处理:

①零件热加工时,其加热温度应控制在 900 ~ 1 000 ℃,也可控制在 1 100 ~ 1 300 ℃。此时钢材表面呈现淡黄色,当碳素结构钢的温度下降到 700 ℃前(钢材表面呈现蓝色)和低合金结构钢的温度下降到 800 ℃前(钢材表面呈现红色),均应结束加工。低合金结构钢应自然冷却。

②为使普通碳素结构钢和低合金结构钢的力学性能不发生改变,加热矫正时的加热温度严禁超过正火温度(900 ℃),其中低合金结构钢加热矫正后必须缓慢冷却,更不允许在加热矫正时用浇冷水法急冷,以免产生淬硬组织,导致脆性裂纹。

③普通碳素结构钢、低合金结构钢的零件在热弯曲加工时,其加热温度在 900 ℃ 左右进行。否则,温度过高会使零件外侧在弯曲外力作用下被过多地拉伸而减薄,内侧在弯曲压力作用下厚度增厚;温度过低不但成型较困难,更重要的是钢材在蓝脆状态下弯曲受力时,塑性降低,易产生裂纹。

(3)焊接环境要求

在低温的环境下焊接不同钢种、厚度较厚的钢材时,为使加热与散热的速度按正比关系变化,避免散热速度过快,导致焊接的热影响区产生金相组织硬化,形成焊接残余应力,在焊缝金属、熔化线交界边缘或受热区域内的母材金属处局部产生裂纹,在焊接前应按现行国家标准《钢结构工程施工质量验收标准》(GB 50205—2020)规定的温度进行预热和保证良好的焊接环境。

①普通碳素结构钢厚度大于34 mm,低合金结构钢的厚度大于30 mm,当工作地点温度低于0 ℃时,均需在焊接坡口两侧各80 ~ 100 mm 范围内进行预热,焊接预热温度及层间温度控制在100 ~ 150 ℃。

焊件经预热后可以达到以下作用:

a. 减缓焊接母材金属的冷却速度;

b. 防止焊接区域的金属温度梯度突然变化;

c. 降低残余应力,并减少构件的焊后变形;

d. 消除焊接时产生的气孔,以及熔合性飞溅物的产生;

e. 有利于氢的逸出,防止氢在金属内部起破坏作用;

f. 防止焊接加热过程中产生热裂纹,焊缝终止冷却时产生冷裂纹或延迟性冷裂纹以及再加热裂纹。

②如果焊接操作地点温度低于0 ℃时,需要预热的温度应根据试验确定,试验确定的结果应符合下列要求:

a. 焊接加热过程中,在焊缝及热影响区域不产生热裂纹;

b. 焊接完成冷却后,在焊接范围的焊缝金属及母材上不产生即时性冷裂纹和延迟性冷裂纹;

c. 焊缝及热影响区的金属强度、塑性等性能应符合设计要求;

d. 在刚性固定的情况下进行焊接有较好的塑性,不致产生较大的约束应力和裂纹;

e. 焊接部位不产生过大的应力,焊后不需要作热处理等调质措施;

f. 焊后接点处的各项机械性能指标均符合设计结构要求。

③当焊接重要钢结构构件时,应注意对施工现场焊接环境的监测与管理。如出现下列情况时,应采取相应有效的防护措施:雨雪天气;风速超过8 m/s;环境温度在 - 5 ℃以下或相对湿度在90%以上。

为保证钢结构的焊接质量,应改善上述不良的焊接环境,一般的做法是:在具有保证质量条件的厂房、车间内施工;在安装现场制作与安装时,应在临建的防雨、雪棚内施工,棚内应设有提高温度、降低湿度的设施,以保证在规定的正常焊接环境中进行焊接。

5.1.2 制作工艺、技术措施及质量要求

1)钢结构制作工艺的编制

工艺是指导生产的技术文件。钢结构制作工艺应由项目经理主持编制,经企业技术主管部门批准后实施。

(1)编制依据

①设计图纸、承包合同及相关设计文件。

②现行国家标准及规范。

③企业的质量方针、质量目标及质量保证体系。

④工厂作业面积、设备条件、生产方式。

⑤原材料材质、品种、规格。

⑥作业人员的数量、工种及技术等级。

（2）编制原则

①应符合设计和国家相关标准要求。

②降低成本,提高效率。

③结合实际,充分发挥设备及人员的潜力。

④采用新技术、新材料、新工艺、新设备时,应经过试验并进行可行性研究之后,方可正式采用。

（3）编制内容

①工程概况。包括:工程性质、工程特点、规模、结构形式、环境特征、重要程度及工程量等。

②工艺总则。包括:技术要求、操作方法和质量标准等。

③制作工艺。包括:工艺流程图,生产准备,零件下料、加工方法和要求,零件矫正的方法和要求,构件组装顺序、方法和要求,焊接方法、顺序和要求,新材料、新技术、新工艺和新设备的实施意见,特殊工艺措施,专用工具、工具明细表,零、部件制作清单等。

（4）总装工艺

总装场地要求,包括:场地面积,流水线布置、起重设备配置,组装平台、模板及工具的准备,基准线的设置等。总装方案,包括:构件就位顺序、临时固定措施,基准线、中心线、标高等控制办法及措施等。

（5）工艺总结

2）钢结构制作工序

钢结构制作的工序如图5.6所示。

3）钢结构制作工艺

钢结构制作的工艺流程如图5.7所示。

（1）放样、号料

放样是根据施工详图用1:1的比例在样板台上划出实样,求出实长,根据实长制作成样板或样杆,以作为下料、弯制、刨铣和制孔等加工制作的标记。样板所用材料要求轻质、价廉,且不易产生变形,最常用的是铁皮,有时也用薄木板或胶合板。样板及样杆上应用油漆写明加工号、构件编号、规格、数量以及螺栓孔位置、直径和各种工作线、弯曲线等加工符号。

号料就是以样板（杆）为依据,在原材料上划出实样,并打上各种加工记号。

放样、号料所用工具为钢尺、划针、划规、粉线、石笔等。所用钢尺必须经计量部门的检验,合格后方可使用。

```
┌─────────┬──────────────┐
│生产      │1.材料验收     │
│准备      │2.材料矫正     │
│车间      │3.分类存放     │
└─────────┴──────────────┘
         ↓
┌─────────┬──────────────┐
│放样      │1.放样         │
│车间      │2.制作样板     │
└─────────┴──────────────┘
         ↓
┌─────────┬──────────────┐
│         │1.号料         │
│加工      │2.切割         │
│车间      │3.制孔         │
│         │4.边缘加工     │
│         │5.弯曲         │
│         │6.零件矫正     │
└─────────┴──────────────┘
```

┌──────────┬─────────────┐   ┌──────────┬─────────────┐
│装   │1.装配   │   │装   │1.装配   │
│配   │2.焊接   │   │配   │2.铆前扩孔   │
│车   │3.构件矫正   │   │车   │3.打铆   │
│间   │4.铣端   │   │间   │4.构件矫正   │
│(焊接)   │5.制作安装孔 │   │(铆接)   │5.铣端   │
└──────────┴─────────────┘   └──────────┴─────────────┘

```
┌─────────┬──────────────┐
│油漆      │1.除锈         │
│车间      │2.油漆         │
│         │3.编号、出厂   │
└─────────┴──────────────┘
```

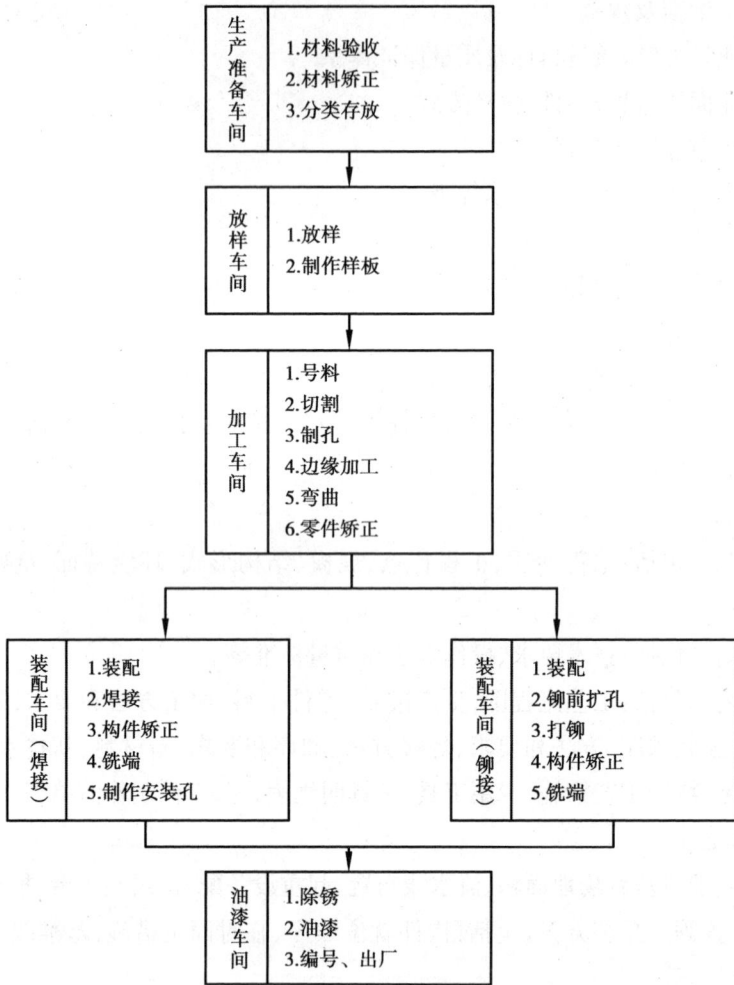

图 5.6 钢结构制作的工序

①放样操作要点:

a. 放样从熟悉图纸开始,首先要仔细看清技术要求,并逐个核对图纸之间的尺寸和相互关系,发现有疑问应联系有关技术部门解决。

b. 放样作业人员应熟悉整个钢结构的加工工艺,了解工艺流程及加工过程,以及加工过程中需要的机械设备性能及规格。

c. 放样时以1:1的比例在样板台上弹出大样。当大样尺寸过大时,可分段弹出。对一些三角形的构件,如果只对其节点有要求,则可以缩小比例弹出样子,但应注意其精度。

d. 用作计量长度依据的钢盘尺,特别注意应经授权的计量单位计量,且附有偏差卡片,使用时按偏差卡片的记录数值校对其误差数。钢结构制作、安装、验收及土建施工用的量具,必须用同一标准进行鉴定,应有相同的精度等级。

②加工余量:放样、号料时,应预留收缩量,即焊接、切割、刨边和铣端等加工余量。焊接时,对接焊缝沿焊缝长度方向每米留 0.7 mm;对接焊缝垂直于焊缝方向每个对口留 1 mm;角焊

缝每米留 0.5 mm。切割余量:自动气割割缝宽度为 3 mm,手工气割割缝宽度为 4 mm(与钢板厚度有关)。铣端余量:剪切后加工的一般每边加 3~4 mm,气割后加工的则每边加 4~5 mm。

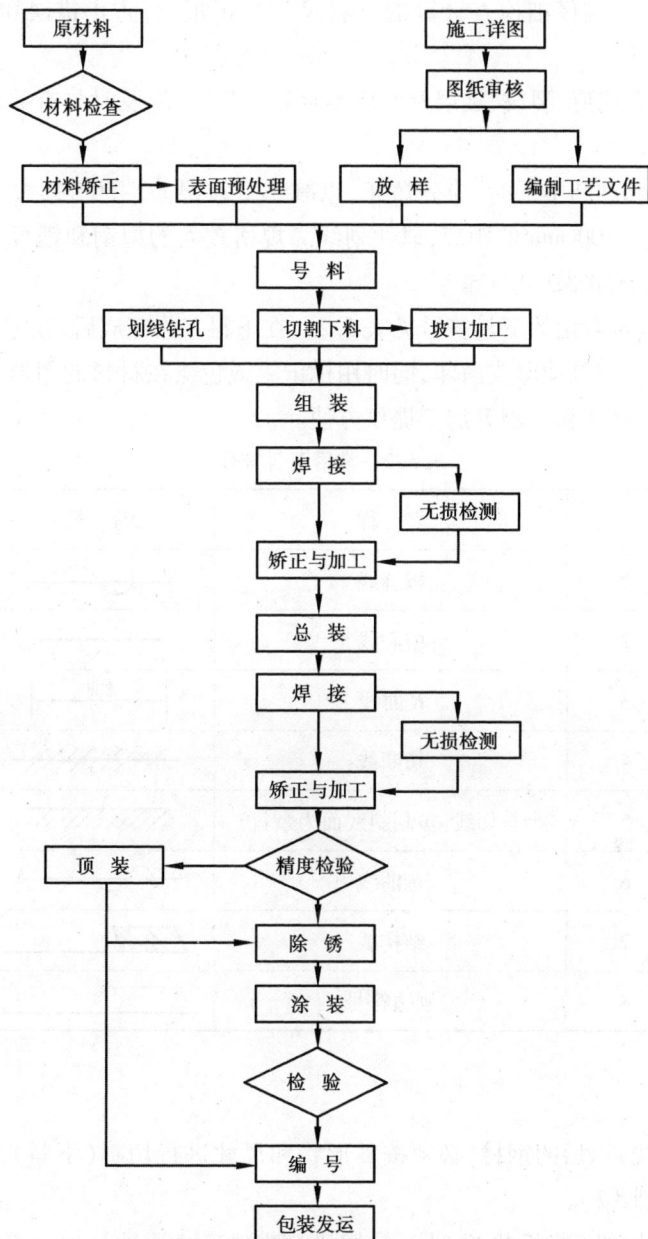

图 5.7 钢结构制作的工艺流程图

(2)下料

下料是根据施工图纸的几何尺寸、形状制成样板,利用样板或计算出的下料尺寸,直接在板料或型钢表面划出零构件形状的加工界线,采用剪切、冲裁、锯切、气割等操作的过程。

①下料准备:

a.准备好下料的各种工具,如各种量尺、手锤、中心冲、划规、划针和凿子及上面提到的剪、冲、锯、割等工具。

b.检查对照样板及计算好的尺寸是否符合图纸要求。如果按照图纸的几何尺寸直接在板料或型钢上下料时,应仔细检查计算的下料尺寸是否正确,防止错误和由于错误造成的废品。

c.发现材料上有疤痕、裂纹、夹层及厚度不足等缺陷时,应及时与有关部门联系,研究决定后再进行下料。

d.钢材有弯曲和凹凸不平时,应先矫正,以减小下料误差。材料摆放时,两型钢或板材边缘之间至少有 50~100 mm 的距离,以便划线。规格较大的型钢和钢板放、摆料要有吊车配合进行,可提高工效并保证安全。

②下料加工符号:常用的下料符号见表5.2。在下料工作完成后,在零件的加工线、拼缝线及孔的中心位置上应打冲印或凿印,同时用标记笔或色漆在材料的图形上注明加工内容,为后序工序的剪切、冲裁和气割等加工提供方便。

表5.2 常用下料符号

序 号	名 称	符 号
1	板缝线	
2	中心线	
3	R 曲线	R曲
4	切断线	
5	余料切线(被划斜线面为余料)	
6	弯曲线	
7	结构线	
8	刨边符号	

(3)切割

经过号料(划线)以后的钢材,必须按其形状和尺寸进行切割(下料),常用的切割方法有剪切、锯切和气割3种。

①剪切。用剪切机(剪板机或型钢剪切机)切割钢材是最简单和最方便的方法。厚度≤12 mm 的钢材可用压力剪切机切割,厚钢板(14~22 mm)则须在龙门剪切机上用特殊的刀刃切割。

②锯切。对于工字钢、H 型钢、槽钢、钢管和大号角钢等型钢,主要采用带齿圆盘锯和带锯等机械锯锯切。

③氧气切割又称火焰切割,它既能切成直线,也能切成曲线,还可以直接切出 V 形、X 形的焊缝坡口。氧气切割特别适用于厚钢板(≥25 mm)的切割工序。氧气切割分手工切割、

自动和半自动切割两种。

④切割的质量检验。

a. 主控项目：

钢材切割面或剪切面应无裂纹、夹渣、毛刺和分层。

检查数量：全数检查。

检验方法：观察或用放大镜及百分尺检查，有疑义时作渗透、磁粉或超声波探伤检查。

b. 一般项目：

● 气割的允许偏差应符合表5.3的规定。

检查数量：按切割面数抽查10%，且不少于3个。

检验方法：观察检查或用钢尺、塞尺检查。

表5.3　气割的允许偏差

项　目	允许偏差/mm
零件宽度、长度	±3.0
切割面平面度	$0.05t$，且不大于2.0
割纹深度	0.3
局部缺口深度	1.0

注：t为切割面厚度。

● 机械剪切的允许偏差应符合表5.4的规定。

检查数量：按切割面数抽查10%，且不应少于3个。

检验方法：观察检查或用钢尺、塞尺检查。

表5.4　机械剪切的允许偏差

项　目	允许偏差/mm
零件宽度、长度	±3.0
边缘缺棱	1.0
型钢端垂直度	2.0

(4)矫正和成型

①冷矫正和冷弯曲成型。在常温下采用机械矫正或自制夹具矫正即为冷矫正。当钢板和型钢需要弯曲成某一角度或圆弧时，在常温下采用机械方法进行弯曲即为冷弯曲成型。钢板、型钢可在专门的辊弯机上进行加工。

矫正的质量检验：矫正后的钢材表面不应有明显的凹面或损伤，划痕深度不得大于0.5 mm，且不应大于该钢材厚度允许负偏差的1/2。

检查数量：全数检查。

检验方法：观察检查和实测检查。

冷矫正和冷弯曲的最小曲率半径和最大弯曲矢高应符合表 5.5 的规定。

表 5.5　冷矫正和冷弯曲的最小曲率半径和最大弯曲矢高

钢材类别	图　例	对应轴	冷矫正	
			r	f
钢板扁钢	（钢板扁钢截面图）	$x—x$	$50t$	$\dfrac{l^2}{400t}$
		$y—y$（仅对扁钢轴线）	$100b$	$\dfrac{l^2}{800b}$
角钢	（角钢截面图）	$x—x$	$90b$	$\dfrac{l^2}{720b}$
槽钢	（槽钢截面图）	$x—x$	$50h$	$\dfrac{l^2}{400h}$
		$y—y$	$90b$	$\dfrac{l^2}{720b}$
工字钢	（工字钢截面图）	$x—x$	$50h$	$\dfrac{l^2}{400h}$
		$y—y$	$50b$	$\dfrac{l^2}{400b}$

注：r 为曲率半径；f 为弯曲矢高；l 为弯曲弦长；t 为钢板厚度；h 为型钢高度。

②热矫正和热加工成型(热弯曲)。

热矫正:当设备能力受到限制或钢材厚度较厚时,采用冷矫正有困难或达不到质量要求时,可采用热矫正。对碳素结构钢和低合金结构钢,在加热矫正时,加热温度应为 700 ~ 800 ℃,最高温度严禁超过900 ℃,最低温度不得低于600 ℃。

热加工成型:当零件采用热加工成型时,加热温度应控制在 900 ~ 1 000 ℃,也可控制在 1 100 ~ 1 300 ℃;碳素结构钢和低合金结构钢在温度分别下降到 700 ℃ 和800 ℃ 前,应结束加工;低合金结构钢应自然冷却。

矫正的质量检验:钢材矫正后的允许偏差应符合表 5.6 的规定。

检查数量:按矫正件数抽查 10%,且不应少于 3 个。

检验方法:观察检查和实测检查。

(5)边缘加工

通常情况下,对气割或机械剪切的零件并不需要进行机械切削加工;对直接承受动力荷载的剪切外露边缘,则需要进行边缘加工,其刨削量应不小于 2.0 mm。边缘加工有刨边、铣边和铲边 3 种方法。

表 5.6 钢材矫正后的允许偏差

项 目		允许偏差/mm	图 例
钢板的局部平面度	$t \leqslant 6$	3.0	
	$6 < t \leqslant 14$	1.5	
	$t > 14$	1.0	
型钢弯曲矢高		$l/1\ 000$ 且不大于 5.0	
角钢肢的垂直度		$b/100$ 双肢栓接角钢的角度不得大于 90°	
槽钢翼缘对腹板的垂直度		$b/80$	
工字钢、H 型钢翼缘对腹板的垂直度		$b/100$ 且不大于 2.0	

注:t 为构件厚度,b 为构件宽度,h 为构件高度,l 为构件长度。

①刨边。刨边是在刨床上或大型龙门刨边机上进行,费工费时,成本较高,因此一般尽量避免采用。

②铣边。铣边是在铣边机床上进行,其光洁度比刨边的要差一些。

③铲边。铲边是用风铲进行。风铲是利用高压空气作为动力的风动机具。其优点是设备简单、使用方便、成本低;缺点是噪声大、劳动强度高、加工质量差。

焊接坡口加工宜采用自动切割、半自动切割、坡口机、刨边等方法进行。

边缘加工的质量检验:边缘加工允许偏差应符合表 5.7 的规定。

检查数量:按加工面数抽查 10%,且不应少于 3 个。

检验方法:观察检查和实测检查。

(6)制孔

①制孔的方法。制孔是钢结构制作中的重要工序,制作的方法有冲孔和钻孔两种。冲孔在冲孔机上进行,一般只能冲较薄的钢板。冲孔的原理是剪切,孔壁周围的钢材将产生冷

作硬化现象,因此在工程中很少使用。钻孔是在钻床上进行,可以钻任何厚度的钢材。钻孔的原理是切削,因此孔壁损伤较小,质量较高。

表 5.7 边缘加工的允许偏差

项 目	允许偏差/mm
零件宽度、长度	±1.0
加工边直线度	$l/3\,000$,且不大于 2.0
加工面垂直度	$0.025t$,且不大于 0.5
加工面表面粗糙度	$Ra \leqslant 50\ \mu m$

注:l 为加工边长度,t 为加工边厚度。

制孔时应按下列规定进行:

a.宜采用下列制孔方法:使用多轴立式钻床或数控机床等制孔;同类孔径较多时,采用模板制孔;小批量生产的孔,采用样板划线制孔;精度要求较高时,整体构件采用成品制孔。

b.制孔过程中,孔壁应保持与构件表面垂直。

c.孔周围的毛刺、飞边应用砂轮等清除。

②制孔的质量检验。

a.主控项目:

A、B 级螺栓孔(Ⅰ类孔)应具有 H12 的精度,孔壁表面粗糙度 Ra 不应大于 12.5 μm。其孔径的允许偏差应符合表 5.8 的规定;C 级螺栓孔(Ⅱ类孔),孔壁表面粗糙度 Ra 不应大于 25 μm,其允许偏差应符合表 5.9 的规定。

表 5.8 A、B 级螺栓孔径的允许偏差　　　　　　　单位:mm

序 号	螺栓公称直径、螺栓孔直径	螺栓公称直径允许偏差	螺栓孔直径允许偏差
1	10 ~ 18	0.00 − 0.18	+ 0.18 0.00
2	18 ~ 30	0.00 − 0.21	+ 0.21 0.00
3	30 ~ 50	0.00 − 0.25	+ 0.25 0.00

表 5.9 C 级螺栓孔的允许偏差

项 目	允许偏差/mm
直 径	+ 1.0 0.0
圆 度	2.0
垂直度	$0.03t$,且不大于 2.0

检查数量:按钢构件数量抽查 10%,且不应少于 3 件。

检验方法:用游标卡尺或孔径量规检查。

b. 一般项目:

螺栓孔孔距的允许偏差应符合表 5.10 的规定。

检查数量:按钢构件数量抽查 10%,且不应少于 3 件。

检验方法:用钢尺检查。

表 5.10 **螺栓孔孔距允许偏差** 单位:mm

螺栓孔孔距范围	≤500	501～1 200	1 201～3 000	>3 000
同一组内任意两孔间距离	±1.0	±1.5	—	—
相邻两组的端孔间距离	±1.5	±2.0	±2.5	±3.0

注:①在节点中连接板与一根杆件相连的所有螺栓孔为一组;
②对接接头在拼接板一侧的螺栓孔为一组;
③在两相邻节点或接头间的螺栓孔为一组,但不包括上述两款所规定的螺栓孔;
④受弯构件翼缘上的连接螺栓孔,每 1 m 长度范围内的螺栓孔为一组。

螺栓孔孔距的偏差超过表 5.10 规定的允许偏差时,应采用与母材材质相匹配的焊条补焊后重新制孔。

检查数量:全数检查。

检验方法:观察检查。

(7)构件组装

组装就是将已加工好的零件按照施工图纸的要求拼装成构件。钢结构构件组装应符合下列规定:

①组装应按制作工艺规定的顺序进行。

②组装前应对零件进行严格检查,填写实测记录,制作必要的模胎。

③组装平台的模板应平整、牢固,并具有一定的刚度,以保证构件组装的精度。

④焊接结构组装时,要求用螺丝夹和卡具等夹紧固定,然后点焊。点焊部位应在焊缝部位之内,点焊焊缝的焊脚尺寸不应超过设计焊脚尺寸的 2/3。

⑤应考虑预放焊接收缩量及其他各种加工余量。

⑥应根据结构形式、焊接方法、焊接顺序确定合理的焊缝组装顺序,一般宜先主要零件,后次要零件,先中间后两端,先横向后纵向,先内部后外部,以减少焊接变形。

⑦当有隐蔽焊缝时,必须先行施焊,并经质检部门确认合格后方可覆盖。当有复杂装配部件不易施焊时,亦可采用边组装边施焊的方法来完成其组装工作。

⑧当采用夹具组装时,拆除夹具时不得用锤击落,应采用气割切除,对残留的焊疤、熔渣等应修磨平整。

⑨对需要顶紧接触的零件,应经刨或铣加工。如吊车梁的加劲肋与上翼缘顶紧等,应用 0.3 mm 的塞尺检查,塞尺面积应小于 25%,说明顶紧接触面积已达到 75% 的要求。

⑩对重要的安装接头和工地拼接接头,应在工厂进行试拼装。

⑪组装出首批构件后,必须由质检部门进行全面检查,检查合格后方可进行批量组装。

(8)构件焊接

钢结构制作常用的焊接方法有手工电弧焊、埋弧焊、气体保护焊、电渣焊、栓钉焊等。

主要连接处的焊接,对于短连接主要采用 CO_2 气体保护焊焊接,柱以及梁等长连接采用自动埋弧焊,或者采用 CO_2 碳气体保护焊自动焊接。另外,箱形柱的加劲板以及梁柱节点的一部分也可以采用电渣焊或者电气焊。

焊接 H 型钢翼缘板与腹板的纵向长焊缝在工厂内多采用船形焊的焊接工艺,在进行船形焊时,焊丝在垂直位置,工件倾斜,熔池处于水平位置,焊缝成形较好,不易产生咬边或熔池满溢现象,根据工件的倾斜角度可控制腹板和翼板的焊脚尺寸,要求焊脚相等时,腹板和翼板与水平面呈45°。

船形焊对装配间隙要求较严,若间隙大于 1.5 mm,易出现烧穿或焊漏现象,为防止这些缺陷,除严格控制装配间隙外,可采用如图 5.8 所示的防漏措施。

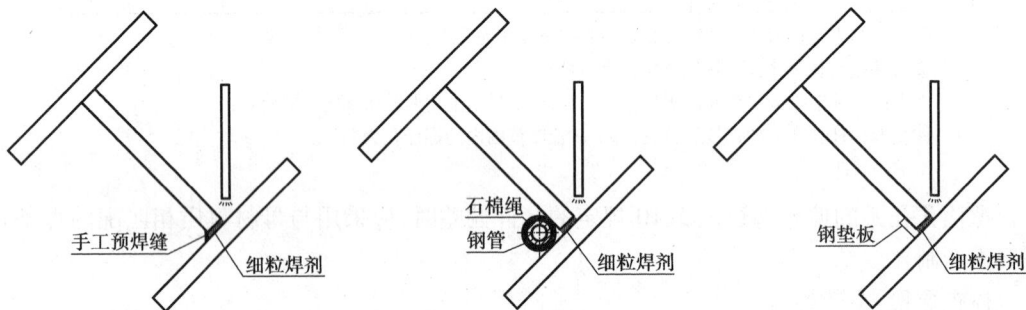

图 5.8　船形焊的防漏措施

(9)构件铣端和钻安装孔

①构件铣端。对受力较大的柱或支座底板,宜进行端部铣平,使所传力由承压面直接传递给底板,以减小连接焊缝的焊脚尺寸,其工序应在矫正合格后进行。应根据构件的形式采取必要的措施,保证铣平端面与轴线垂直。

②钻安装孔。钻安装孔一般是在构件焊好以后进行,以保证有较高的精确度。

(10)涂装

此部分内容将在"5.1.3 钢结构的涂装"中详述。

(11)验收

按《钢结构工程施工规范》(GB 50755—2012)进行验收。

5.1.3　钢结构的涂装

钢结构的腐蚀是不可避免的自然现象,如何延长钢结构的使用寿命和防止钢结构过早腐蚀,是设计、施工和使用单位的共同目标。

钢结构的涂装包括防腐涂料和防火涂料涂装两大类。钢结构的涂装工程可按钢结构制作或钢结构安装工程检验批的划分原则划分成一个或若干个检验批。钢结构的防腐涂料涂装工程应在钢结构构件组装、预拼装或钢结构安装工程检验批的施工质量验收合格后进行。钢结构防火涂料涂装工程应在钢结构安装工程检验批和钢结构防腐涂料涂装检验批的施工质量验收合格后进行。涂装时的环境温度和相对湿度应符合涂料产品说明书的要求,当产品说明书无要求时,环境温度宜为 5～38 ℃,相对湿度不应大于85%。涂装时构件表面不应有结露;涂装后 4 h 内应保护不受雨淋,以免漆膜尚未固化而遭破坏。钢结构表面的除锈质量是影响涂层保护寿命的主要因素。

钢结构的除锈、涂装施工应编制施工工艺,其内容应包括除锈方法、除锈等级、涂料种类、配制方法、涂装顺序(底漆、中间漆、面漆)和方法、安全防护、检验方法等并作施工记录及检验记录。

1) 钢结构防腐涂料涂装

防腐涂料涂装工艺流程:基面处理→表面除锈→底漆涂装→面漆涂装→检查验收。

(1) 基面处理

①钢材表面的毛刺、飞边、焊缝药皮、焊瘤、焊接飞溅物、积垢、灰尘等在涂刷油漆前应采取适当的方法清理干净。

②钢材表面的油脂、污垢等应采用热碱液或有机溶剂进行清洗。清洗的方法有槽内浸洗法、擦洗法、喷射清洗和蒸汽法等。

(2) 表面除锈

钢构件表面除锈根据设计要求不同可采用手工和动力工具除锈、喷射或抛射除锈、火焰除锈等方法。

①手工和动力工具除锈,以字母"St"表示,分两个级别。

a. St2:彻底的手工和动力工具除锈,钢材表面应无可见的油污,并且没有附着不牢的氧化皮、锈蚀和油漆涂层等附着物。

b. St3:非常彻底的手工和动力工具除锈,钢材表面应与 St2 相同,除锈应更加彻底,底层显露部分表面应具有可见金属光泽。

除锈所用工具有砂布、铲刀、刮刀、手动或动力钢丝刷、动力砂纸盘或砂轮等。其特点是工具简单、操作方便、费用低、劳动强度大、效率低、质量差,只能满足一般的涂装要求,如混凝土预埋件、小型构件等次要结构的除锈。

②喷射或抛射除锈,以字母"Sa"表示,分 4 个级别。

a. Sa1:轻度的喷射或抛射除锈,钢材表面应无可见的油脂和污垢,并且没有附着不牢的氧化皮、铁锈和油漆涂层等附着物。仅适用于新轧制钢材。

b. Sa2:彻底的喷射或抛射除锈,钢材表面无可见的油脂和污垢,并且氧化皮、铁锈和油漆涂层等附着物已基本清除,其残留物应是牢固附着的,部分表面呈现出金属色泽。

c. Sa2.5:非常彻底的喷射或抛射除锈,钢材表面无可见的油脂、污垢、氧化皮、铁锈和油漆涂层等附着物,任何残留的痕迹仅是点状或条纹状的轻微色斑,大部分表面呈现出金属色泽。

d. Sa3:使钢材表面洁净的喷射或抛射除锈,钢材表面无可见的油脂、污垢、氧化皮、铁锈和油漆涂层等附着物,表面应显示均匀的金属色泽。

③火焰除锈,以字母"FI"表示,是利用氧乙炔焰及喷嘴给钢材加热,在加热和冷却过程中使氧化皮、锈层或旧涂层爆裂,再利用工具清除加热后的附着物。仅适用于厚钢材组成的构件除锈,在除锈过程中应控制火焰温度(约 200 ℃)和移动速度(2.5~3 m/min),以防止构件因受热不均而变形。火焰除锈的钢材表面应无氧化皮、铁锈和油漆涂层等附着物,任何残留痕迹应仅为表面变色(不同颜色的暗影)。分 4 种状况,即 AFI、BFI、CFI 和 DFI。

(3) 涂料涂装

①涂装工作应在除锈等级检查合格后,在要求的时限内(一般不应超过 6 h)进行涂装,

有返锈现象时应重新除锈。

②常用涂料的施工方法。

a.刷涂法:适用于各种形状及大小面积的涂装。

b.手工滚涂法:适用于大面积物体的涂装。

c.浸涂法:适用于构造复杂的结构构件。

d.空气喷涂法:适用于各种大型构件及设备和管道。

e.雾气喷涂法:适用于各种大型钢结构、桥梁、管道、车辆、船舶等。

③涂料涂层一般应由底漆、中间漆及面漆组成,选择涂料时应考虑漆与除锈等级的匹配,以及底漆与面漆的匹配组合。施工前应对涂料的名称、型号、颜色、有效期等进行检查,合格后方可投入使用。涂料开桶前,应充分摇晃均匀。

④涂刷遍数和涂层厚度应符合设计要求。涂装时间间隔应按产品说明书的要求确定。对一般涂装要求的构件,采用手工及动力工具除锈时,可涂装2底2面。对涂装要求较高的构件,采用喷射除锈时,宜涂装2遍底漆、1或2遍中间漆、2遍面漆;涂层干漆膜总厚度应满足质量验收标准的要求。

⑤在雨、雾、雪和较大灰尘的环境下,施工时必须采取适当的防护措施,不得户外施工。

⑥在设计图中注明不涂装和工艺要求禁止涂装的部位,为防止误涂,涂装前应采取有效防护措施进行保护,如高强度螺栓连接结合面、地脚螺栓和底板等不得涂装;安装焊接部位应预留30~50 mm暂不涂装,待安装完成后补涂。

⑦涂装完成后,应进行自检和专业检并做好施工记录。当涂层有缺陷时,应分析其原因,制订措施及时修补,修补的方法和要求一般和正式涂层部分相同。检查合格后,应在构件上标注原编号以及各种定位标记。

2)钢结构防火涂料涂装

钢结构防火涂料涂装工程应由经消防部门批准的专业施工队伍负责施工。防火涂料涂装工程施工前,钢结构工程已检查验收合格、防锈漆涂装已检查验收合格,并符合设计要求。

防火涂料涂装工艺流程与防腐涂料涂装工艺流程类似,只是所用材料和要求有所不同,现分述如下。

(1)材料

钢结构防火涂料的选用应符合耐火等级和耐火极限的设计要求,并应符合现行国家标准《钢结构防火涂料》(GB 14907—2018)的规定。钢结构防火涂料的分类如下:

①按火灾防护对象分为:

a.普通钢结构防火涂料:用于普通工业与民用建(构)筑物钢结构表面的防火涂料。

b.特种钢结构防火涂料:用于特殊建(构)筑物(如石油化工设施、变配电站等)钢结构表面的防火涂料。

②按使用场所分为:

a.室内钢结构防火涂料:用于建筑物室内或隐蔽工程的钢结构表面的防火涂料。

b.室外钢结构防火涂料:用于建筑物室外或露天工程的钢结构表面的防火涂料。

③按分散介质分为:

a.水基性钢结构防火涂料:以水作为分散介质的钢结构防火涂料。

b.溶剂性钢结构防火涂料:以有机溶剂作为分散介质的钢结构防火涂料。

④按防火机理分为:

a.膨胀型钢结构防火涂料:涂层在高温时膨胀发泡,形成耐火隔热保护层的钢结构防火涂料。

b.非膨胀型钢结构防火涂料:涂层在高温时不膨胀发泡,其自身成为耐火隔热保护层的钢结构防火涂料。

(2)要求

①所选防火涂料应符合国家现行有关技术标准的规定,应具有产品出厂合格证,并经消防部门批准。

②喷涂防火涂料前除锈工序已完成,并进行1或2遍底漆涂装,底漆成分性能不应与防火涂料产生化学反应,也就是说,底层涂料和面层涂料应相互配套,底层涂料不得腐蚀钢材。

③当防火涂料同时具有防锈功能时,可喷射除锈后直接喷涂防火涂料,涂料不得对钢材有腐蚀作用。

④防火涂层的厚度应符合设计要求,操作人员应用测厚仪随时检测涂层厚度,其最终厚度应符合有关耐火极限的设计要求。

⑤不得将饰面型防火涂料(适用于木结构)用于钢结构的防火保护。

5.1.4 成品及半成品的管理

项目经理部应对成品及半成品进行管理,应明确责任部门和落实责任人,明确岗位职责,对进出施工现场的货物进行管理。

①进入施工现场的成品、半成品、构配件、工程设备等必须按规定进行检验和验收,未经检验和检验不合格的不得投入使用,并应建立台账。

②搬运和储存应按搬运储存的有关规定进行。

③除应满足材料管理的要求外,钢结构构件的成品防护尚应满足以下要求:

a.堆放场地平整,具有良好的排水系统。

b.堆放场地应铺设细石,防止泥土粘到构件上。

c.最下一层构件应至少离地300 mm。

d.构件的堆放高度不应大于5层,每层构件摆放的枕木应尽量放置在同一垂直面上,以防止构件变形或倒塌。

e.对于有预起拱的构件,其堆放时应使起拱方向朝下。

f.对于有涂装的构件,在搬运、堆放时应注意防止磕碰,防止在地面上拖拉造成涂层损坏,也不得在构件上行走或踩踏,以免破坏涂装质量。

g.钢结构涂装前,应对其他半成品做好遮蔽保护,防止污染;涂装后应进行临时围护隔离,防止踩踏,损伤涂层。

h.钢结构涂装后,在4 h之内如遇大风或下雨时,应加以覆盖,防止沾染灰尘水汽,避免影响涂层的附着力。

i.涂装后的钢构件勿接触酸类液体,防止咬伤涂层。

j.建筑产品或半成品应采取有效措施("护""包""盖""封")妥善保护。

5.1.5 钢结构的运输方式、装卸要求

1) 运输要求

钢结构的运输方式主要是公路运输和铁路运输,因此结构构件的最大轮廓尺寸应不超过公路或铁路运输许可的限界尺寸。构件的质量应根据起重设备和运输设备所能承受的能力确定。一般构件的质量不宜超过 15 t,最大的构件质量不宜超过 40 t。

构件需要利用公路运输时,其外形尺寸应考虑公路沿线的路面至桥涵和隧道的净空尺寸,在一般情况下,其净空尺寸:对高速公路,一、二级公路,为 5.0 m;对三、四级公路,为 4.5 m。

钢结构从工厂运输到现场,应根据现场总调度的安排,按照吊装顺序一次运输到安装使用位置,以避免二次倒运。

超长、超宽构件的运输,在制作之前应向交通部门办理超限货物运输手续;运输时,应安排在夜间,并在运输车前后设引路车和护卫车,以保证运输安全。

2) 装卸要求

钢结构的装卸应按操作规程作业,构件要轻拿轻放,禁止抛掷。

结构吊装时,应按吊装顺序配套进行,并应采取适当措施,防止构件产生过大的弯曲变形,同时应将绳扣与构件的接触部位加垫块垫好,以防划伤构件。

钢构件堆放应安全、平稳、牢固,吊具应传力可靠;防滑车、溜车,确保作业安全。

5.1.6 钢结构制作案例

【案例一】 焊接 H 型钢梁、钢柱制作

1) 制作工艺流程

原材料检验→放样、号料→下料(气割)→零件矫正、除锈→刨边→清理坡口油锈→钢板拼接→焊接→超声波探伤检测→矫平→H 型部件拼装→船位焊接→焊缝检查→翼缘矫正→检验→节点板焊接及检验→预拼装与检验 →油漆→成品运输。

2) 施工方法及主要技术措施与质量要求

(1) 材料验收

所有主辅材必须向评定合格的大中型国有企业订购。材料进厂后严格按质保手册要求履行验收程序,要求所有主辅材均应有相应的质量证明文件,且数据与相应的国家标准相符,才能投入使用。

(2) 矫正、放样、下料

① 矫正。钢板局部不平度 $\delta \leqslant 14$ mm 时,超过宽度的 1.5/1 000 的;$\delta > 14$ mm 时,超过宽度的 1/1 000 的,放样前必须进行矫正。

② 放样。

a. 翼板和腹板如因材料长度限制允许横向拼接,但不允许纵向拼接,且翼板拼缝和腹板拼缝及加筋板三者组装时应错开 200 mm 以上。

b. 放样时长度预留 40 mm 作为焊接收缩和长度修割量,腹板宽度留 2 mm 焊接收

缩余量。

③下料。

a. 翼板、腹板采用半自动切割机下料,下料设备为 CG-30 双头半自动切割机。其余尽可能采用 Q12Y-20×4 000 mm 剪板机下料。

b. 构件下料后长度和宽度偏差控制在 ±3 mm 内,边缘需加工处留刨削余量不小于 2 mm。

c. 要求在刨边的有效尺寸两端打孔,作为刨削基准。

气割和机械剪切的允许偏差见表 5.3 和表 5.4。

(3)刨边

拼接焊缝按要求刨制坡口,坡口粗糙度 Ra 不得大于 25 μm,刨边设备采用 9 m 刨边机。

(4)翼板和腹板的焊接及检验

a. 腹板、翼板拼接焊接采用手工电弧焊打底加双面埋弧自动焊。

b. 焊前焊接材料必须按规范要求烘烤后才准使用。焊接操作人员必须持相应位置焊接合格证。焊接端头必须加引灭弧板,焊接参数必须符合企业工艺评定要求。

拼板焊接质量按《钢结构工程施工质量验收标准》(GB 50205—2020)一级焊缝进行外观检验和超声波探伤。

(5)H 型钢梁组装

直梁在 HZZ1500H 型钢自动组立机上进行。组装质量要求:腹板对翼板中心偏移小于 2 mm;翼板对腹板的垂直度偏差小于 2 mm。

(6)H 型钢梁组装焊接

梁的 T 形焊缝和焊接在工装上对称船形位置施焊,为防止弯曲,4 条主焊缝的焊接按交叉顺序进行,焊脚尺寸按不小于 0.8 倍腹板厚度进行控制;直梁焊接设备采用埋弧自动焊焊接,焊接参数参照企业的焊接工艺评定制定。

焊接操作由持相应资格证的焊工进行施焊。焊后按《钢结构工程施工质量验收标准》(GB 50205—2020)三级焊缝要求进行外观检验。

H 型钢 T 形焊缝焊完后,必须进行翼板垂直度、腹板不平度以及构件扭曲度和弯曲度等几何形状检验。其偏差应符合表 5.11 的要求,否则在 YJ40 型 H 翼缘矫正机上进行矫正。

表 5.11 焊接 H 型钢组装尺寸的允许偏差　　　　　　　　　　单位:mm

项　　目		允许偏差	图　　例
截面高度 h	$h < 500$	±2.0	
	$500 \leq h \leq 1\ 000$	±3.0	
	$h > 1\ 000$	±4.0	
截面宽度 b		±3.0	

续表

项　目		允许偏差	图　例
腹板中心偏移 e		2.0	
翼缘板垂直度 Δ		$b/100$,且不大于 3.0	
弯曲矢高		$l/1\ 000$,且不大于 10.0	—
扭曲		$h/250$,且不大于 5.0	—
腹板局部平面度 f	$t\leq6$	4.0	
	$6<t<14$	3.0	
	$t\geq14$	2.0	

注:l 为 H 型钢长度。

（7）梁柱连接节点板的焊接

为减少焊接变形,梁上的连接节点构件采用半自动 CO_2 气体保护焊焊接。焊接完毕后修割梁柱总长度,放长度修割线时需在钢卷尺上加 150 N 的拉力计,拉力统一为 100 N,以防拉线误差,并预留切割收缩量和柱脚板焊接收缩量。切割后,在柱脚端和梁两端翼缘及腹板上铲出焊接坡口与连接板焊接,质量按《钢结构工程施工质量验收标准》（GB 50205—2020）二级焊缝进行外观检验和超声波探伤。

其余加劲板与梁、柱焊接质量按《钢结构工程施工质量验收标准》（GB 50205—2020）三级焊缝进行外观检验。

（8）梁总体检验和油漆

梁柱制作完毕后进行焊接质量、几何形状和几何尺寸（见表 5.12 和表 5.13）的总体检验和评定,不合格者重新矫正返修,符合要求者喷砂除锈并涂刷油漆后等待出厂,油漆按要求涂刷。涂装前钢材表面除锈等级应符合 Sa2.5 的要求。涂装质量要求漆膜均匀,色泽、纹理一致,吸附力强,无起皮、气泡、针孔流坠等缺陷,漆膜厚度达到要求。涂装时的环境温度和相对湿度应符合涂料产品说明书的要求,当产品说明书无要求时,环境温度宜为 5 ~ 38 ℃,相对湿度不应大于 85%。涂装时构件表面不应有结露,涂装后 4 h 内应保证不受雨淋。安装焊缝 30 ~ 50 mm 宽的范围均不应涂刷。

表 5.12　梁形状允许偏差

序　号	项　目		允许偏差/mm
1	长度		±2
2	截面高度		±2
3	弯　曲	纵　弯	±L/5 000
		侧　弯	L/2 000≤10
4	翼板对腹板的垂直度		B/100 且≤3
5	腹板局部平面度		1 m 内≤5
6	梁两端连接板平面度		长度方向≤1
7	扭　曲		H/250 且≤5

注:B,H,L 分别是 H 型钢的截面宽度、高度和长度。

表 5.13　柱形状允许偏差

序　号	项　目	允许偏差/mm
1	长　度	±3
2	截面高度	±2
3	弯　曲	L/1 200≤10
4	扭　曲	H/250 且≤8
5	翼板对腹板的垂直度	B/100 且≤3
6	腹板局部平面度	1 m 内≤5
7	梁两端连接板平面度	≤1
8	柱脚板与柱身垂直度	L/1 500
9	柱脚板不平度	≤3

注:B,H,L 分别是 H 型钢的截面宽度、高度和长度。

【案例二】　钢吊车梁制作

钢结构工程中吊车梁是主要受力构件,在制作中的质量要求比梁柱要求高,因此对吊车梁的制作及安装要编写制作方案。

1)制作工艺流程

原材料矫正→放样、号料→下料(气割和剪切)→零件矫平除渣→刨边、钻孔→半成品堆放,清理坡口油锈→钢板拼接→焊接→超声波探伤→矫平→拼装→船位焊接→焊缝检查→T形接头超声波探伤→翼缘板矫正→梁总组装→焊接→焊缝检查→矫正→成品钻孔→检查几何尺寸→除锈→油漆→成品出厂。

2）施工操作方法

（1）下料

①下料时，要求绘制排版图。上下翼缘板应避免在1/3跨中处。上下翼缘板及腹板应相互错开200 mm以上，与加劲板的位置亦应错开200 mm以上。

②下料时，须根据不同情况考虑留有加工余量和焊接收缩余量。吊车梁两端支承板（刀板）在刨平下端时，亦应留有加工余量和焊接收缩余量。

③吊车梁的上、下翼缘板的下料切割，必须采用自动或半自动切割机切割，切割边必须整齐。为保证切割边能连续切割，应采用双瓶供氧气切割工艺。

④钢吊车梁承受荷载较大，梁腹板下料拼接时应考虑略有起拱。

（2）组装

①组装前接料工作必须进行完毕，并应经无损检测合格。

②实腹梁的工形拼装，可采用马凳和活动夹具，用小型千斤顶调位找正。

③梁加劲肋板条必须预先校直后再组装，当装配有缝隙时，用活动夹具和千斤顶顶紧，再进行定位焊。

④吊车梁本体不得任意焊接临时支撑件，在吊车梁拼装后，需用拉杆和顶丝组成卡箍来定位。

⑤吊车梁两端的支承刀板必须保证在大梁焊接完且立直时与牛腿支承面垂直。

（3）焊接

①吊车梁的钢板对接拼接口，按焊接标准开坡口焊接。拼板焊接质量按《钢结构工程施工质量验收标准》（GB 50205—2020）一级焊缝进行外观检验和超声波探伤。上"T"焊缝按《钢结构工程施工质量验收标准》（GB 50205—2020）二级焊缝进行外观检验和超声波探伤，其余按三级焊缝进行外观检验。

②梁下翼缘板的对接焊缝焊完后应磨平，要求余高小于+1 mm。梁上、下翼缘板对接焊口的两端切掉引弧板需修平。

③吊车梁的上弦T形接头焊缝，必须按焊接工艺焊透。

④为防止吊车梁焊接引起焊接变形，应按一定的顺序施焊。

⑤吊车梁中间加劲肋板连接的贴角焊缝，应呈凹弧形与母材平滑过渡，不应有咬边和弧坑。焊缝末端应避免起灭弧，并须用围焊等措施避免弧坑。

（4）质量要求

钢吊车梁制作允许偏差和检验方法见表5.14。

表5.14 钢吊车梁制作允许偏差和检验方法

序　号	项　　目		允许偏差/mm	检验方法
1	梁跨度	端部刀板封头	−5	用钢尺检查
		其他形式	±L/2 500且≤10	用钢尺检查
2	腹板局部平直度	δ≤14 mm	5	用1 m直尺和塞尺检查
		δ>14 mm	4	
3	端部高度		±2	用钢尺检查

序　号	项　　目	允许偏差/mm	检验方法
4	两端最外侧安装孔距离	±3	用钢尺检查
5	起拱度	不得下挠	用拉线和钢尺检查
6	侧弯矢高	$L/2\,000$ 且≤10	用拉线和钢尺检查
7	扭　曲	$H/250$ 且≤10	用拉线、吊线和钢尺检查
8	翼缘板倾斜度	$B/100$ 且≤3	用直角尺和钢尺检查
9	上翼缘板与轨道接触面平直度	1	用 1 m 直尺、200 mm 直尺和塞尺检查
10	腹板中心偏移	2	用钢尺检查
11	翼缘板宽度	±3	用钢尺检查

注:B,H,L 分别是 H 型钢的截面宽度、高度和长度。

子项 5.2　钢管相贯线切割和球节点制作

5.2.1　相贯线

两立体相交的表面交线称为相贯线。其特点是相贯线上的点为立体相交两表面的共有点,相贯线为立体两表面的共有线。

在网架结构工程中,其基本连接是钢管与节点连接(图 5.9)、钢管与钢管连接(图 5.10)、桁架连接(图 5.11)、钢管与球形节点连接(图 5.12),其连接面是一条空间曲线,这条曲线就是相贯线。

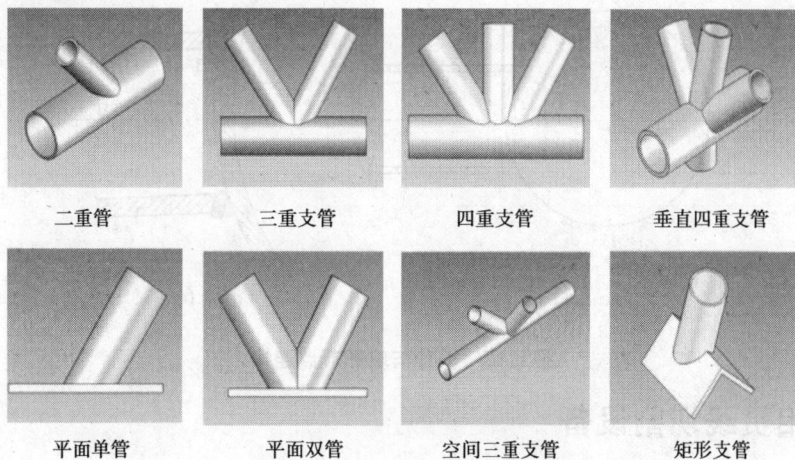

二重管	三重支管	四重支管	垂直四重支管
平面单管	平面双管	空间三重支管	矩形支管

图 5.9　钢管与节点连接

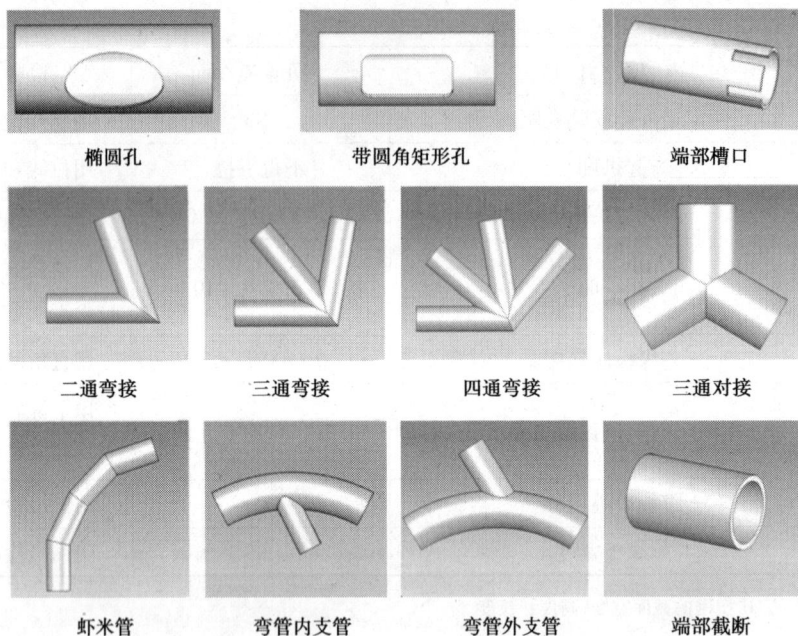

椭圆孔	带圆角矩形孔	端部槽口

二通弯接	三通弯接	四通弯接	三通对接

虾米管	弯管内支管	弯管外支管	端部截断

图 5.10　钢管与钢管连接

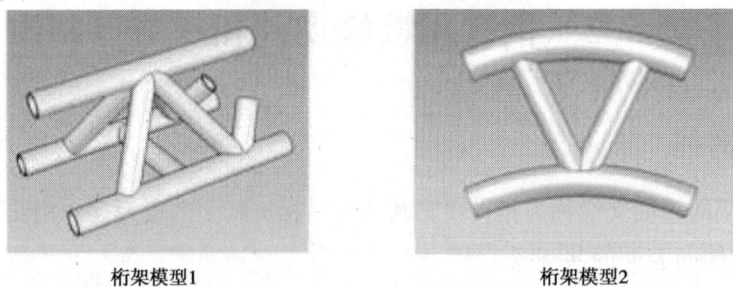

桁架模型1	桁架模型2

图 5.11　桁架连接

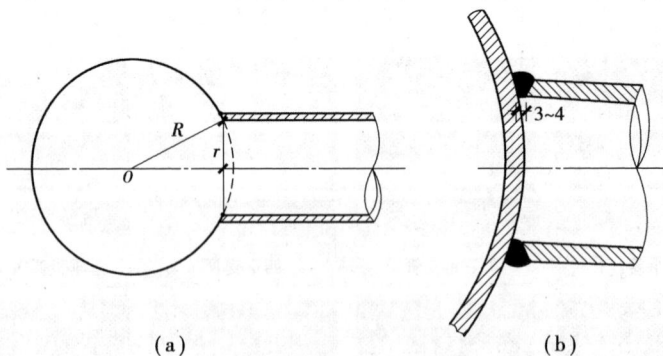

（a）　　　　　　　　　　（b）

图 5.12　钢管与球形节点连接

5.2.2　相贯线切割设备

所谓相贯线切割,单指对钢管及各种环形材料结合处相贯线孔、相贯线端部、弯头(虾米节)进行自动计算和切割的设备,主要适用于各类管网结构领域,如建筑、化工、造船、机械工程、冶金、电力等。相比平面坡口切割设备,相贯线切割由于需要考虑待加工管网结构形式及多面坡口切割需要,设备可按设计轴和联动轴分为三轴两联动、四轴三联动、五轴四联动、六轴五联动和九轴五联动等多种规格型号,常用设备是数控相贯线切割机,分为数控火焰相贯线切割机(图5.13)和数控等离子相贯线切割机(图5.14)两类。

图 5.13　数控火焰相贯线切割机　　　　图 5.14　数控等离子相贯线切割机

数控相贯线切割机从功能上是将制作样板、划线、人工放样、手工切割、人工打磨等繁复操作工艺综合,无须操作者计算、编程,只需输入管道相贯系统的管子半径、相交角度等参数,机器就能自动切割出管子的相贯线、相贯线孔以及焊接坡口。数控相贯线切割机采用数字化控制,各种机型在切割加工时实现控制轴联运,具有切割各种相贯线、相贯孔功能,切割定角坡口、定点坡口、变角坡口功能以及管子不圆度和偏心补偿功能。

5.2.3　管球加工

管球加工是钢网架制作的基础,网架结构零部件使用的钢材、连接材料(包括焊接材料、普通螺栓、高强度螺栓等)和涂装材料必须符合有关规定的要求。

1)焊接空心球与杆件制作

焊接空心球节点主要由空心球、钢管杆件、连接套管等零件组成。空心球制作工艺流程为:下料→加热→冲压→切边坡口→拼装→焊接→检验。

①半球圆形坯料钢板应用乙炔氧气或等离子切割下料。下料后坯料直径允许偏差2.0 mm,钢板厚度允许偏差 ±0.5 mm。坯料锻压的加热温度应控制在900~1 100 ℃。半球成型,其坯料须在固定锻模具上热挤压成半个球形,半球表面应光滑平整,不应有局部凸起或折皱,壁减薄量不大于1.5 mm。

②毛坯半圆球可用普通车床切边坡口,坡口角度为22.5°~30°。不加肋空心球两个半球对装时,中间应余留2.0 mm缝隙,以保证焊透(图5.15)。焊接成品的空心球,直径的允许偏差:当球直径≤300 mm 时为 ±1.5 mm,直径 >300 mm 时为 ±2.5 mm;圆度,当直径≤300 mm,应小于2.0 mm;对口错边量允许偏差应小于1.0 mm。

③加肋空心球的肋板位置,应在两个半球的拼接环形缝平面处(图5.16)。加肋钢板应

用乙炔氧气切割下料,外径应留有加工余量,其内孔以 $D/3 \sim D/2$ 割孔。板厚宜不加工,下料后应用车床加工成形,直径偏差 -1.0 mm。

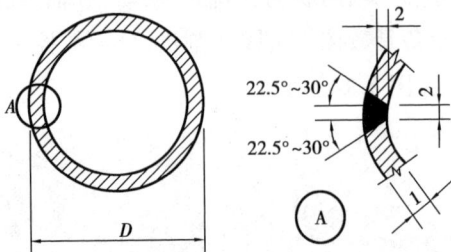

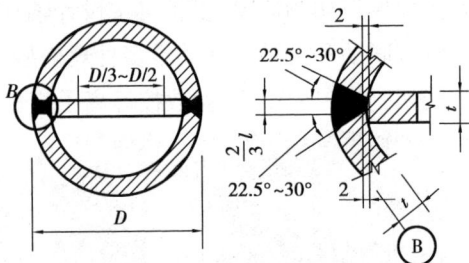

图 5.15　不加肋的空心球　　　　　　　　图 5.16　加肋的空心球

④套管是钢管杆件与空心球拼焊连接定位件,应用同规格钢管剖切一部分圆周长度,经加热后在固定芯轴上成形。套管外径比钢管杆件内径小 1.5 mm,长度为 40 ~ 70 mm(图 5.17)。

⑤空心球与钢管杆件连接时,钢管两端开坡口 30°,并在钢管两端头内加套管与空心球焊接,球面上相邻钢管杆件之间的缝隙 a 不宜小于 10 mm(图 5.18)。钢管杆件与空心球间应留有 2.0 ~ 6.0 mm 缝隙予以焊透。

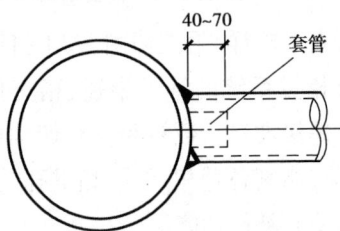

图 5.17　加套管连接　　　　　　　图 5.18　空心球节点连接

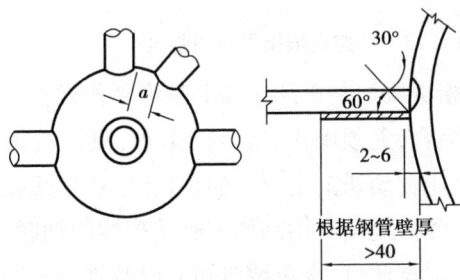

⑥焊接球节点必须按设计采用的钢管杆件与球焊成试件,进行单向轴心受拉和受压承载力检验,其结果必须符合《钢结构工程施工质量验收标准》(GB 50205—2020)的规定。

⑦焊接球节点所有焊缝必须进行外观检查,并做记录。对大中跨度钢管杆件的拉杆与球的对接焊缝,必须作无损探伤检验,其质量应符合现行国家标准的有关规定。

2)螺栓球节点制作

螺栓球节点主要由钢球、高强度螺栓、锥头或封板、套筒等零件组成。

①钢球、锥头、封板、套筒等原材料是圆钢,采用锯床下料,下料后长度允许偏差为 ±2.0 mm,圆钢加热温度控制在 900 ~ 1 100 ℃,分别在固定的锻模具上压制成型,对锻压件的外观要求是不得有裂纹或过烧。毛坯锥头、封板外径偏差 ±1.5 mm,钢球直径偏差 ±1.5 mm,当圆度偏差 $D \leqslant 120$ mm 时,为 1.5 mm;当 $D > 120$ mm 时,为 2.0 mm。

②螺栓球(钢球)加工应在车床上进行,其加工程序:一是加工定位工艺孔,二是加工各弦杆孔。相邻螺孔角度必须以专用夹具保证。加工精度公差应符合《普通螺纹公差》(GB/T 197—2018)的规定。

③螺栓球成品必须对最大的螺孔进行抗拉强度检验,其试件承载能力的要求必须符合《钢结构工程施工质量验收标准》(GB 50205—2020)的规定。

④高强度螺栓必须逐根进行表面硬度试验,一般采用 10.9S 高强度螺栓,其硬度为 HRC32～36。高强度螺栓的承载力试验数量按同规格螺栓 600 只为一批,不足 600 只仍按一批计,每批取 3 只复检抗拉强度,检验合格后方可投入使用。

⑤锥头、封板加工可在车床上进行,焊接处坡口角度宜取 30°,内孔 d 可比螺栓直径大 0.5 mm,内孔与外径同轴度 0.2 mm,底厚度 $H+0.2$ mm,锥头、封板与钢管杆件配合间隙 $b=2.0$ mm,以保证底层全部熔透(图5.19)。

⑥套筒外形尺寸应符合开口尺寸系列,要求经模锻后毛坯长度 $L+3.0$ mm,六角对边 $S\pm1.5$ mm,六角对角 $D\pm2.0$ mm。套筒加工长度 L 允许偏差为 ±0.2 mm,两端面的平行度为 0.3 mm,内孔 d 可比螺栓直径大 1.0 mm,套筒端部与紧固螺钉孔间距不大于 1.5 倍小螺钉直径(图5.20)。

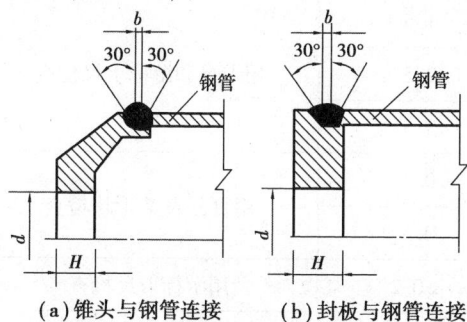

图 5.19 杆件端部连接焊缝　　　　　　　　　图 5.20 套筒

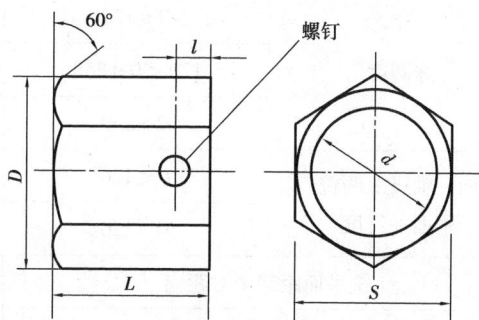

3)杆件制作与焊接

①钢管杆件下料前的质量检验:外观尺寸、品种、规格应符合设计要求。杆件下料应考虑到拼装后的长度变化。尤其是焊接球的杆件尺寸更要考虑多方面的因素,如球的偏差带来杆件尺寸的细微变化、季节变化带来杆的偏差。因此,杆件下料应慎重调整尺寸,防止下料以后带来批量性误差。

②杆件下料后应检查是否弯曲,如有弯曲应进行矫正。杆件下料后应开坡口,焊接球杆件壁厚在 5 mm 以下,可不开坡口;螺栓球杆件必须开坡口。

③钢管杆件应用切割机或管子车床下料,下料后长度应放余量,钢管两端应做坡口 30°,钢管下料长度应预加焊接收缩量,如钢管壁厚 ≤6.0 mm,每条焊缝放 1.0～1.5 mm;壁厚 ≥8.0 mm,每条焊缝放 1.5～2.0 mm。钢管杆件下料后必须认真清除钢材表面的氧化皮和锈蚀等污物,并采取防腐措施。

④钢管杆件焊接两端加锥头或封板,长度由专门的定位夹具控制,以保证杆件的精度和互换性。采用手工焊,焊接成品应分三步到位:定长度点焊→底层焊(检验)→面层焊(检验)。当采用 CO_2 气体保护自动焊接机床焊接钢管杆件时,只需要钢管杆件配锥头或封板后即可焊接自动完成一次到位,焊缝高度必须大于钢管壁厚。杆件制作成品长度允许偏差 ±1.0 mm,两端孔中心与钢管两端轴线偏差不大于 0.5 mm。对接焊缝部位应在清除焊渣后涂刷防锈漆,检验合格后打上焊工钢印和安装编号。

⑤钢管杆件与封板或锥头的焊缝应进行抗拉强度检验,按同规格杆件 300 根为一批,不足 300 根仍按一批计,每批取 3 根复验,其承载能力应符合《钢结构工程施工质量验收标准》

（GB 50205—2020）的规定。

4）管球加工允许偏差

管球加工允许偏差见表 5.15、表 5.16。

表 5.15　螺栓球加工的允许偏差　　　　　　单位：mm

项　目		允许偏差	检验方法
球直径	$D < 120$	+2.0 / −1.0	用卡尺和游标卡尺检查
	$D > 120$	+3.0 / −1.5	
球圆度	$D \leqslant 120$	1.5	用卡尺和游标卡尺检查
	$120 < D \leqslant 250$	2.5	
	$D > 250$	3.5	
同一轴线上两铣平面平行度	$D \leqslant 120$	0.2	用百分表 V 形块检查
	$D > 120$	0.3	
铣平面距球中心距离		±0.2	用游标卡尺检查
相邻两螺栓孔中心线夹角		±30′	用分度头检查
两铣平面与螺栓孔轴线垂直度		$0.005r$	用百分表检查

注：D 为螺栓球直径，mm；r 为铣平面半径，mm。

表 5.16　焊接球加工的允许偏差　　　　　　单位：mm

项　目		允许偏差	检验方法
球直径	$D \leqslant 300$	±1.5	用卡尺和游标卡尺检查
	$300 < D \leqslant 500$	±2.5	
	$500 < D \leqslant 800$	±3.5	
	$D > 800$	±4.0	
球圆度	$D \leqslant 300$	1.5	用卡尺和游标卡尺检查
	$300 < D \leqslant 500$	2.5	
	$500 < D \leqslant 800$	3.5	
	$D > 800$	4.0	
壁厚减薄量	$t \leqslant 10$	$0.18t$，且不大于 1.5	用卡尺和测厚仪检查
	$10 < t \leqslant 16$	$0.15t$，且不大于 2.0	
	$16 < t \leqslant 22$	$0.12t$，且不大于 2.5	
	$22 < t \leqslant 45$	$0.11t$，且不大于 3.5	
	$t > 45$	$0.08t$，且不大于 4.0	

续表

项 目		允许偏差	检验方法
对口错边量	$t \leqslant 20$	1.0	用套模和游标卡尺检查
	$20 < t \leqslant 40$	2.0	
	$t > 40$	3.0	
焊缝余高		$0 \sim 1.5$	用焊缝量规检查

注:D 为焊接球的外径,mm;t 为焊接球的壁厚,mm。

子项 5.3　实训项目

实训项目 1　参观钢结构制作安装企业

(1)目的

通过钢结构制作的现场学习,在现场工程师的讲解下,详细了解和认识钢结构的制作工艺。

(2)能力标准及要求

掌握钢结构制作的准备、工艺、加工和半成品管理工作,能进行钢结构的制作工艺设计和加工放样设计。

(3)活动条件

钢结构制作现场。

(4)步骤提示

①课堂讲解钢结构制作前的准备工作、钢结构制作的工序和工艺流程,提出钢结构制作中可能出现的问题。

②结合课堂讲解内容和提出的问题,组织学生到钢结构制作现场进行学习,详细了解钢结构的制作工艺过程,并解决课堂疑问。

③完成钢结构制作的现场学习报告,内容包括钢结构制作的工序和工艺流程。

实训项目 2　焊接 H 型钢梁制作

(1)目的

通过焊接钢梁的制作学习,在现场工程师的讲解下,掌握钢梁的制作工艺流程。

(2)能力标准及要求

掌握钢梁的制作工艺流程、制作要点、采用设备及质量要求;能编制钢梁制作方案,能进行钢梁制作质量验收。

(3)活动条件

钢结构制作加工企业。

(4)步骤提示

①结合工程案例讲解钢梁的制作工艺流程、制作要点、采用设备及质量要求。

②与校外实训基地联系,选择正在加工制作钢梁的钢结构制作加工企业,结合课堂学习内容,在现场工程师的讲解下学习钢梁的制作工艺流程、制作要点、采用设备及质量要求。

③编制一份钢梁制作施工方案。

实训项目3　钢管相贯线切割实训项目

(1)目的

通过钢管相贯线切割现场学习,在现场工程师的讲解下,详细了解和认识钢管相贯线切割的制作工艺。

(2)能力标准及要求

掌握钢管相贯线切割的设备、工艺、加工和半成品管理工作,能进行钢管相贯线切割的工艺设计和加工放样设计。

(3)活动条件

钢管相贯线切割现场。

(4)步骤提示

①课堂讲解钢管相贯线切割的工序和工艺流程,提出钢管相贯线切割中可能出现的问题。

②结合课堂讲解内容和提出的问题,组织学生到钢管相贯线切割现场学习钢管相贯线切割工艺,详细了解钢管相贯线切割的制作工艺过程,并解决课堂疑问。

③完成钢管相贯线切割的现场学习报告,内容包括钢管相贯线切割的工序和工艺流程。

项目小结

(1)钢结构制作前的准备

①组织准备:项目管理模式、项目组织机构、劳动力计划。

②技术准备:技术文件、施工图审查、图纸会审、详图设计、工艺试验、技术交底和安全交底。

③机械设备准备:加工设备、焊接设备、涂装设备、检测设备、运输设备。

④材料准备。

⑤作业条件。

⑥加工环境要求:冷加工温度要求、热加工温度要求、焊接环境要求。

(2)钢结构制作工艺、技术措施及质量要求

①钢结构制作工艺的编制:编制依据、编制原则、编制内容、总装工艺、工艺总结。

②钢结构的制作工序。

③钢结构制作工艺:放样、号料、下料、切割、矫正和成型、边缘加工、制孔、构件组装、构件焊接、构件铣端和钻安装孔、涂装、验收。

(3)钢结构涂装

①钢结构防腐涂料涂装流程:基面处理→表面除锈→底漆涂装→面漆涂装→检查验收。

②钢结构防火涂料涂装。

（4）成品及半成品的管理

（5）钢结构的运输方式、装卸要求

（6）钢结构制作案例

案例一：焊接 H 型钢梁、钢柱制作；

案例二：钢吊车梁制作。

（7）钢管相贯线切割和球节点制作

①相贯线及相贯线切割设备。

②管球加工：焊接空心球与杆件制作、螺栓球节点制作、杆件制作与焊接、管球加工允许偏差。

复习思考题

1. 钢结构制作前需做哪些准备工作？

2. 钢结构制作工艺的编制依据是什么？

3. 钢结构制作工艺的编制原则是什么？

4. 钢结构制作工艺的编制内容是什么？

5. 钢结构制作的总装工艺包括哪些内容？

6. 试绘图表示钢结构的制作工序。

7. 试绘图表示钢结构制作的工艺流程。

8. 什么是放样、号料？

9. 什么是下料？

10. 钢结构的切割方法有哪些？

11. 钢结构的边缘加工方法有哪些？

12. 防腐涂料涂装工艺流程是什么？

13. 什么是相贯线？

14. 管球的制作工艺流程是什么？

15. 螺栓球节点由哪些零件组成？

16. 钢管杆件下料前的质量检验有哪些？

项目6

钢结构工程施工

项目导读

- **基本内容** 通过本项目学习,应了解彩钢屋面及围护结构的组成、构造、安装工艺及施工要点,熟悉钢框架结构工程施工,掌握单层轻钢门式刚架结构工程施工。
- **重点** 单层轻钢门式刚架结构工程施工、钢框架结构工程施工。
- **难点** 钢框架结构工程施工。

子项6.1 单层轻钢门式刚架结构工程施工

轻钢门式刚架结构通常是指由直线形杆件(梁和柱)通过刚性节点连接起来的"门"字形结构。门式刚架的纵向柱距一般为6 m;横向跨度以 m 为单位取整数,一般以 3 m 为模数,如15 m、18 m、21 m、24 m 等。轻钢门式刚架结构工程是一个系统工程,包含主结构系统、次结构系统和围护系统三大方面。

主结构系统包括主刚架和支撑体系。支撑体系包括水平支撑、柱间支撑和刚性系杆等部分;次结构包括屋面檩条和墙面檩条等;围护结构包括屋面板和墙板等。

6.1.1 轻型钢结构厂房的组成

轻型钢结构厂房由以下部分组成:轻钢结构骨架、围护结构檩条、彩色压型钢板或复合夹芯板墙屋面及其他配套设施(门窗、采光通风等),如图 6.1 所示。轻钢结构厂房的结构形式,可根据用户的具体工艺要求,除可选择门式刚架结构形式外,还可选择单跨、多跨等高或不等高排架结构。梁柱可用实腹式结构,也可用蜂窝式结构。

轻型门式刚架的结构体系包括以下组成部分：

①主结构：横向刚架（包括中部和端部刚架）、楼面梁、托梁、支撑体系等。

②次结构：屋面檩条和墙面檩条等。

③围护结构：屋面板和墙板。

④辅助结构：楼梯、平台、扶栏等。

⑤基础。

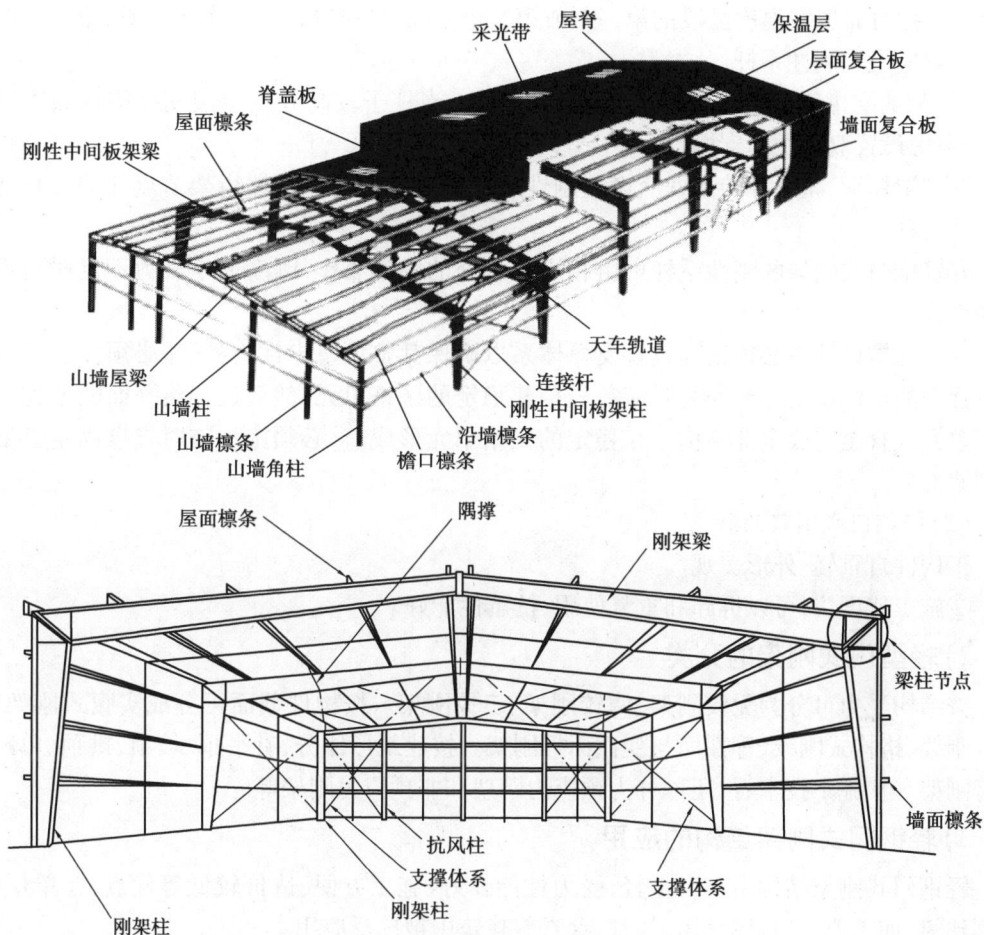

图6.1 轻钢结构厂房的组成

1)轻钢门式刚架的结构布置与特点

轻钢门式刚架的跨度和柱距主要根据工艺和建筑要求确定。结构布置要考虑的主要问题是温度区段的确定和支撑体系的布置。

考虑到温度效应,轻钢门式刚架的纵向温度区段长度不应大于300 m,横向温度区段长度不应大于150 m。当建筑尺寸超过时,应设置温度伸缩缝。温度伸缩缝可通过设置双柱,或设置次结构及檩条的可调节构造来实现。

支撑布置的目的是使每个温度区段或分期建设的区段建筑能构成稳定的空间结构骨架。

（1）布置的主要原则

①柱间支撑和屋面支撑必须布置在同一开间内,形成抵抗纵向荷载的支撑桁架。支撑桁架的直杆和单斜杆应采用刚性系杆,交叉斜杆可采用柔性拉杆。刚性系杆是指圆管、H形截面、Z或C形冷弯薄壁截面等;柔性拉杆是指圆钢、拉索等只受拉截面。柔性拉杆必须施加预紧力以抵消其自重作用引起的下垂。

②支撑的间距一般为30～40 m,不应大于60 m。

③支撑可布置在温度区段的第一个或第二个开间,当布置在第二个开间时,第一开间的相应位置应设置刚性系杆。

④45°的支撑斜杆能最有效地传递水平荷载,当柱子较高导致单层支撑构件角度过大时,应考虑设置双层柱间支撑。

⑤刚架柱顶、屋脊等转折处应设置刚性系杆。结构纵向于支撑桁架节点处应设置通长的刚性系杆。

⑥轻钢门式刚架的刚性系杆可由相应位置处的檩条兼作,刚度或承载力不足时可设置附加系杆。

除了结构设计中必须正确设置支撑体系以确保其整体稳定性之外,还必须注意结构安装过程中的整体稳定性。安装时应首先构建稳定的区格单元,然后逐榀将平面刚架连接于稳定单元上直至完成全部结构。在稳定的区格单元形成前,必须施加临时支撑固定已安装的刚架部分。

（2）轻钢门式刚架的特点

①构件自重轻,外形美观。

②施工速度快,可以拆卸和重复使用,抗震性能好。

2）轻型门式刚架的分类

按结构受力可分为无铰刚架、两铰刚架、三铰刚架。按构件截面可分成实腹式刚架、空腹式刚架、格构式刚架、等截面与变截面杆刚架。按建筑形体分,有平顶、坡顶、拱顶、单跨与多跨刚架。从施工技术看,还可分为预应力刚架和非预应力刚架等。

3）轻钢门式刚架结构的应用

轻钢门式刚架结构由于自重轻、受力性能良好、施工方便、造价较低等优点,在单层中、小型建筑,如工业厂房、体育馆、礼堂、食堂等建筑中被广泛应用。

6.1.2　门式刚架结构构造

1）主刚架

（1）主刚架的构件

主刚架由边柱、刚架梁、中柱等构件组成。

边柱和梁一般采用焊接工字型钢制作成变截面构件,中柱通常采用宽翼缘工字钢、矩形钢管或圆管制作。运输到现场后通过高强度螺栓节点相连形成主刚架。

（2）节点形式

①梁柱节点。轻钢门式刚架边柱节点如图6.2所示、中柱节点如图6.3所示、坡跨节点如图6.4所示。

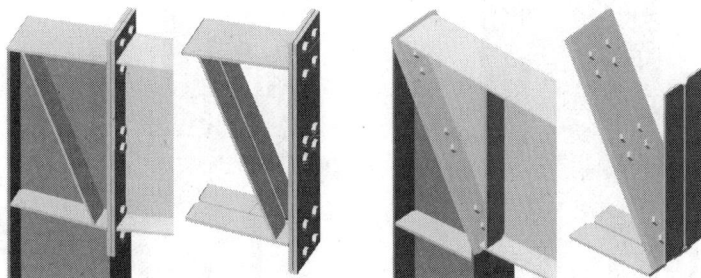

（a）端板斜放　　　　　　　　　（b）端板斜放

图 6.2　边柱节点

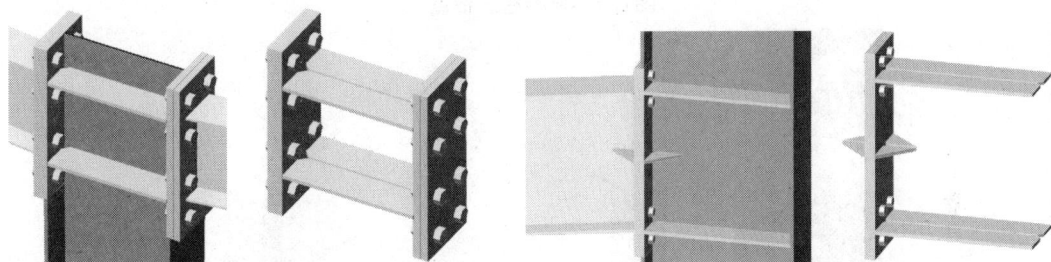

图 6.3　中柱节点　　　　　　　　图 6.4　坡跨节点

②梁梁节点。梁梁节点如图 6.5 所示。

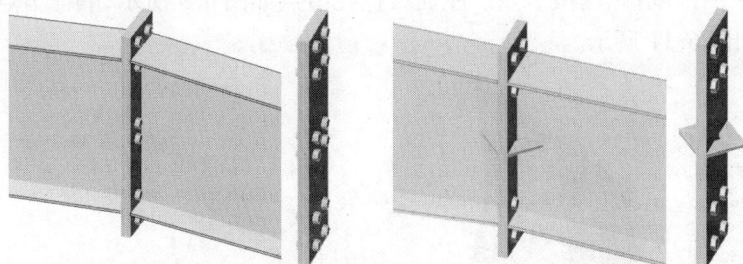

（a）梁梁拼接节点（屋脊）　　　　　（b）梁梁拼接节点（斜梁拼接）

图 6.5　梁梁节点

③柱脚节点。铰接柱脚节点如图 6.6 所示，刚接柱脚节点如图 6.7 所示。

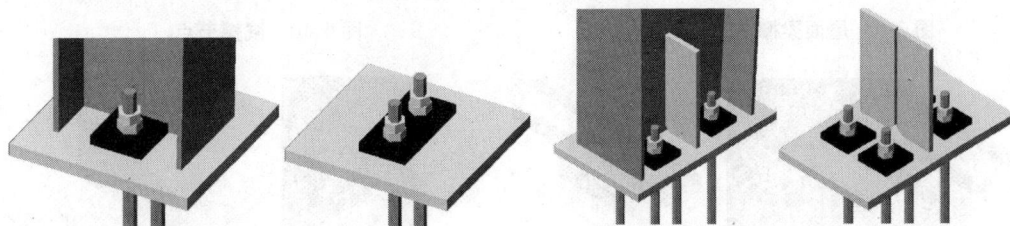

（a）铰接柱脚节点 1　　　　　　　　（b）铰接柱脚节点 2

图 6.6　铰接柱脚节点

④牛腿节点。牛腿节点如图 6.8 所示。

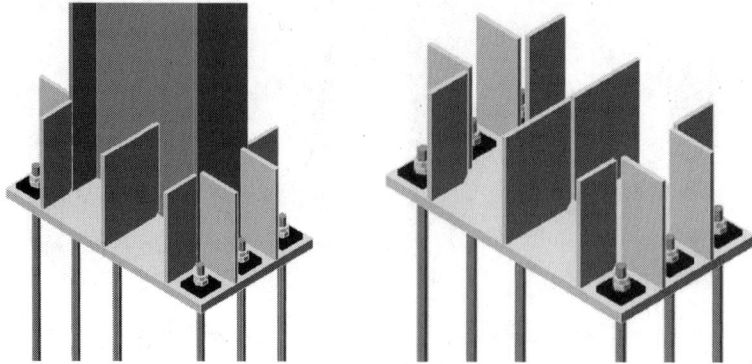

图 6.7　刚接柱脚节点

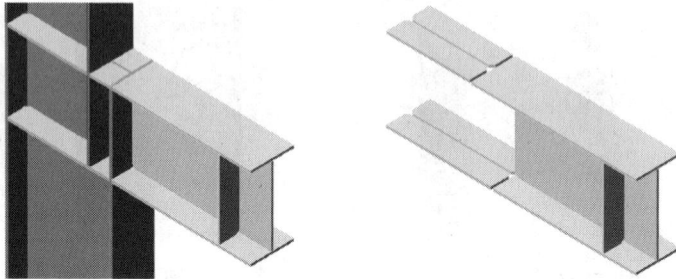

图 6.8　牛腿节点

⑤屋面梁檩托、隔撑、墙檩节点。屋面梁檩托节点如图 6.9 所示,隔撑节点如图 6.10 所示,墙檩节点如图 6.11 所示。

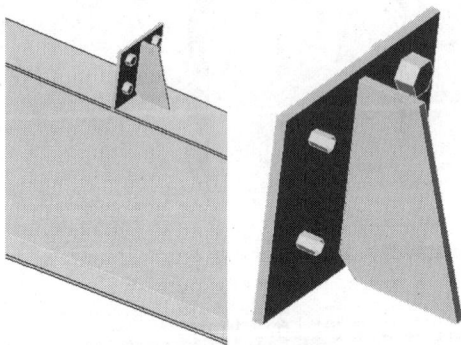

图 6.9　屋面梁檩托节点

图 6.10　隔撑节点

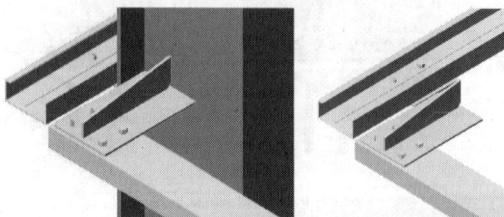

(a)墙檩与柱腹板连接　　　　　　　　　(b)墙檩与柱翼缘连接

图 6.11　墙檩节点

⑥其他节点。其他常用节点如图 6.12、图 6.13 所示。

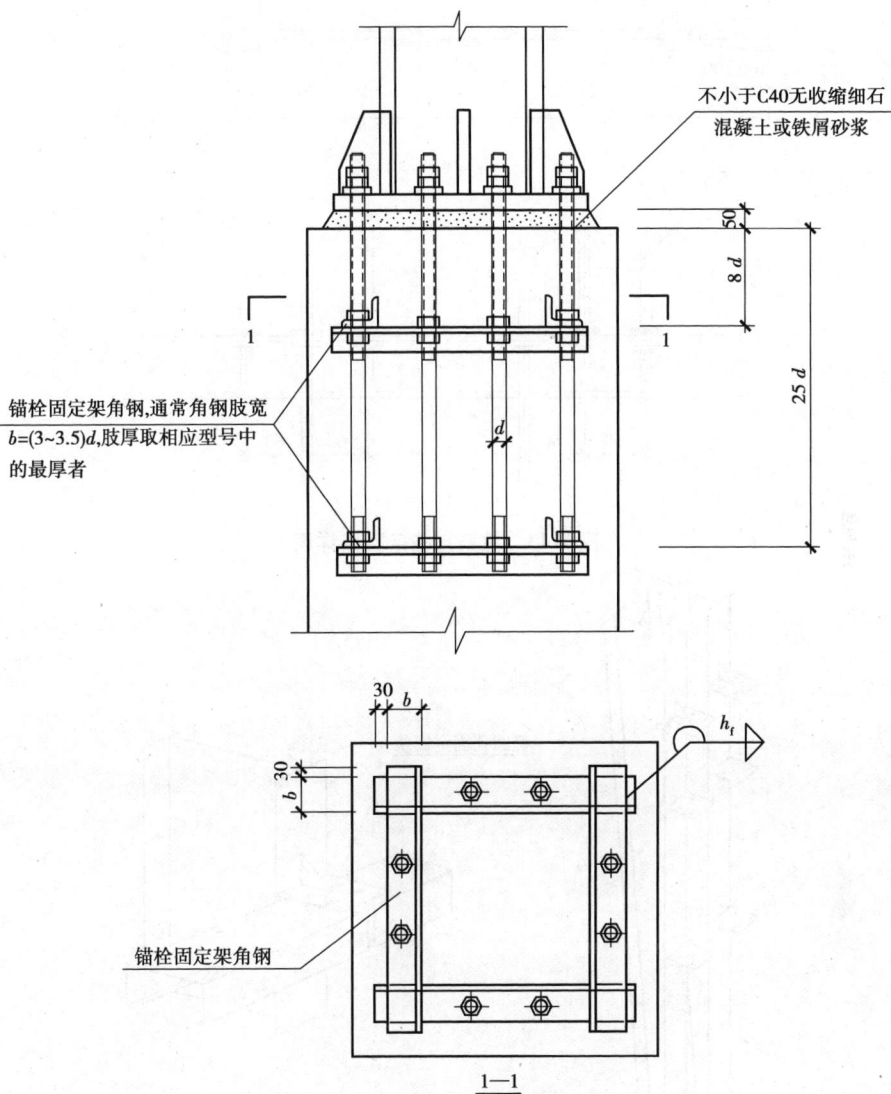

不小于C40无收缩细石
混凝土或铁屑砂浆

锚栓固定架角钢,通常角钢肢宽
$b=(3\sim3.5)d$,肢厚取相应型号中
的最厚者

1—1

图 6.12 柱脚锚栓固定支架详图

2) 山墙刚架构造

轻型钢结构门式刚架的山墙构架一般为刚架梁和抗风柱以及刚架柱组成的山墙构架。
轻钢门式刚架端墙由门式刚架、抗风柱和墙面檩条组成。

端墙柱的间距一般为 6 ~ 9 m,间距尺寸也可能为了适应特殊要求而改变。

3) 伸缩缝处构造

为了释放温度变化引起的纵向温度应力,可在伸缩缝处采用双刚架,如图 6.14(a)所示,刚架间距以保证柱脚底板不相碰为原则。伸缩缝两边各自具有独立的檩条、支撑和维护系统,其中屋面板和墙面板使用可纵向自由变形的连接件相连;也可在伸缩缝处只设置一榀刚架,而在伸缩缝处的檩条上设置椭圆长孔来达到纵向自由变形的目的,如图 6.14(b)所示。

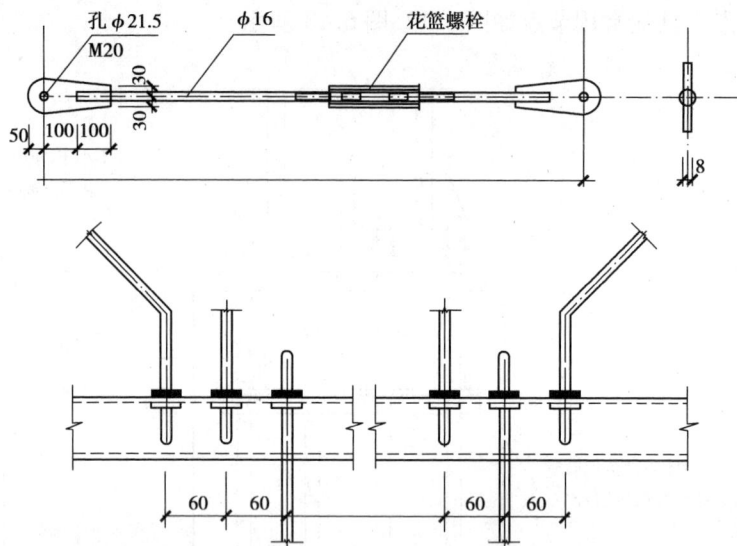

图 6.13　拉条与檩条连接详图

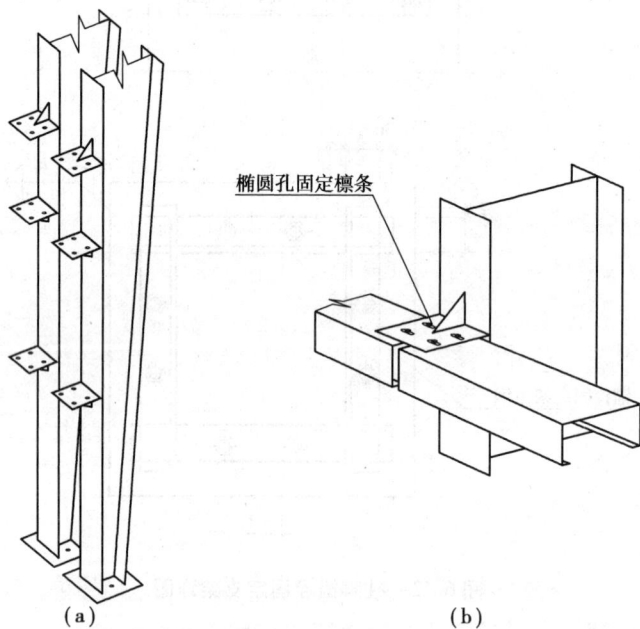

（a）　　　　　　　　　　　　　（b）

图 6.14　双刚架伸缩缝和椭圆长孔单刚架伸缩缝

　　一般规定不设温度缝的最大间距为 180～220 m。建筑的横向宽度超过 100 m 时,和纵向一样需要考虑温差伸缩应力。

4) 托梁及屋面单梁

　　当某榀刚架柱因为大型车辆通行或其他特殊要求被抽除时,通常在相邻的两榀刚架柱之间设置托梁,支承已抽柱位置上的中间那榀框架上的斜梁。托梁是一种仅承受竖向荷载的结构构件,按照位置分为边跨托梁和跨中托梁,如图 6.15 和图 6.16 所示。

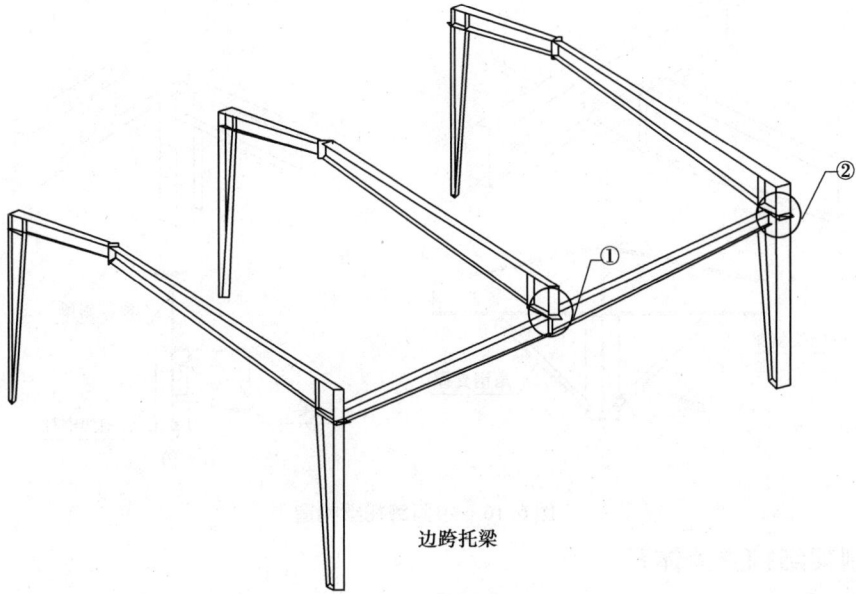

边跨托梁

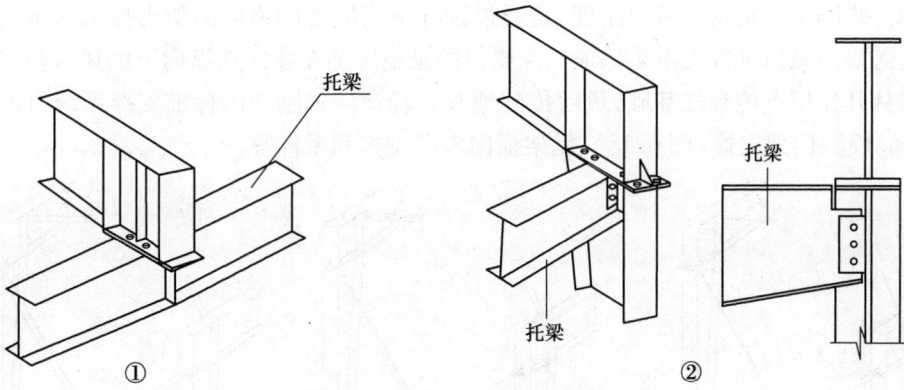

①   托梁   托梁   ②   托梁

图6.15 边跨托梁构造

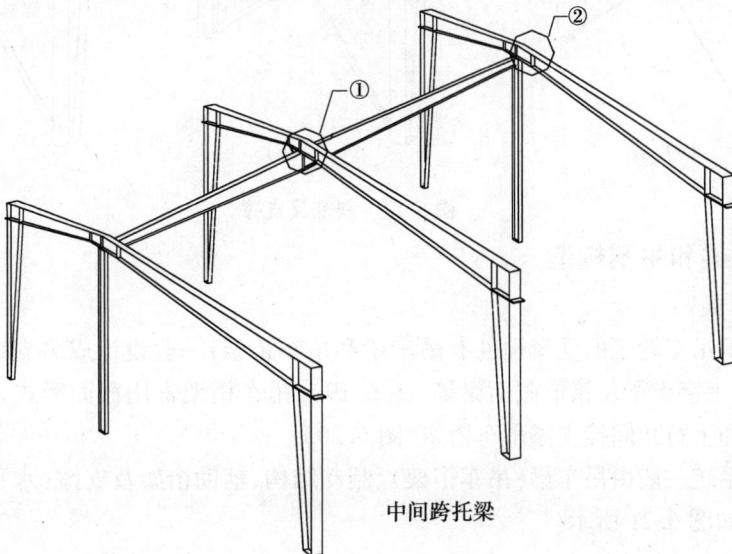

中间跨托梁

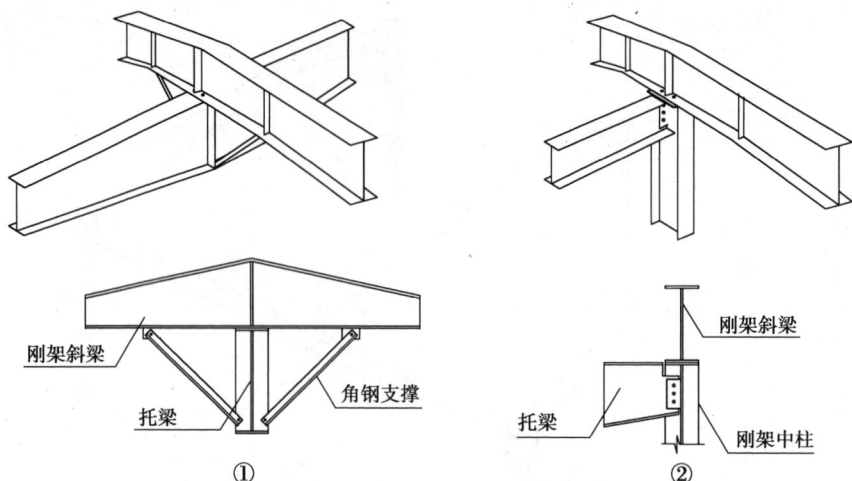

图6.16　中间跨托梁构造

5)刚架结构支撑体系

轻钢门式刚架建筑物的横向刚度,是通过设计适当刚度的横向刚架支撑来保证的。其纵向刚度需要沿纵向设置支撑来保证。主要目的是把施加在建筑物纵向上的风、起重机、地震等荷载从其作用点传到柱基础,最后传到地基。轻钢门式刚架的标准支撑系统有斜交叉支撑(图6.17)、门架支撑(图6.18)、屋架横向水平支撑和系杆等。

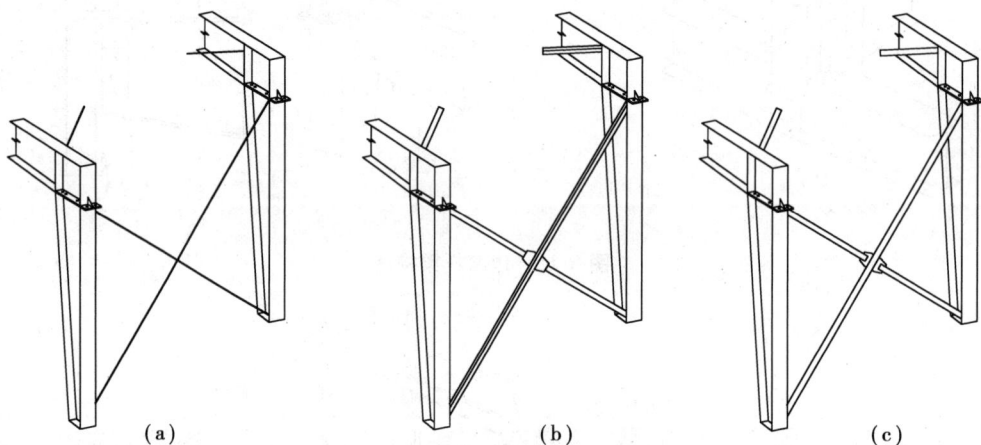

图6.17　斜交叉支撑

6)吊车梁和牛腿构造

(1)吊车梁

直接支承吊车轮压的受弯构件有吊车梁和吊车桁架,一般设计成简支结构。吊车梁有型钢梁、组合工字形梁及箱形截面梁等(图6.19);吊车桁架常用截面形式为上行式直接支撑吊车桁架和上行式间接支撑吊车桁架(图6.20)。

吊车梁系统一般由吊车梁(吊车桁架)、制动结构、辅助桁架及支撑(水平支撑和垂直支撑)等组成,如图6.21所示。

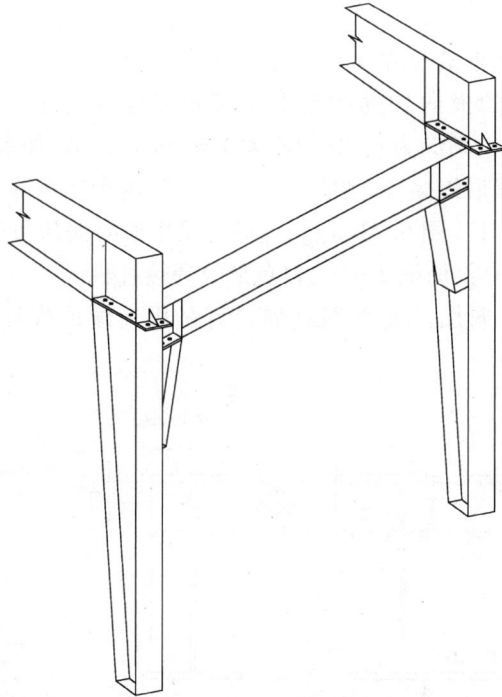

图 6.18 门架支撑

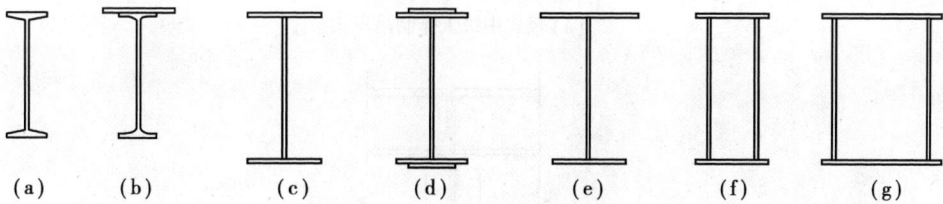

图 6.19 实腹吊车梁的截面形式

(a),(b) 型钢梁;(c),(d),(e) 焊接工字形梁;(f),(g) 焊接箱形梁

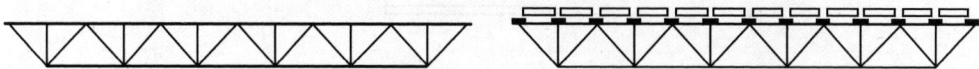

(a)上行式直接支撑吊车桁架   (b)上行式间接支撑吊车桁架

图 6.20 吊车桁架结构简图

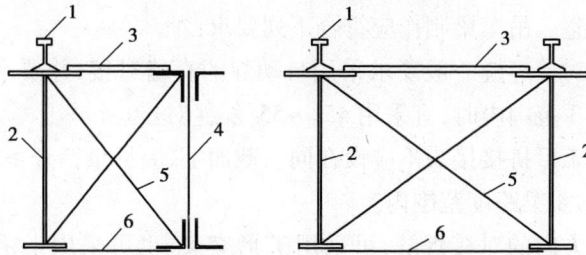

(a)边列吊车梁   (b)中列吊车梁

图 6.21 吊车梁系统构件的组成

1—轨道;2—吊车梁;3—制动结构;4—辅助桁架;5—垂直支撑;6—下翼缘水平支撑

（2）吊车梁的构造

轻钢结构中吊车的起重量通常较小，一般做法为等截面或变截面的焊接 H 型钢简支梁。

焊接工字形吊车梁的横向加劲肋与上翼缘相接处应切角。当切成斜角时，其宽约为 $b_s/3$（但不大于 40 mm），高约为 $b_s/2$（但不大于 60 mm），b_s 为加劲肋宽度。横向加劲肋的上端应与上翼缘刨平顶紧后焊接，加劲肋的下端宜在距离受拉翼缘 50～100 mm 处断开，不应另加零件与受拉翼缘焊接［图 6.22（a）］；当同时采用横向加劲肋和纵向加劲肋时，其相交处应留有缺口［图 6.22（a）剖面图 2—2］，以免形成焊接过热区。对重级工作制吊车梁，此间隙应由疲劳验算决定，横向加劲肋下端点焊缝宜采用连续回焊后灭弧的施焊方法，如图 6.22（b）所示。

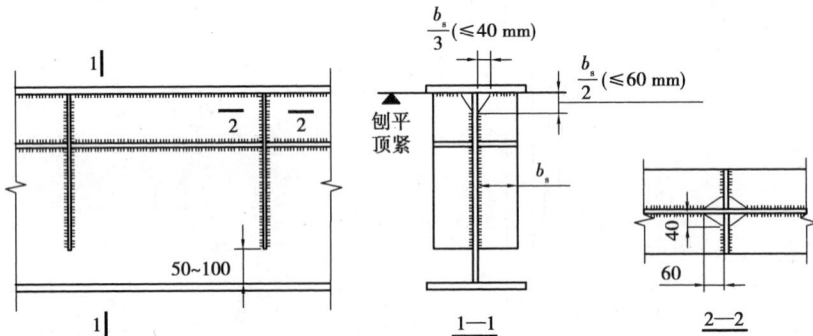

（a）轻、中级工作制吊车梁

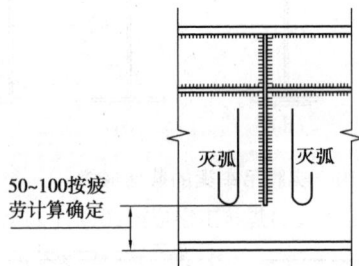

（b）重级工作制吊车梁

图 6.22　焊接工字形吊车梁构造

吊车梁制作时，翼缘板和腹板的工厂拼接应采用加引弧板的对接焊缝，对接完毕后应将引弧板割去并打磨平整。吊车梁制作应符合下列要求：

①上下翼缘板的对接焊缝一般要求采用自动焊的直缝对接，并要求焊透。当下翼缘对接焊缝位于跨中的 1/3 范围内时，宜采用 45°～55°斜缝对接。

②翼缘或腹板的工厂拼接接头不应设在同一截面上，应尽量错开≥200 mm，接头位置宜设在距支座为 1/3～1/4 梁跨度范围内。

对于腹板纵横梁方向的对接焊缝，可采用 T 形交叉，也可采用十字形交叉。对 T 形交叉，其交叉点的距离不得小于 200 mm。当拼接焊缝与加劲肋相交时，加劲肋与腹板连接角焊缝应中断，其端部与拼接焊缝的距离约为 50 mm。

③对接焊缝所选用的引弧板，必须与母材的材质、厚度相同，剖口形式也需与母材相同。

吊车梁与制动结构的连接,重级工作制吊车梁应采用高强度螺栓连接,轻、中级工作制吊车梁可采用工地焊接。

吊车梁的受拉翼缘上不得焊接悬挂设备零件,吊车梁的受拉翼缘与水平支撑的连接应采用螺栓连接,不得焊接。

(3)牛腿构造

柱上设置牛腿以支承吊车梁、平台梁或墙梁,一般有实腹式柱上支承吊车梁的牛腿和格构式柱上支承吊车梁的牛腿。

实腹式柱上支承吊车梁的牛腿,柱在牛腿上、下盖板的相应位置上,应按要求设置横向加劲肋。上盖板与柱的连接可采用角焊缝或开坡口的 T 形对接焊缝,下盖板与柱的连接可采用开坡口的 T 形对接焊缝,腹板与柱的连接可采用角焊缝,如图 6.23 所示。

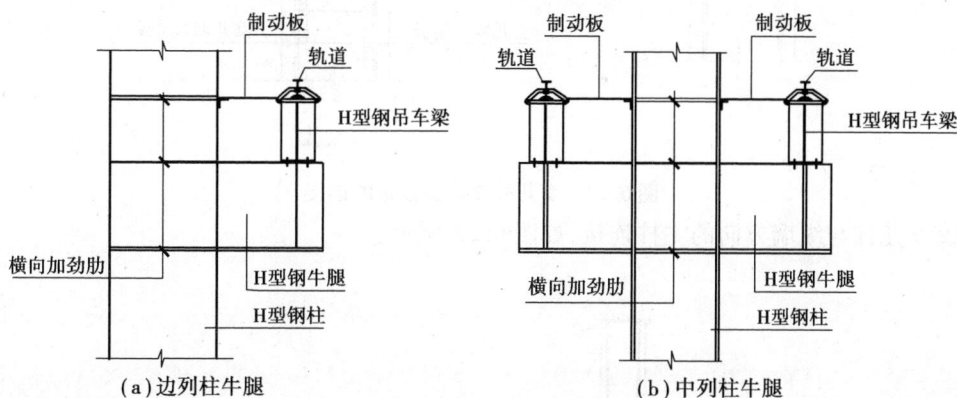

图 6.23 实腹柱牛腿构造

7)女儿墙构造

高出屋面的墙体称为女儿墙,其作用是使天沟内置,挡住屋脊,使建筑立面更加统一美观。结构部分一般由女儿柱、横梁、拉条等构件组成,其作用是支撑女儿墙墙体,保证墙体稳定,并将其上的荷载传递到厂房骨架上。

(1)女儿墙分类

女儿墙按其墙体材料可分为轻质墙和砌体墙两类。

①轻质墙:通常将压型钢板、夹心板或其他轻质板材悬挂在墙架横梁上,横梁支撑在女儿柱上。

②砌体墙:其墙体材料为普通砖、混凝土空心砌块或加气混凝土砌块。

(2)女儿墙墙架构件的形式

①女儿柱为女儿墙的竖向构件,承受由横梁传来的竖向荷载及水平荷载。截面通常采用轧制或焊接 H 型钢。

②横梁为女儿墙的水平构件,一般同时承受竖向荷载和水平荷载,是一种双向受弯构件。

横梁的截面形式:当横梁跨度小于或等于 4 m 时,选用角钢;当横梁跨度小于 9 m 并大于 4 m 时,可选用水平放置的冷弯 C 型钢(最常用的截面形式);当梁跨度较大时,亦可选用槽钢、工字钢或 H 型钢等。

（3）女儿墙结构的构造

①墙架横梁的连接：压型钢板与横梁的连接构造和一般墙面与墙梁的连接相同,横梁连接于女儿柱的檩托板上,如图 6.24 所示。

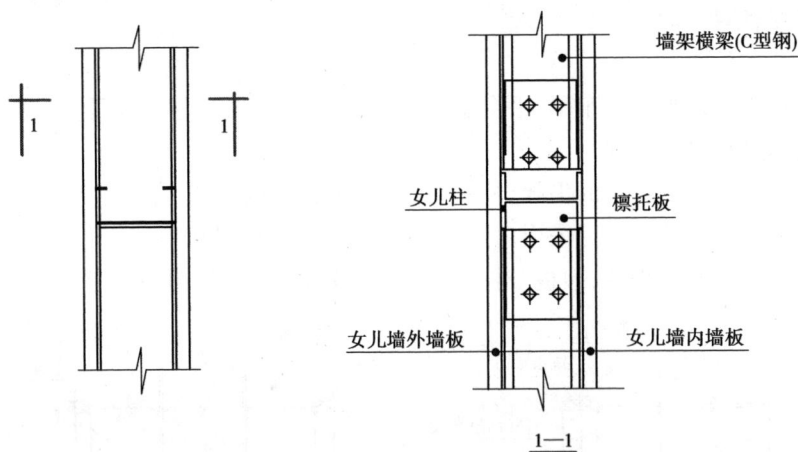

图 6.24　女儿柱与墙架横梁的连接

②女儿柱与纵墙方向的主柱连接,如图 6.25 所示。

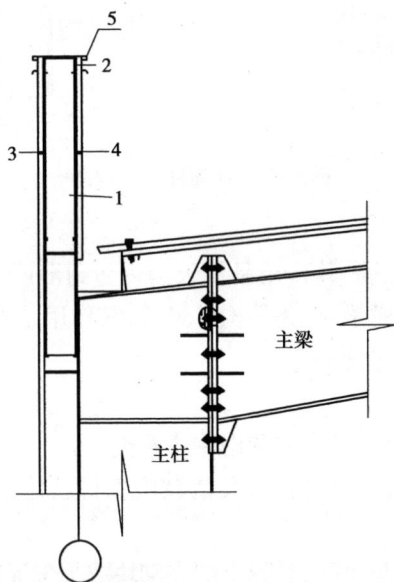

图 6.25　女儿柱与纵墙方向的主柱连接

1—女儿柱;2—墙架横梁;3—女儿墙外墙板;

4—女儿墙内墙板;5—女儿墙包角

③女儿柱与山墙方向的主梁连接,如图 6.26 所示。

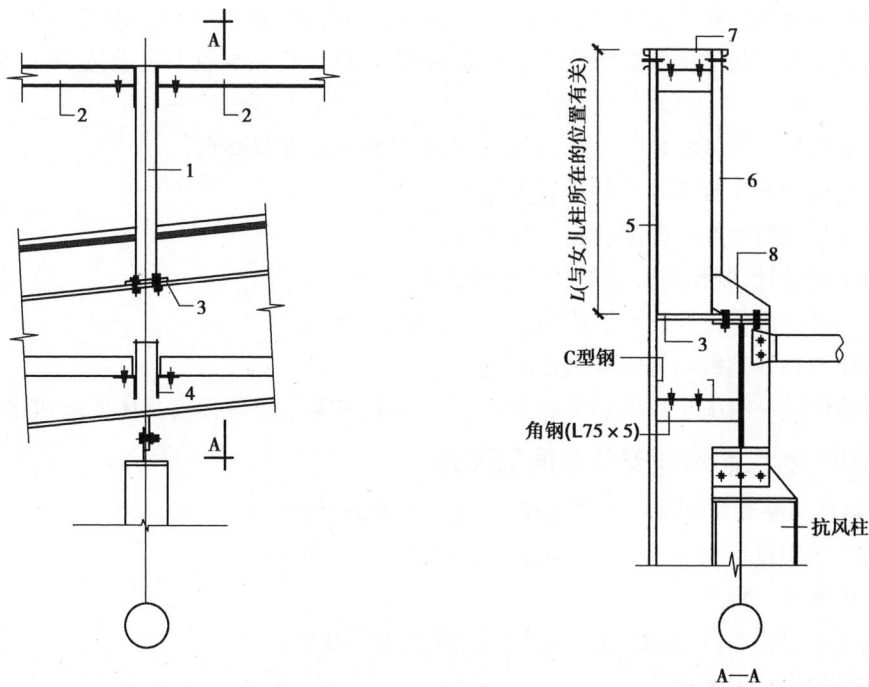

图 6.26　女儿柱与山墙方向的主梁连接
1—女儿柱;2—墙架横梁(C 型钢);3—连接板;4—角钢;5—外墙板;
6—女儿墙内墙板;7—女儿墙包角;8—加劲板

6.1.3　轻钢门式刚架的施工安装

钢结构安装前,应按构件明细表核对进场的构件,核查质量证明书、设计更改文件、构件交工所必需的技术资料以及大型构件预装排版图。构件应符合设计要求和规范的规定,对主要构件(柱子、吊车梁、屋架等)应进行复检。

构件在运输和安装中应防止涂层损坏;构件在安装现场进行制孔、组装、焊接和螺栓连接时,应符合有关规定;构件安装前应清除附在表面的灰尘、冰雪、油污和泥土等杂物;钢结构需进行强度试验时,应按设计要求和有关标准规定进行。

钢结构的安装工艺,应保证结构稳定性和不致造成构件永久变形。对稳定性较差的构件,起吊前应进行试吊,确认无误后方可正式起吊。钢结构的柱、梁、屋架、支撑等主要构件安装就位后,应立即进行校正、固定。对不能形成稳定的空间结构体系,应进行临时加固。

钢结构安装、校正时,应考虑外界环境(风力、温差、日照等)和焊接变形等因素的影响,由此引起的变形超过允许偏差时,应对其采取调整措施。

1) 钢结构安装应具备的设计文件

钢结构安装应具备钢结构设计图、建筑图、基础图和钢结构施工详图。安装前,应进行图纸自审和会审。

图纸自审应符合下列规定:熟悉并掌握设计文件内容;发现设计中影响构件安装的问题;提出与土建和其他专业工程的配合要求。

图纸会审分为专业工程之间的图纸会审和钢结构设计、制作与安装单位之间的会审。

①专业工程之间的图纸会审应由工程总承包单位组织,各专业工程承包单位参加,会审时应注意:

a. 基础与柱子的坐标是否一致,标高是否满足柱子的安装要求;

b. 与其他专业工程设计文件是否矛盾;

c. 确定与其他专业工程配合施工程序等。

②钢结构设计、制作与安装单位之间的图纸会审:

a. 设计单位应作设计意图说明和提出工艺要求;

b. 制作单位介绍钢结构主要制作工艺;

c. 安装单位介绍施工程序和主要方法,并对设计和制作单位提出具体要求和建议等。

2)协调设计、制作和安装之间的关系

(1)钢结构安装应编制施工组织设计、施工方案或作业设计

①施工组织设计和施工方案应由总工程师审批,内容包括:

a. 工程概况及特点;

b. 施工总平面布置、能源、道路及临时建筑设施等规划;

c. 施工程序及工艺设计;

d. 主要起重机械的布置及吊装方案;

e. 构件运输方法、堆放及场地管理;

f. 施工网络计划;

g. 劳动组织及用工计划;

h. 主要机具、材料计划;

i. 技术质量标准;

j. 技术措施降低成本计划;

k. 质量、安全保证措施等。

②作业设计由专业工程师审批,内容包括:

a. 施工条件情况说明;

b. 安装方法、工艺设计;

c. 吊具、卡具和垫板等设计;

d. 临时场地设计;

e. 质量、安全技术实施办法;

f. 劳动力配合等。

(2)技术交底

施工前应按施工方案(作业设计)逐级进行技术交底。交底人和被交底人(主要负责人)应在交底记录上签字。

3)构件运输和堆放

大型或重型构件的运输应根据行车路线和运输车辆性能编制运输方案。

构件的运输顺序应满足构件吊装进度计划要求;运输构件时应根据构件的长度、质

量、断面形状选用车辆;构件在运输车辆上的支点、两端伸出的长度及绑扎方法均应保证构件不产生永久变形、不损伤涂层;构件装卸应按设计吊点起吊,并且有防止损伤构件的措施。

构件堆放场地应平整坚实,无水坑、冰层,并应有排水设施。构件应按种类、型号、安装顺序分区堆放;构件底层垫块要有足够的支承面;相同型号的构件叠放时,每层构件的支点要在同一垂直线上;变形的构件应矫正,经检查合格后方可安装。

4) 基础灌浆和验收

(1) 基础灌浆

①为保证基础二次灌浆的强度,在用垫铁调整或处理标高、垂直度时,应保持基础支承面与钢柱底座板下表面之间的距离不小于 40 mm,以利于灌浆,并全部填满空隙。

②灌浆所用的水泥砂浆应采用高强度等级水泥。

③冬季施工时,基础二次灌浆配制的砂浆应掺入防冻剂、早强剂,以防止冻害或强度上升过缓的缺陷。

④为了防止腐蚀,对下列结构工程及所处工作环境,二次灌浆使用的砂浆材料不得掺用氯盐。

a. 高温环境中的结构,如排出大量蒸汽的车间和经常处在空气相对湿度大于 80% 的环境中等;

b. 处于水位升降部位的结构及其结构基础;

c. 露天结构或经常受水湿、雨淋的结构基础;

d. 有镀锌钢材或有色金属结构的基础;

e. 外露钢材及其预埋件而无防护措施的结构基础;

f. 与含有酸、碱或硫酸盐等侵蚀性介质相接触的结构及有关基础;

g. 经常处于环境温度为 60 ℃ 及以上的结构基础;

h. 薄壁结构,中级或重级工作制吊车梁、屋架、落锤或锻锤的结构基础;

i. 电解车间直接靠近电源的构件基础;

j. 直接靠近高压电源(发电站、变电所)等场合的构件基础;

k. 预应力混凝土结构基础。

⑤为保证基础二次灌浆达到强度要求,避免发生一系列质量通病,应按以下要求进行施工:

a. 基础支承部位混凝土面层上的杂物需认真清理干净,并在灌浆前用清水湿润后再进行灌浆。

b. 灌浆前对基础上表面的四周应支设临时模板;基础灌浆时应连续进行,防止砂浆凝固,不能紧密结合。

c. 对灌浆空隙太小、底座面积较大的基础灌浆时,为克服无法施工或灌浆中的空气、浆液过多,影响砂浆的灌入或分布不均等缺陷,宜参考如下方法进行:

• 灌浆空隙较小的基础,可在柱底脚板上面各开一个适宜的大孔和小孔,大孔作灌浆用,小孔作为排出空气和浆液用,在灌浆的同时可用加压法将砂浆填满空隙,并认真捣固,以达到强度。

●对长度或宽度在1m以上的大型柱底座板灌浆时,应在底座板上开一孔,将漏斗放于孔内,并用压力将砂浆灌入,再用一或两个细钢管(其管壁钻若干小孔),按纵横方向平行放入基础砂浆内解决浆液和空气的排出。待浆液、空气排出后,抽除钢管并再加灌一些砂浆来填满钢管遗留的空隙。养生强度达到要求后,将座板开孔处用钢板覆盖并焊接封堵。

●基础灌浆工作完成后,应将支承面四周边缘用工具抹成45°散水坡,并认真湿润养护。

●如果在北方冬季或较低温环境下施工时,应采取防冻或加温等保护措施。

⑥当钢柱的制作质量完全符合设计要求时,采用坐浆法将基础支承面一次达到设计安装标高的尺寸;经养护强度达到75%及其以上即可就位安装,可省略二次灌浆的系列工序过程,并节约垫铁等材料和消除灌浆存在的质量通病。

⑦坐浆或灌浆后的强度试验:

a.用坐浆或灌浆法处理后的安装基础强度必须符合设计要求;基础的强度必须达到7 d的养护强度标准,其强度应达到75%及其以上时方可安装钢结构。

b.如果设计要求需作强度试验时,应在同批施工的基础中采用同种材料、同一配合比、同一天施工及相同施工方法和条件下,制作两组砂浆试块。其中:一组与坐浆或灌浆同条件进行养护,在钢结构吊装前作强度试验;另一组试块进行28 d标准养护,作龄期强度备查。

c.如同一批坐浆或灌浆的基础数量较多时,为了达到其准确的平均强度值,可适当增加砂浆试块组数。

(2)基础验收

当基础工程分批进行交接时,每次交接验收不应少于1个安装单元的柱基基础,并应符合下列规定:

①基础混凝土强度达到设计要求。

②基础周围回填夯实完毕。

③基础的轴线标志和标高基准点准确、齐全,其允许偏差符合设计规定。

④基础顶面直接作为柱的支承面和基础顶面预埋钢板或支座作为柱的支承面时,其支承面、地脚螺栓(锚栓)的允许偏差应符合表6.1的规定。

表6.1 支承面、地脚螺栓(锚栓)的允许偏差

项 目		允许偏差/mm
支承面	标 高	±3.0
	水平度	l/10 000
地脚螺栓(锚栓)	螺栓中心偏移	5.0
预留孔中心偏移		10.00

注:l为构件长度。

⑤钢垫板面积应根据基础混凝土和抗压强度、柱脚底板下细石混凝土二次浇灌前柱底承受的荷载,以及地脚螺栓(锚栓)的紧固拉力计算确定。

⑥垫板应设置在靠近地脚螺栓(锚栓)的柱脚底板加劲板下,每根地脚螺栓(锚栓)侧应

设 1~2 组垫板,每组垫板不得多于 5 块。垫板与基础面和柱底面的接触应平整、紧密。当采用成对斜垫板时,其叠合长度不应小于垫板长度的 2/3。二次浇灌混凝土前垫板间应焊接固定。

⑦采用坐浆垫板时,应采用无收缩砂浆。柱子吊装面砂浆试块强度应高于基础混凝土强度一个等级。坐浆垫板的允许偏差应符合表 6.2 的规定。

⑧采用杯口基础时,杯口尺寸的允许偏差应符合表 6.3 的规定。

表 6.2　坐浆垫板的允许偏差

项　　目	允许偏差/mm
顶面标高	0.0 −3.0
水平度	l/1 000
水平位置	20.0

注:l 为构件长度。

表 6.3　杯口尺寸的允许偏差

项　　目	允许偏差/mm
底面标高	0.0 −5.0
杯口深度 H	±5.0
杯口垂直度	h/1 000,且不应大于 10.0
柱脚轴线对柱定位轴线的偏差	1.0

注:h 为底层柱的高度。

⑨地脚螺栓(锚栓)尺寸的偏差应符合表 6.4 的规定。地脚螺栓(锚栓)的螺纹应受到保护。

表 6.4　地脚螺栓(锚栓)尺寸的允许偏差　　　　单位:mm

螺栓(锚栓)直径	项　目	
	螺栓(锚栓)外露长度	螺栓(锚栓)螺纹长度
$d \leq 30$	0 +1.2d	0 +1.2d
$d > 30$	0 +1.0d	0 +1.0d

⑩基础标高的调整应根据钢柱的长度、钢牛腿和柱脚距离来决定调整数值。

通常,基础标高调整时,双肢柱设两个点,单肢柱设一个点。其调整方法如下:根据标高调整数值,用压缩强度为 55 MPa 的无收缩水泥砂浆制成无收缩水泥砂浆标高控制块进行调整。用无收缩水泥砂浆标高控制块进行调整,标高调整的精度较高(可达 ±1 mm 之内)。

(3)地脚螺栓

①地脚螺栓(锚栓)埋设。

a.地脚螺栓的直径、长度,均应按设计规定的尺寸制作;一般地脚螺栓应与钢结构配套出厂,其材质、尺寸、规格、形状和螺纹的加工质量均应符合设计施工图的规定。如钢结构出厂不带地脚螺栓时,则需自行加工,地脚螺栓各部尺寸应符合下列要求:

● 地脚螺栓的直径尺寸与钢柱底座板的孔径应相适配,为便于安装找正、调整,大多数情况是底座孔径尺寸大于螺栓直径。

• 地脚螺栓长度尺寸可用下式确定：

$$L = H + S \text{ 或 } L = H - H_1 + S$$

式中　　L——地脚螺栓的总长度,mm;

H——地脚螺栓埋设深度(系指一次性埋设),mm;

H_1——当预留地脚螺栓孔埋设时,螺栓根部与孔底的悬空距离,一般不得小于 80 mm;

S——垫铁高度、底座板厚度、垫圈厚度、压紧螺母厚度、防松锁紧副螺母(或弹簧垫圈)厚度和螺栓伸出螺母的长度(2～3 扣)的总和,mm。

• 为使埋设的地脚螺栓有足够的锚固力,其根部需经加热后加工成 L、U 等形状。

b. 样板尺寸放完后,在自检合格的基础上交监理抽检,进行单项验收。

c. 不论是一次埋设,还是事先预留孔二次埋设地脚螺栓,在埋设前,一定要将埋入混凝土中的一段螺杆表面的铁锈、油污清理干净。如清理不净,会使浇灌后的混凝土与螺栓表面结合不牢,易出现缝隙或隔层,不能起到锚固底座的作用。清理的一般做法是用钢丝刷或砂纸去锈;油污一般是用火焰烧烤去除。

d. 地脚螺栓在预留孔内埋设时,其根部底面与孔底的距离不得小于 80 mm;地脚螺栓的中心应在预留孔中心位置,螺栓的外表与预留孔壁的距离不得小于 20 mm。

e. 对于预留孔的地脚螺栓,埋设前应将孔内杂物清理干净。一般做法是用长度较长的钢凿将孔底及孔壁结合薄弱的混凝土颗粒及黏附的杂物全部清除,然后用压缩空气吹净,浇灌前用清水充分湿润,再进行浇灌。

f. 为防止浇灌时地脚螺栓的垂直度及距孔内侧壁、底部的尺寸变化,浇灌前应将地脚螺栓找正后加固固定。固定螺栓可采用下列两种方法:

• 先浇筑混凝土预留孔洞再埋螺栓时,采用型钢两次校正的办法,检查无误后,浇筑预留孔洞;

• 将每根柱的地脚螺栓每 8 个或 4 个用预埋钢架固定,一次浇筑混凝土,定位钢板上的纵横轴线允许偏差为 0.3 mm。

g. 做好保护螺栓的措施。

h. 实测钢柱底座螺栓孔距及地脚螺栓位置数据,将两项数据归纳后看是否符合质量标准。当螺栓位移超过允许值时,可用氧乙炔火焰将底座板螺栓孔扩大,安装时另加长孔垫板,焊好;也可将螺栓根部混凝土凿去 5～10 cm,而后将螺栓稍弯曲,再烤直。

②地脚螺栓(锚栓)定位。

a. 基础施工确定地脚螺栓或预留孔的位置时,应认真按施工图规定的轴线位置尺寸放出基准线;同时在纵、横轴线(基准线)的两对应端,分别选择适宜位置埋置铁板或型钢,标定出永久坐标点,以备在安装过程中随时测量参照使用。

b. 浇筑混凝土前,应按规定的基准位置支设、固定基础模板及其表面配件。

c. 浇筑混凝土时,应经常观察及测量模板的固定支架、预埋件和预留孔的情况。当发现有变形、位移时应立即停止浇灌,进行调整、排除。

d. 为防止基础及地脚螺栓等系列尺寸、位置出现位移或偏差过大,基础施工单位与安装单位应在基础施工放线定位时密切配合,共同把关控制好各自的正确尺寸。

③地脚螺栓(锚栓)纠偏。

a.经检查测量,如埋设的地脚螺栓有个别的垂直度偏差很小,应在混凝土养护强度达到75%及以上时进行调整。调整时可用氧乙炔焰将不直的螺栓在螺杆处加热后采用木质材料垫护,用锤敲移,扶直到正确的垂直位置。

b.对位移或垂直度偏差过大的地脚螺栓,可在其周围用钢凿将混凝土凿到适宜深度后,用气割割断,按规定的长度、直径尺寸及相同材质材料加工后,采用搭接焊焊上一段,并采取补强措施调整到规定的位置和垂直度。

c.对位移偏差过大的个别地脚螺栓除采用搭接焊法处理外,在允许的条件下,还可采用扩大底座板孔径侧壁的措施来调整位移偏差量,调整后用自制的厚板垫圈覆盖,进行焊接补强固定。

d.预留地脚螺栓孔在灌浆埋设前,当螺栓在预留孔内位置偏移偏差过大时,可采用扩大预留孔壁的措施来调整地脚螺栓的准确位置。

④地脚螺栓螺纹保护与修补。

a.与钢结构配套出厂的地脚螺栓在运输、装箱、拆箱时,均应加强对螺纹的保护。正确保护法是涂油后,用油纸及线麻包装绑扎,以防螺纹锈蚀和损坏;应单独存放,不宜与其他零部件混装、混放,以免相互撞击损坏螺纹。

b.基础施工埋设固定的地脚螺栓,应在埋设过程中或埋设固定后,用罩式的护箱、盒加以保护。

c.钢柱等带底座板的钢构件吊装就位前,应对地脚螺栓的螺纹采取以下保护措施:

• 不得利用地脚螺栓作弯曲加工的操作;
• 不得利用地脚螺栓作电焊机的接零线;
• 不得利用地脚螺栓作牵引拉力的绑扎点;
• 构件就位时,应用临时套管套入螺杆,并加工成锥形螺母带入螺杆顶端;
• 吊装构件时,防止水平侧向冲击力撞伤螺纹,应在构件底部拴好溜绳加以控制;
• 安装操作应统一指挥,相互协调一致,当构件底座孔位全部垂直对准螺栓时,将构件缓慢下降就位,并卸掉临时保护装置,带上全部螺母。

d.当螺纹被损坏的长度不超过其有效长度时,可用钢锯将损坏部位锯掉,用什锦钢锉修整螺纹,达到顺利带入螺母为止。

e.如地脚螺栓的螺纹被损坏的长度超过规定的有效长度时,可用气割割掉大于原螺纹段的长度,用与原螺栓相同材质、规格的材料,一端加工成螺纹,并在对接的端头截面制成30°~45°的坡口与下端进行对接焊接,再用相应直径规格、长度的钢管套入接点处,进行焊接加固补强。经套管补强加固后,会使螺栓直径大于底座板孔径,可用气割扩大底座板孔径来解决。

(4)垫铁

①为了使垫铁组平稳地传力给基础,应使垫铁面与基础面紧密贴合。因此,在垫放垫铁前,应对不平的基础上表面采用工具凿平。

②垫放垫铁的位置及分布应正确,具体垫法应根据钢柱底座板受力面积的大小,垫在钢

柱中心及两侧受力集中部位或靠近地脚螺栓的两侧。垫铁垫放的主要要求是在不影响灌浆的前提下,相邻两垫铁组之间的距离应越近越好,这样能使底座板、垫铁和基础起到全面承受压力荷载的作用,共同均匀地受力,避免局部偏压、集中受力或底板在地脚螺栓紧固受力时发生变形。

③直接承受荷载的垫铁面积应符合受力需要,面积太小易使基础局部集中过载,影响基础全面均匀受力。因此,钢柱安装用垫铁调整标高或水平度时,首先应确定垫铁的面积。一般钢柱安装用垫铁均为非标准件,不如安装动力设备垫铁的要求那么严格,故钢柱安装用垫铁在设计施工图上一般不作规定和说明,施工时可自行选用确定。选用时垫铁的几何尺寸及受力面积,可根据安装构件的底座面积大小、标高、水平度和承受荷载等实际情况确定。

④垫铁厚度应根据基础上表面标高来确定。一般基础上表面的标高多数低于安装基准标高 40 ~ 60 mm。安装时依据这个标高尺寸用垫铁来调整确定极限标高和水平度。因此,安装时应根据实际标高尺寸确定垫铁组的高度,再选择每组垫铁厚、薄的配合,规范规定每组垫铁的块数不应超过 3 块。

⑤垫放垫铁时,应将厚垫铁垫在下面,薄垫铁放在最上面,最薄的垫铁宜垫放在中间;尽量少用或不用薄垫铁,否则影响受力时的稳定性和焊接(点焊)质量;安装钢柱调整水平度,在确定平垫铁的厚度时,还应同时锻造加工一些斜垫铁,其斜度一般为 1/10 ~ 1/20,垫放时应防止产生偏心悬空,斜垫铁应成对使用。

⑥垫铁在垫放前,应将其表面的铁锈、油污和加工的毛刺清理干净,以备灌浆时能与混凝土牢固结合;垫后的垫铁组露出底座板边缘外侧的长度为 10 ~ 20 mm,并在层间两侧用电焊点焊牢固。

⑦垫铁垫的高度应合理,过高会影响受力的稳定,过低则影响灌浆的填充饱满,甚至使灌浆无法进行。灌浆前,应认真检查垫铁组与底座板接触的牢固性,常用 0.25 kg 重的小锤轻击,用听声的办法来判断,接触牢固的声音是实音,接触不牢固的声音是碎哑音。

5)钢结构工程安装方法

钢结构工程安装方法有分件安装法、节间安装法和综合安装法。

(1)分件安装法

分件安装法是指起重机在厂房内每开行一次仅安装一种或两种构件。如起重机第一次开行先吊装全部柱子,并进行校正和最后固定;然后依次吊装地梁、柱间支撑、墙梁、吊车梁、托架(托梁)、屋架、天窗架、屋面支撑和墙板等构件,直至所有构件吊装完成。有时屋面板的吊装也可在屋面上单独用桅杆或屋面小吊车来进行。

分件安装法的优点是起重机在每次开行中仅吊装一类构件,吊装内容单一,准备工作简单,校正方便,吊装效率高;有充分时间进行校正;构件可分类在现场顺序预制、排放,场外构件可按先后顺序组织供应;构件预制、吊装、运输、排放条件好,易于布置;可选用起重量较小的起重机械,可利用改变起重臂长度的方法分别满足各类构件吊装起重量和起升高度的要求。缺点是:起重机开行频繁,机械台班费用增加;起重机开行路线长;起重臂长度改变需要一定的时间;不能按节间吊装,不能为后续工程及早提供工作面,阻碍了工序的穿插;吊装工期相对较长;屋面板吊装有时需要有辅助机械设备。

分件安装法适用于一般中、小型厂房的吊装。

（2）节间安装法

节间安装法是指起重机在厂房内一次开行中，分节间依次安装所有各类型构件，即先吊装一个节间柱子，并立即加以校正和最后固定；然后吊装地梁、柱间支撑、墙梁（连续梁）、吊车梁、走道板、柱头系统、托架（托梁）、屋架、天窗架、屋面支撑系统、屋面板和墙板等构件。一个（或几个）节间的全部构件吊装完毕后，起重机再行进至下一个（或几个）节间，进行下一个（或几个）节间全部构件吊装，直至吊装完成。

节间安装法的优点是：起重机开行路线短、停机点少，停机一次可以完成一个（或几个）节间全部构件安装工作，可为后期工程及早提供工作面，可组织交叉平行流水作业，缩短工期；构件制作和吊装误差能及时发现并纠正；吊装完一节间，校正固定一节间，结构整体稳定性好，有利于保证工程质量。缺点是：需用起重量大的起重机同时起吊各类构件，不能充分发挥起重机效率，无法组织单一构件连续作业；各类构件需交叉配合，场地构件堆放拥挤，吊具、索具更换频繁，准备工作复杂；校正工作零碎、困难；柱子固定时间较长，难以组织连续作业，使吊装时间延长，降低吊装效率；操作面窄，易发生安全事故。

节间安装法适用于采用回转式桅杆进行吊装，或特殊要求的结构（如门式框架）或某种原因局部特殊需要（如急需施工地下设施）时采用。

（3）综合安装法

综合安装法是将全部或一个区段的柱头以下部分的构件用分件安装法吊装，即柱子吊装完毕并校正固定，再按顺序吊装地梁、柱间支撑、吊车梁、墙梁、托架（托梁），接着按节间综合吊装钢梁、气楼、屋面支撑系统和屋面板等屋面构件。整个吊装过程可按三次流水进行，根据结构特性有时也可采用两次流水，即先吊装柱子，然后分节间吊装其他构件。吊装时通常采用两台起重机，一台起重量大的起重机用来吊装柱子、吊车梁、托架和屋面系统等；另一台用来吊装柱间支撑、走道板、地梁、墙梁等构件，并承担构件卸车和就位排放工作。

综合安装法综合了分件安装法和节间安装法的优点，能最大限度地发挥起重机的能力和效率，缩短工期，是广泛采用的一种安装方法。

6）钢柱安装

（1）设置标高观测点和中心线标志

柱子安装前应设置标高观测点和中心线标志，位置应一致。

①标高观测点的设置应符合下列规定：

a. 标高观测点的设置以牛腿（肩梁）支承面为基准，设在柱上便于观测处；

b. 无牛腿（肩梁）柱，应以柱顶端与屋面梁连接的最上一个安装孔中心为基准。

②中心线标志的设置应符合下列规定：

a. 在柱底板上表面上行线方向设一个中心标志，列线方向两侧各设一个；

b. 在柱身表面上行线和列线方向各设一条中心线，每条中心线在柱底部、中部（牛腿或肩梁部）和顶部各设一处中心标志；

c. 双牛腿（肩梁）柱在行线方向两个柱身表面分别设中心标志。

（2）多节柱安装时,宜将柱组装整体吊装

（3）钢柱安装校正应符合的规定

①应排除阳光侧面照射所引起的偏差。

②应根据气温(季节)控制柱垂直度偏差。气温接近当地年平均气温时(冬、秋季),柱垂直度偏差应控制在"0"。当气温高于或低于当地平均气温时,应符合下列规定:

a.应以每个伸缩段(两伸缩缝间)设柱间支撑的柱子为基准(垂直度校正至接近"0"),行线方向多跨厂房应以与屋架刚性连接的两柱为基准;

b.气温高于平均气温(夏季)时,其他柱应倾向基准点相反方向;

c.气温低于平均气温(冬季)时,其他柱应倾向基准点方向;

d.柱倾斜值应根据施工时气温与平均温度的温差和构件(吊车梁架等)的跨度或基准点距离决定。

③钢柱安装的允许偏差应符合表6.5的规定。吊车梁固定连接后,柱子尚应进行复测,超差的应进行调整。

④对长细比较大的柱子,吊装后应增加临时固定措施。

⑤柱间支撑的安装应在柱子找正后进行,应在保证柱垂直度的情况下安装柱间支撑,不得弯曲。

表6.5　钢柱安装的允许偏差　　　　　　　　　　　　单位:mm

项　目		允许偏差	图　例	检验方法
柱脚底座中心线对定位轴线的偏移 Δ		5.0	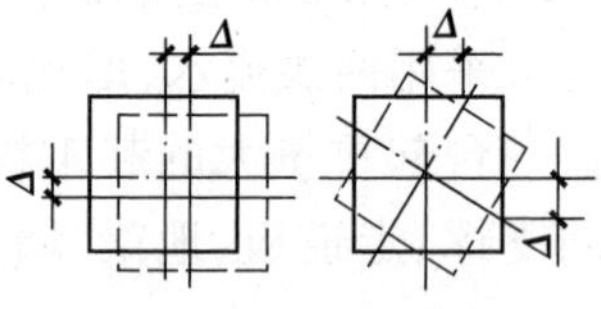	用吊线和钢尺等实测
柱子定位轴线 Δ		1.0	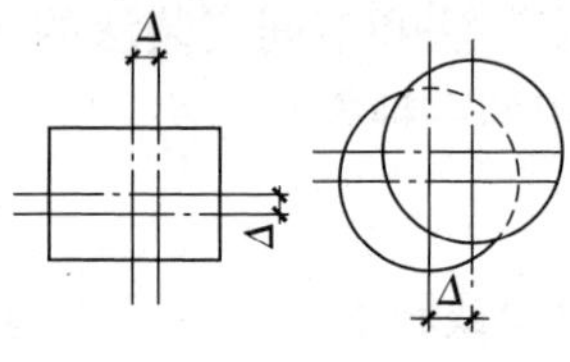	—
柱基准点标高	有吊车梁的柱	+3.0 −5.0	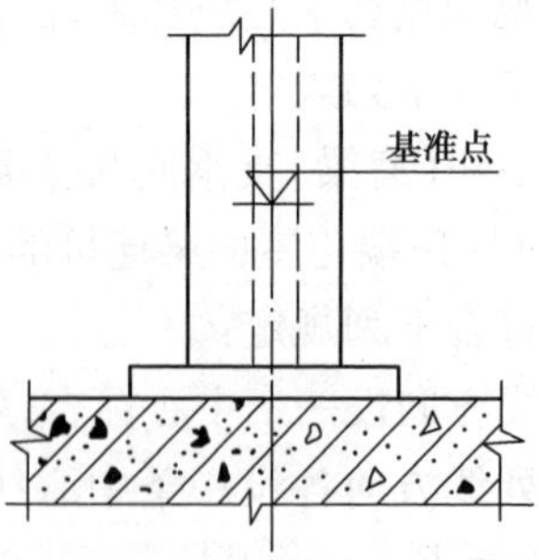	用水准仪等实测
	无吊车梁的柱	+5.0 −8.0		
弯曲矢高		$H/1200$ 且不大于 15.0	—	用经纬仪或拉线和钢尺等实测

项　目		允许偏差	图　例	检验方法
柱轴线垂直度	单层柱	$H/1000$,且不大于 25.0		用经纬仪或吊线和钢尺等实测
	多层柱 单节柱	$H/1000$,且不大于 10.0		
	多层柱 柱全高	35.0		
钢柱安装偏差		3.0		用钢尺等实测
同一层柱的各柱顶高度差 Δ		5.0		用全站仪、水准仪等实测

7) 吊车梁安装

钢柱吊装完成并经校正固定后,即可吊装吊车梁等构件。

(1) 吊点的选择

钢吊车梁一般采用两点绑扎,对称起吊。吊钩应对称于梁的重心,以便使梁起吊后保持水平。梁的两端用油绳控制,以防吊升就位时左右摆动,碰撞柱子。

对设有预埋吊环的钢吊车梁,可采用带钢钩的吊索直接钩住吊环起吊;对梁自重较大的钢吊车梁,应用卡环与吊环吊索相互连接起吊;对未设置吊环的钢吊车梁,可在梁端靠近支点处用轻便吊索配合卡环绕钢吊车梁下部左右对称绑扎起吊(图 6.27),或用工具式吊耳起吊(图 6.28)。当起重能力允许时,也可采用将吊车梁与制动梁(或桁架)及支撑等组成一个大部件进行整体吊装,如图 6.29 所示。

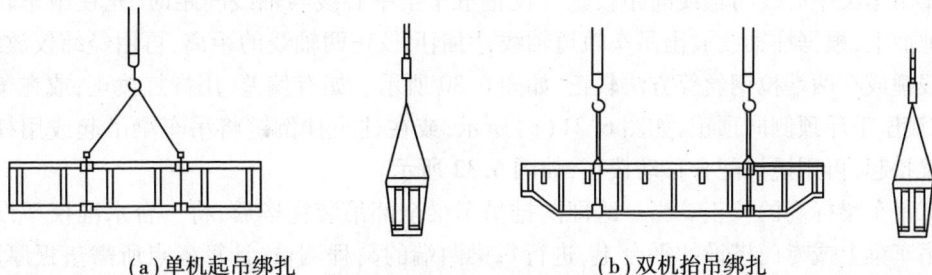

(a)单机起吊绑扎　　　　　　　　　(b)双机抬吊绑扎

图 6.27　钢吊车梁的吊装绑扎

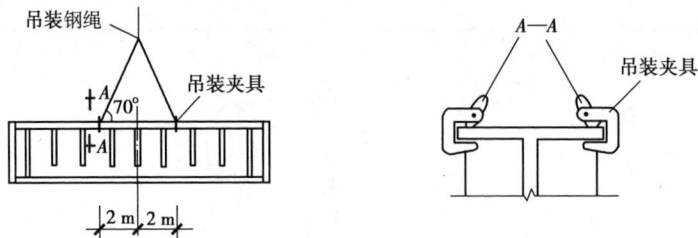

图 6.28　利用工具式吊耳吊装

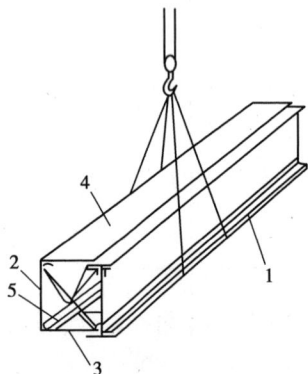

图 6.29　钢吊车梁的组合吊装

1—钢吊车梁；2—侧面桁架；3—底面桁架；
4—上平面桁架及走台；5—斜撑

（2）吊升就位和临时固定

在屋盖吊装之前安装钢吊车梁时，可采用各种起重机进行；在屋盖吊装完毕后安装钢吊车梁时，可采用短臂履带式起重机或独脚桅杆进行。如无起重机械，也可在屋架端头或柱顶拴滑轮组来安装钢吊车梁，采用此法时应通过验算确定屋架绑扎位置。

钢吊车梁布置宜接近安装位置，使梁重心对准安装中心。安装顺序可由一端向另一端，或从中间向两端顺序进行。当梁吊升至设计位置离支座顶面约20 cm时，用人力扶正，使梁中心线与支承面中心线（或已安装相邻梁中心线）对准，使两端搁置长度相等，缓缓下落。如有偏差，稍稍起吊用撬杠撬正；如支座不平，可用斜铁片垫平。

一般情况下，吊车梁就位后，因梁本身稳定性较好，仅用垫铁垫平即可，不需采取临时固定措施。当梁高度与宽度之比大于4，或遇五级以上大风时，脱钩前宜用铁丝将钢吊车梁捆绑在柱子上临时固定，以防倾倒。

（3）校正

钢吊车梁校正一般在梁全部吊装完毕，屋面构件校正并最后固定后进行。但对自重较大的钢吊车梁，因脱钩后撬动比较困难，宜采取边吊边校正的方法。校正内容包括中心线（位移）、轴线间距（跨距）、标高、垂直度等。纵向位移在就位时已基本校正。故校正主要是横向位移。

①吊车梁中心线与轴线间距校正。校正吊车梁中心线与轴线间距时，先在吊车轨道两端的地面上，根据柱轴线放出吊车轨道轴线，用钢尺校正两轴线的距离，再用经纬仪放线，钢丝挂线锤或在两端拉钢丝等方法较正，如图6.30所示。如有偏差，用撬杠拨正，或在梁端设螺栓，液压千斤顶侧向顶正，如图6.31（a）所示；或在柱头挂倒链将吊车梁吊起或用杠杆将吊车梁抬起，再用撬杠配合移动拨正，如图6.32所示。

②吊车梁标高的校正。当一跨即两排吊车梁全部吊装完毕后，将一台水准仪架设在某一钢吊车梁上或专门搭设的平台上，进行每梁两端的高程测量，计算各点所需垫板厚度，或在柱上测出一定高度的水准点，再用钢尺或样杆量出水准点至梁面铺轨需要的高度，根据测定标高进行校正。校正时，用撬杠撬起或在柱头屋架上弦端头节点上挂倒链将吊车梁需垫垫板的一端吊起。重型柱可在梁一端下部用千斤顶顶起填塞铁片，如图6.31（b）所示。

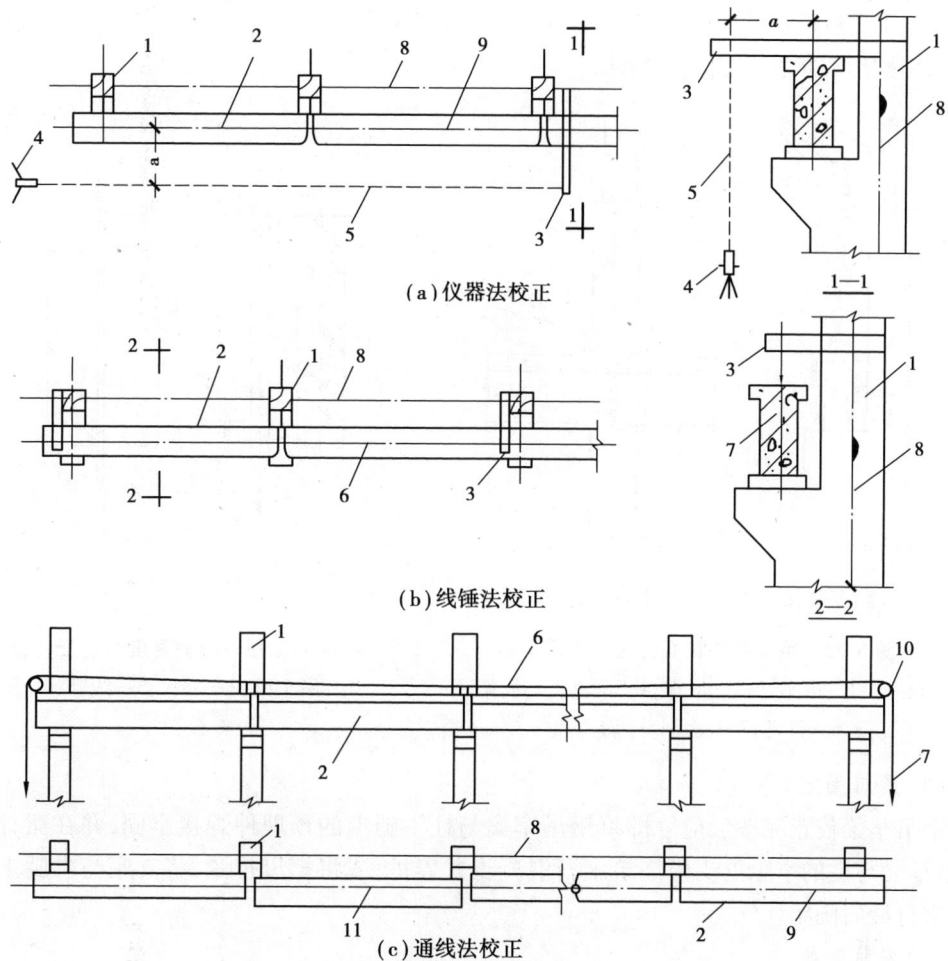

（a）仪器法校正

1—1

（b）线锤法校正

2—2

（c）通线法校正

图6.30 吊车梁轴线的校正

1—柱；2—吊车梁；3—短木尺；4—经纬仪；5—经纬仪与梁轴线平行视线；6—铁丝；
7—线锤；8—柱轴线；9—吊车梁轴线；10—钢管或圆钢；11—偏离中心线的吊车梁

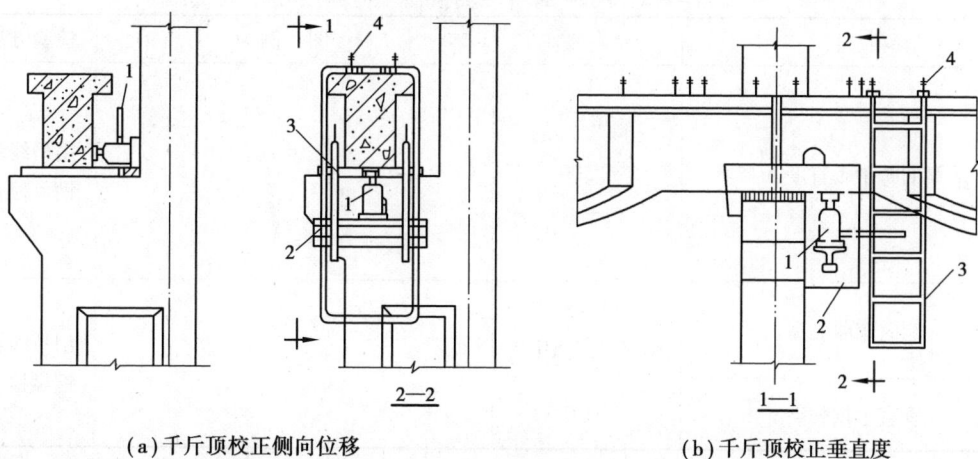

2—2

1—1

（a）千斤顶校正侧向位移　　　　　　　　（b）千斤顶校正垂直度

图6.31 用千斤顶校正吊车梁

1—液压（或螺栓）千斤顶；2—钢托架；3—钢爬梯；4—螺栓

③吊车梁垂直度的校正。在校正标高的同时,用靠尺或线锤在吊车梁的两端测垂直度(图6.33),用楔形钢板在一侧填塞校正。

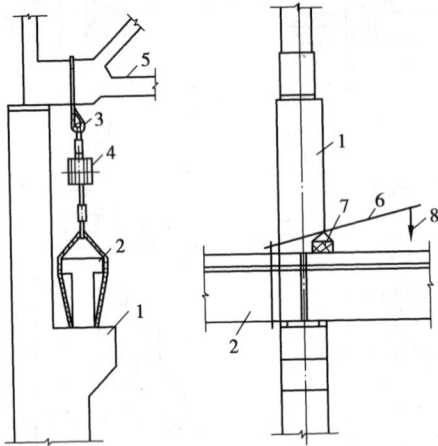

（a）悬挂法校正　　（b）杠杆法校正

图 6.32　用悬挂法和杠杆法校正吊车梁

1—柱;2—吊车梁;3—吊索;4—倒链;5—屋架;

6—杠杆;7—支点;8—着力点

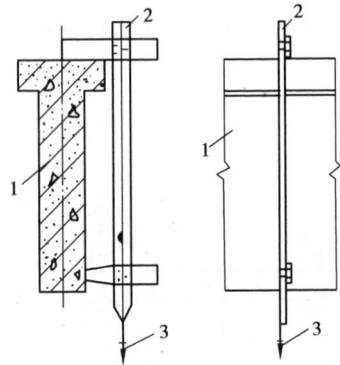

图 6.33　吊车梁垂直度的校正

1—吊车梁;2—靠尺;3—线锤

（4）最后固定

钢吊车梁校正完毕后应立即将钢吊车梁与柱牛腿上的预埋件焊接牢固,并在梁柱接头处、吊车梁与柱的空隙处支模浇筑细石混凝土并养护;或将螺母拧紧,将支座与牛腿上垫板焊接进行最后固定。

（5）安装验收

根据《钢结构工程施工质量验收标准》（GB 50205—2020）的规定,钢吊车梁安装的允许偏差应符合表6.6的规定。

表 6.6　钢吊车梁安装的允许偏差　　　　　　　　　　　　单位:mm

项　目	允许偏差	图　例	检验方法
梁的跨中垂直度 Δ	$h/500$		用吊线和钢尺检查
侧向弯曲矢高	$l/1\ 500$, 且不大于 10.0	—	用拉线和钢尺检查
垂直上拱矢高	10.0		

项　目		允许偏差	图　例	检验方法
两端支座中心位移 Δ	安装在钢柱上时,对牛腿中心的偏移	5.0		用拉线和钢尺检查
	安装在混凝土柱上时,对定位轴线的偏移	5.0		
吊车梁支座加劲板中心与柱子承压加劲板中心的偏移 Δ₁		$t/2$		用吊线和钢尺检查
同跨间内同一横截面吊车梁顶面高差 Δ	支座处	$l/1\,000$,且不大于10.0		用经纬仪、水准仪和钢尺检查
	其他处	15.0		
同跨间内同一横截面下挂式吊车梁底面高差 Δ		10.0		
同列相邻两柱间吊车梁顶面高差 Δ		$l/1\,500$,且不大于10.0		用水准仪和钢尺检查
相邻两吊车梁接头部位 Δ	中心错位	3.0		用钢尺检查
	上承式顶面高差	1.0		
	下承式底面高差	1.0		
同跨间任意一截面的吊车梁中心跨距 Δ		±10.0		用经纬仪和光电测距仪检查;跨度小时,可用钢尺检查
轨道中心对吊车梁腹板轴线的偏移 Δ		$t/2$		用吊线和钢尺检查

子项 6.2 钢框架结构工程施工

6.2.1 钢框架结构体系

钢框架结构体系是指沿房屋的纵向和横向用钢梁和钢柱组成的框架结构来作为承重和抵抗侧力的结构体系。其优点是:能提供较大的内部空间,建筑平面布置灵活;自重轻,抗震性能好,施工速度快,机械化程度高;结构简单,构件易于标准化和定型化。对层数不多的高层建筑而言,框架体系是一种比较经济合理的结构体系,一般是在工厂预制钢梁、钢柱,运送到施工现场再拼装连接成整体框架。但同时也存在一定的缺点,如用钢量稍大,耐火性能差,后期维修费用高,造价略高于混凝土框架。

随着层数及高度的增加,除承受较大的竖向荷载外,抗侧力(风荷载、地震作用等)要求也成为多层框架的主要承载特点,其基本结构体系一般可分为柱-支撑体系、纯框架体系、框架-支撑体系3种。

1)柱-支撑体系

当钢框架结构层数较多及高度较大时,风荷载、地震作用成为影响柱截面的主要因素,一般在框架柱之间要布置柱间支撑,这样可以有效抵抗水平地震力和风力;可以有效降低框架柱的计算长度,减少框架柱的计算截面。

2)纯框架体系

在实际设计中,由于使用功能的要求,钢框架结构在层数较少和高度较小时,常常不设置柱间支撑。这样的话,只能够通过加大框架柱的截面来抵抗水平地震力和水平风力,减少层间位移。

3)框架-支撑体系

对于多层及小高层钢框架结构建筑,可结合门窗位置在建筑的外墙布置双向交叉支撑,支撑可采用角钢、槽钢或圆钢,可按拉杆设计;在结构中支撑也不一定必须从下到上同一位置设置,也可跳格布置,其目的主要是增加结构的刚度。对于外墙开有门窗时,也可在窗台高度范围内布置,形成类似周边带状桁架的结构形式,增强结构整体刚度。

对高层住宅,可选择山墙和内墙布置中心支撑或偏心支撑,值得注意的是,当采用单斜体系时,应设置不同倾斜方向的两组单斜杠,以抵抗双向地震作用。在节点方面,若支撑足以承受建筑物的全部侧向力作用,则梁柱可做成铰接;若支撑不足以承受建筑物的全部侧向力作用,则梁柱可部分或全部做成刚接。

在高烈度地区,如果柱子比较细长,则大多采用偏心框架体系。这种体系的特点是,在小震或中等烈度地震作用下,刚度足以承受侧向水平力;在强震作用下,又具有很好的延性和耗能能力。

6.2.2　钢框架结构的组成

1)钢柱

(1)H 型钢柱

H 型钢柱是由 3 块钢板组成的 H 型截面承重构件。对于房间开间较小的钢框架结构,为降低用钢量和充分发挥截面承重能力,钢柱一般采用 H 型钢柱,其强轴平行于建筑物纵向设置。

(2)焊接箱形或方钢管截面柱

焊接箱形截面柱是由 4 块钢板组成的承重构件,在它与梁连接部位还设有加劲隔板,每节柱子顶部要求平整。焊接箱形截面柱的断面图如图 6.34 所示。

对于房间开间较大的纵横向承重的钢框架结构,为充分发挥截面承重能力,其钢柱一般采用焊接箱形截面柱。

(a)焊接箱形截面柱吊装单元

(b)埋入混凝土的焊接箱形截面柱

(c)钢筋穿过柱的构造

图 6.34　焊接箱形或方钢管截面柱

(3)钢管及钢管混凝土柱

钢管柱是由圆钢管或方钢管经切割和加工的钢柱,为提高其承载能力,充分发挥钢材和混凝土材料的性能优势,可在钢管中浇筑混凝土形成钢管混凝土柱,如图 6.35 所示。

（a）振动棒就位　　　　　　　　（b）浇注混凝土

图 6.35　钢管混凝土柱

（4）十字柱

每根十字柱采用一根 H 型钢柱与两根由 H 型钢剖分形成的 T 型钢焊接而成，其截面形式如图 6.36(a)所示。对于高层建筑的柱，可采用十字柱外包钢筋混凝土形成的劲性柱，为确保十字柱与钢筋混凝土协同工作和变形，沿着十字柱高度方向应焊有栓钉，如图 6.36(b)、(c)所示，其拼接如图 6.37 所示。

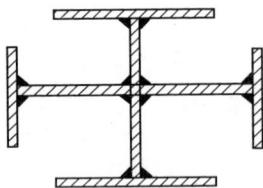

（a）十字柱截面　　　　　（b）焊有栓钉的十字柱　　　（c）钢筋穿过十字柱的构造

图 6.36　十字柱

图 6.37　十字柱拼接

当钢框架结构柱为焊接十字形钢柱时，其整体刚性大，对几何尺寸要求严格，如产生变形，校正极为困难，因此在制作过程中要严格控制变形的产生。

2）钢梁

（1）H 型钢梁

对于柱距较小的钢框架结构，其钢梁一般采用 H 型钢，其强轴平行于水平面。

（2）焊接箱形截面梁

对于柱距特别大的钢框架结构，其钢梁一般采用焊接箱形截面，其强轴平行于水平面。

3）楼板

（1）楼板种类

在钢结构住宅中楼板的形式也呈现多样性。近年来，采用较多的楼板形式主要有以下几种：

①压型钢板混凝土楼盖。压型钢板混凝土楼盖是将压型钢板铺设在钢梁上，在压型钢板和钢梁翼缘板之间用圆柱头焊钉进行穿透焊接，压型钢板即可作为浇筑混凝土时的永久性模板，也可作为混凝土板下部受拉钢筋与混凝土一起共同工作。

②现浇整体混凝土楼盖。现浇整体混凝土楼盖是结构设计中最常用的一种楼板。它的做法与钢筋混凝土结构中现浇板的做法基本相似，只是现浇板与钢梁之间需要增加抗剪连接件，使现浇板与钢梁形成一个整体。

③SP 预应力空心板楼盖。SP 板是一种大跨度预应力混凝土空心板。SP 板既可用作楼板，又可用作墙板，能很好地满足房屋的建筑和结构要求。

④混凝土叠合板楼盖。混凝土叠合板楼盖是将预制钢筋混凝土板支撑在工厂制作的焊有栓钉连接件的钢梁上，在铺设完现浇层中的钢筋之后浇灌混凝土，当现浇混凝土达到一定强度时，栓钉连接件使槽口混凝土、现浇层及预制板与钢梁连成整体共同工作，形成钢-混凝土叠合板组合梁，预制板和现浇层相结合形成叠合板。预制板按照设计荷载配置了承受正弯矩的受力钢筋，并伸出板端，现浇层中在垂直于梁轴线方向配置了负弯矩钢筋。负弯矩钢筋和伸出板端的钢筋还同时兼作组合梁的横向钢筋抵抗纵向剪力。预制板既作为底模承受现浇混凝土自重和施工荷载，又作为楼面板的一部分承受竖向荷载，同时还作为组合梁翼缘的一部分参与组合梁的受力。

⑤密肋 OSB 板。其楼盖由 C 形的轻钢龙骨与铺于龙骨上的薄板组成。楼面结构板材一般采用 OSB 板（定向刨花板）。龙骨在腹板上开有大孔，对于管线的穿越与布置极为方便。

⑥双向轻钢密肋组合楼盖。由钢筋或小型钢焊接的单品桁架正交成平板网架，并在网格内嵌入五面体无机玻璃钢模壳形成双向轻钢密肋组合楼盖。施工时利用平板网架自身的强度、刚度，并配 1 或 2 点临时支撑即可完成无模板浇筑混凝土作业。钢框架梁和轻钢桁架被现浇混凝土包裹形成双向组合楼盖，增加了楼板的刚度。无机玻璃钢模壳高度约 250 mm，500～600 mm 见方，混凝土现浇层厚度为 50～70 mm，楼板总厚度较大（密肋模壳可供设备管线穿过），需要架设吊顶。

除以上几种形式外，在钢结构住宅建设中还采用过钢骨架轻质保温隔声复合楼板、密排托架-现浇混凝土组合楼板、双向轻钢密肋组合楼盖、轻骨料或加气混凝土楼板（ALC 板）、现浇钢骨混凝土大跨度空心楼盖（有两种形式：梁式钢骨混凝土空心楼盖，框架梁为钢骨混凝土明梁；

暗梁钢骨混凝土空心楼盖,楼板中埋设 GBF 轻质高强复合薄壁空心管)等楼板形式。

（2）压型钢板混凝土楼板

在实际应用中,压型钢板混凝土楼板又分为非组合楼板和组合楼板两种形式。在施工阶段两者的作用是一样的,压型钢板作为浇筑混凝土板的模板,即不拆卸的永久性模板,合理设计后,不需要设置临时支撑,即由压型钢板承受混凝土板自重和施工活荷载。两者区别主要在于使用阶段,非组合楼板中梁上混凝土不参与钢梁的受力,按普通混凝土楼板计算承载力;而组合楼板中考虑混凝土楼板与钢梁共同工作,同时钢梁的刚度也有了提高,为保证压型钢板和混凝土叠合面之间的剪力传递,须在压型钢板上增加纵向波槽、压痕或横向抗剪钢筋等。

①压型钢板混凝土楼板的特点。在钢结构设计中,采用压型钢板与混凝土组合楼板具有下列优点:

a.合理的设计后,可不设施工专用的模板系统,即可实现多层同时施工作业,大大加快了施工进度;

b.压型钢板的凹槽内可铺设通信、电力、通风、采暖等管线,吊顶方便;

c.压型钢板便于运输、堆放,安装方便,不需拆卸,火灾危险性小;

d.施工时可起增强钢梁侧向稳定性的作用,在组合楼板中压型钢板可以作受拉钢筋使用。

另一方面,压型钢板混凝土楼板对建筑物也有一些不利因素:

a.用压型钢板后,增加了材料费用,尤其是镀锌压型钢板,本身造价较高,需要进行防火处理;

b.楼板中增加了压型钢板,楼层净高有少量的降低,按每层 75 mm 计,24 层大楼合计为 1.8 m。

②压型钢板混凝土组合楼板的构造要求。压型钢板混凝土组合楼板根据结构布置方案的不同,主要有板肋垂直于主梁、板肋平行于主梁两种形式,如图 6.38 所示。

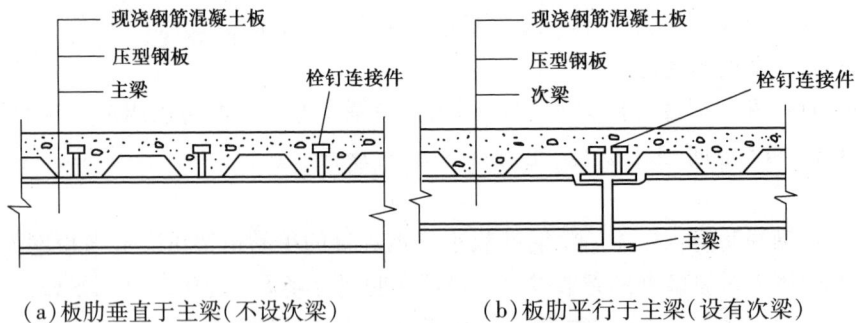

（a）板肋垂直于主梁(不设次梁)　　　　　　（b）板肋平行于主梁(设有次梁)

图 6.38　压型钢板混凝土组合楼板

在对压型钢板混凝土组合楼板进行验算的同时,其截面尺寸及配筋还应满足以下构造要求:

a.当考虑组合板中压型钢板的受力作用时,压型钢板(不包括镀锌层和饰面层)的净厚度不应小于 0.75 mm,浇筑混凝土的平均槽宽不应小于 50 mm。当在槽内设置栓钉抗剪连接时,压型钢板的总高度（包括压痕）不应大于 80 mm。

b.组合板的总厚度不应小于 90 mm,压型钢板顶部的混凝土厚度不应小于 50 mm,混凝土强度等级不宜低于 C20。浇筑混凝土的骨料大小不应超过压型钢板顶部的混凝土厚度的 0.4 倍、平均槽宽/3 及 30 mm。

c.组合板在下列情况下应配置钢筋:

• 当仅考虑压型钢板时,组合板的承载力不满足设计要求的,应在板内混凝土中配置附加的抗拉钢筋;

• 在连续组合板或悬臂组合板的负弯矩区应配置连续钢筋;

• 在集中荷载区段和孔洞周围应配置分布钢筋;

• 为改善防火效果,应增加抗拉钢筋。

连续组合板按简支板设计时,抗裂钢筋截面不应小于混凝土截面的 0.2%;从支撑边缘算起,抗裂钢筋的长度不应小于跨度的 1/6,且必须与至少 5 根分布筋相交。抗裂钢筋最小直径为 4 mm,最大间距为 150 mm,顺肋方向抗裂钢筋的保护层厚度为 20 mm。与抗裂钢筋垂直的分布筋直径不应小于抗裂钢筋的 2/3,其间距不应大于抗裂钢筋的 1.5 倍。

(3)现浇整体混凝土楼板

在钢结构工程中,考虑到现浇整体混凝土板与钢梁的协同工作的整体性,在混凝土板与钢梁之间用剪切连接件,使混凝土板作为钢梁的翼缘与钢梁组合在一起,整体共同工作形成组合 T 形梁(图 6.39)。组合梁能按各组成部件所处的受力位置和特点,较大限度地充分发挥钢与混凝土各自的材料特性,不但满足了结构的功能要求,而且还有较好的经济效益。实践表明,组合梁方案与钢梁方案相比,截面刚度大,梁的挠度可减少 1/3 ~ 1/2,可提高梁的自振频率,减少结构高度,节省钢材 20% ~ 40%,每平方米造价可降低 10% ~ 30%;组合梁方案由于整体性强、抗剪性能好,表现出良好的耐震性能;组合梁可利用钢梁作混凝土楼板的模板支撑,可节约费用。

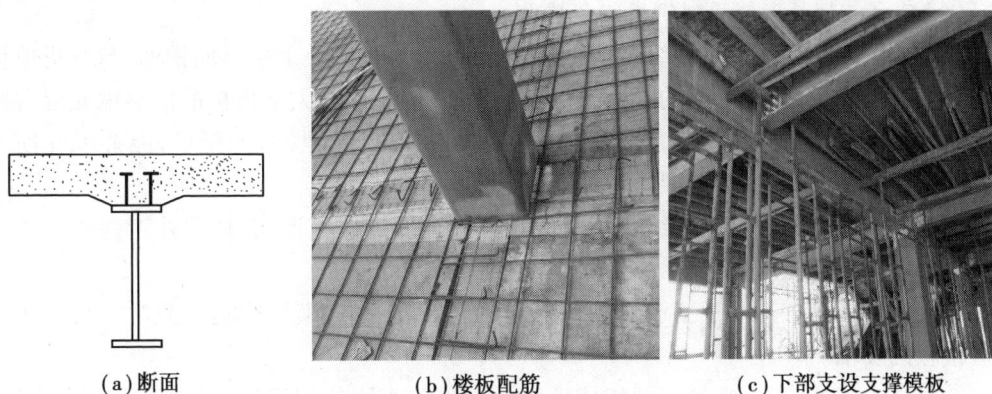

| (a)断面 | (b)楼板配筋 | (c)下部支设支撑模板 |

图 6.39 现浇整体混凝土楼板

①现浇整体混凝土楼板的特点。现浇整体混凝土楼板与其他楼板形式相比,主要有以下优势:

a.施工工艺简单,取材方便,造价低廉,适用范围广;

b.平面整体刚度大,抗震性能好;

c.和钢梁共同工作,形成组合梁,可减小梁截面的高度;

d. 不受房间形状限制,开洞方便,便于设备和管道的垂直铺设;

e. 取消了压型钢板,减少了用钢量。

尽管它有以上许多优点,但在多高层结构的楼板设计中仍受到一定的限制,主要是由于以下几点不利因素的影响:

a. 自重较大,现场湿作业多,现场凌乱;

b. 需要传统的模板支撑系统,阻碍下部交通,支模拆模比较烦琐;

c. 混凝土浇筑完成后,不能及时为后续工作提供条件;

d. 楼板混凝土的硬化需要较长的时间,对工期影响较大。

②现浇整体混凝土楼板的构造要求。现浇整体混凝土楼板除了要满足钢筋混凝土楼板自身的构造要求外,还要满足以下一些构造要求,才能够更好地与钢梁形成组合作用。

a. 组合梁截面高度不宜超过钢梁截面高度的 2.5 倍;混凝土板托高度不宜超过翼板厚度的 1.5 倍;板托的顶面宽度不宜小于钢梁上翼缘宽度与 1.5 倍板托高度之和。

b. 组合梁栓钉连接件必须与钢梁焊接,且应符合下列规定:

• 当栓钉焊于钢梁受拉翼缘时,其直径不得大于翼缘板厚度的 1.5 倍;当栓钉焊于无拉应力部位时,其直径不得大于翼缘板厚度的 2.5 倍。

• 栓钉沿梁轴线方向布置,其间距不得小于 $5d$(d 为栓钉直径);栓钉垂直于轴线布置,其间距不得小于 $4d$,边距不得小于 35 mm。

• 当栓钉穿透钢板焊接于钢梁时,其直径不得大于 19 mm,焊后栓钉高度应大于压型钢板波高加 30 mm。

• 栓钉顶面的混凝土保护层厚度不应小于 15 mm。

c. 连续组合梁或组合板在中间支座负弯矩区的上部纵向钢筋,应伸过梁的反弯点,并应留出锚固长度和弯钩。下部纵向钢筋在支座处应连续配置,不得中断。

(4)自承式钢筋桁架压型钢板组合楼面

自承式钢筋桁架压型钢板组合楼面,利用混凝土楼板的上下层纵向钢筋,与弯折成形的钢筋焊接,组成能够承受荷载的小桁架,组成一个在施工阶段无须模板的能够承受湿混凝土及施工荷载的结构体系。在使用阶段,钢筋桁架成为混凝土楼板的配筋,能够承受使用荷载。图 6.40 为自承式钢筋桁架压型钢板组合楼面图例。

自承式钢筋桁架压型钢板组合楼面作为一种合理的楼板形式,在国外工程中已广泛采用。其具有如下特点及优势:

①使用范围广。适用于工业建筑和公共建筑以及住宅,满足抗震规范对不大于 9 度地震区楼板的要求。

②提高工程质量,改善楼板的使用性能。钢筋间距均匀,混凝土保护层厚度容易控制;由于腹杆钢筋的存在,与普通混凝土叠合板相比,钢筋桁架混凝土叠合板具有更好的整体工作性能;楼板下表面平整,便于做饰面处理,符合用户对室内顶板的感观要求。

③缩短工期。施工阶段,钢筋桁架压型钢板可作为施工操作平台和现浇混凝土的底模,取消了烦琐的模板工程。

(a)钢筋绑扎前

(b)钢筋绑扎后

(c)自承式钢筋桁架压型钢板　　　　　　(d)栓钉与钢梁的栓焊连接

图 6.40　自承式钢筋桁架压型钢板组合楼面

4)架结构节点形式

(1)梁-柱、梁-梁节点

①H 型钢梁柱刚接节点。H 型钢梁柱刚接节点有短梁刚接(螺栓连接梁)、短梁刚接(焊接连接梁)、短梁刚接(栓焊混接梁)、栓焊刚接、T 或 Y 刚接连接等常见节点形式,如图6.41 所示。

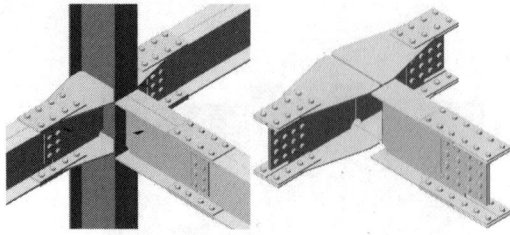

（a）短梁刚接（螺栓连接梁）　　　　　　　　　　（b）短梁刚接（焊接连接梁）

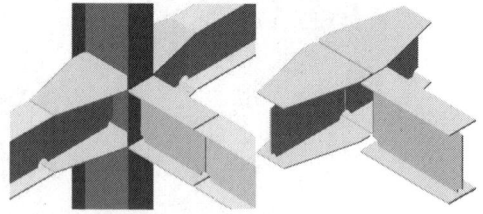

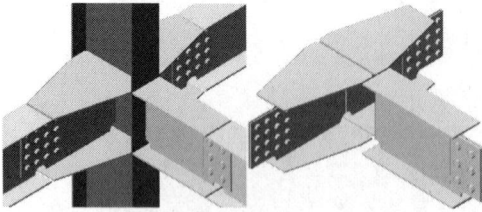

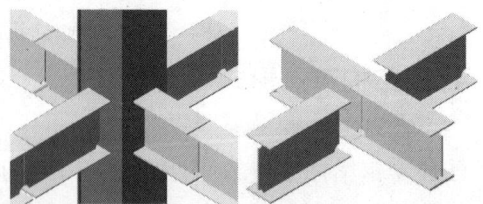

（c）短梁刚接（栓焊混接梁）　　　　　　　　　　（d）栓焊刚接

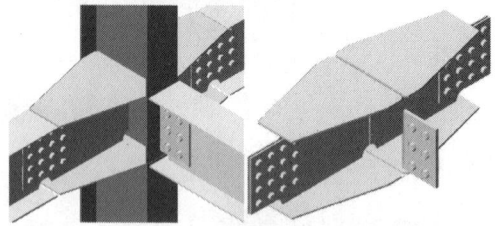

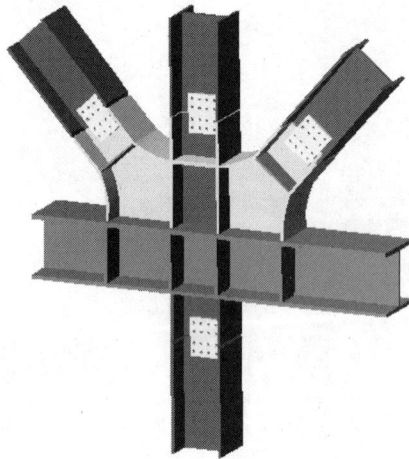

（e）H 型钢 T、Y 刚接连接节点

图 6.41　H 型钢梁柱刚接节点形式

②H 型钢梁-箱形截面柱刚接节点。H 型钢梁-箱形截面柱刚接节点有短梁刚接（螺栓连接梁）、短梁刚接（焊接连接梁）、短梁刚接（栓焊混接梁）、栓焊刚接、箱形柱与较多 H 型钢梁刚接、箱形柱＋H 型钢梁＋拉杆连接等形式，如图 6.42 所示。

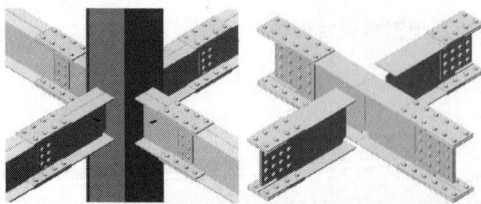

（a）短梁刚接（螺栓连接梁）　　　　　　　　　　（b）短梁刚接（焊接连接梁）

（c）短梁刚接（栓焊混接梁）　　　　　　　　（d）栓焊刚接

（e）箱形柱与 H 型钢梁复杂节点　　　　（f）箱形柱＋H 型钢梁＋拉杆连接节点

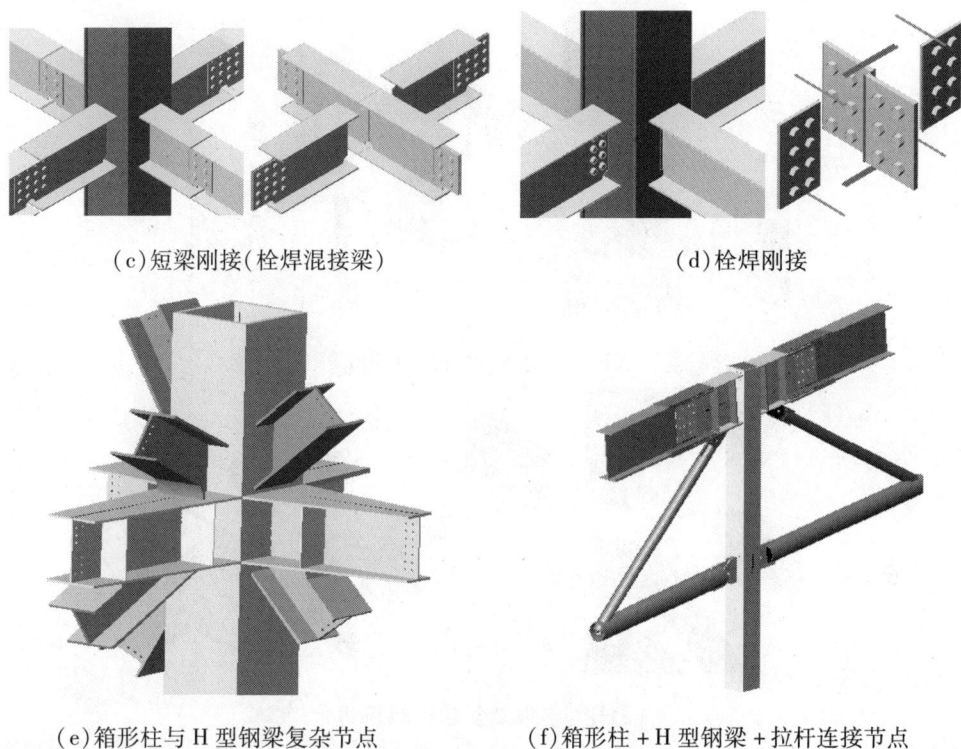

图 6.42　H 型钢梁-箱形截面柱刚接节点形式

③箱形截面梁柱刚接节点。箱形截面梁柱栓焊刚接节点形式如图 6.43 所示。

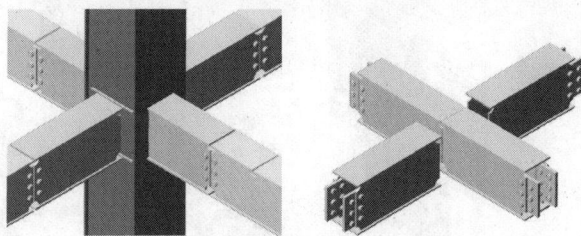

图 6.43　箱形截面梁柱栓焊刚接节点形式

④H 型钢梁-钢管截面柱刚接节点。H 型钢梁-钢管截面柱刚接节点有短梁刚接（外连水平加劲板）、外连水平加劲板（圆边）、柱与多根梁会交刚接（圆边）等形式,如图 6.44 所示。

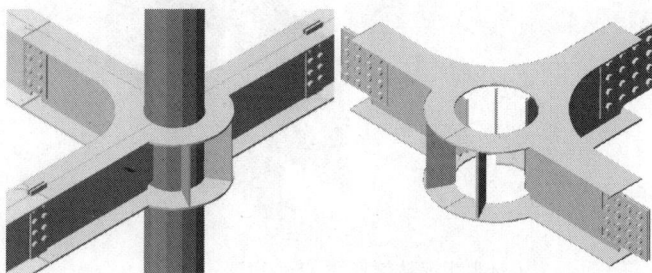

（a）短梁刚接（外连水平加劲板）

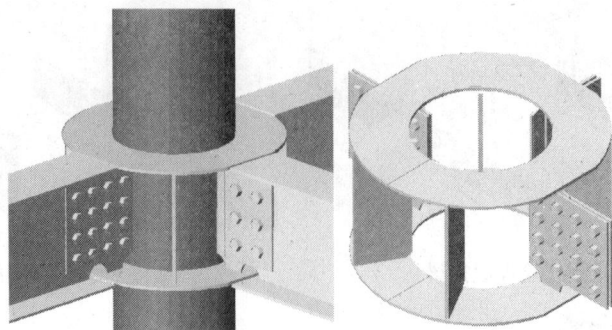

（b）外连水平加劲板（圆边）

（c）柱与多根梁会交刚接（圆边）

图 6.44　H 型钢梁-钢管截面柱刚接节点形式

⑤H 型钢主次梁铰接节点。H 型钢主次梁铰接节点形式如图 6.45 所示。

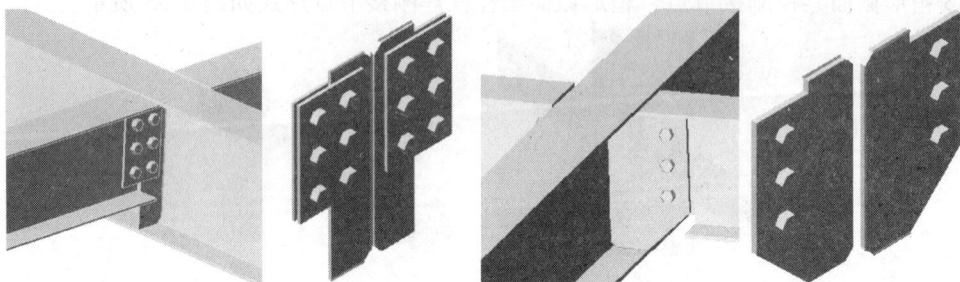

（a）主次梁铰接形式 1（主次梁不等高）　　　　（b）主次梁铰接形式 2（主次梁不等高）

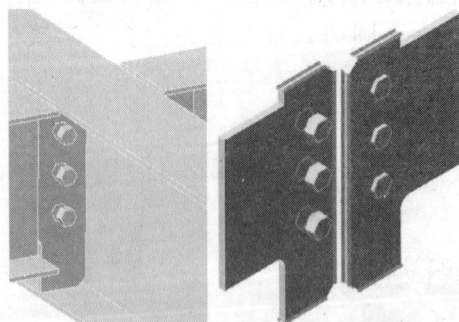

（c）主次梁铰接形式 3（主次梁不等高）

图 6.45　主次梁铰接节点形式

⑥箱形截面主梁-H 型钢次梁铰接节点,节点形式如图 6.46 所示。

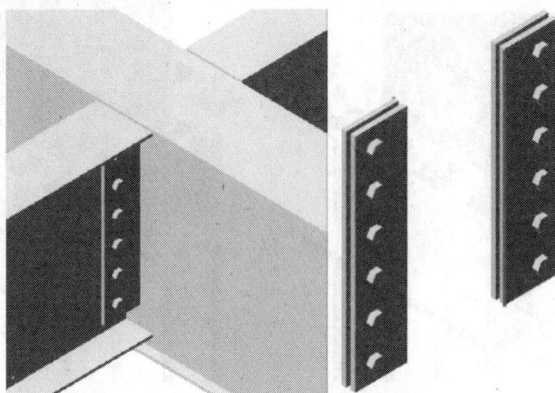

图 6.46 箱形截面主梁-H 型钢次梁铰接节点形式

(2)柱脚节点

①H 型钢刚接柱脚节点,节点形式如图 6.47 所示。

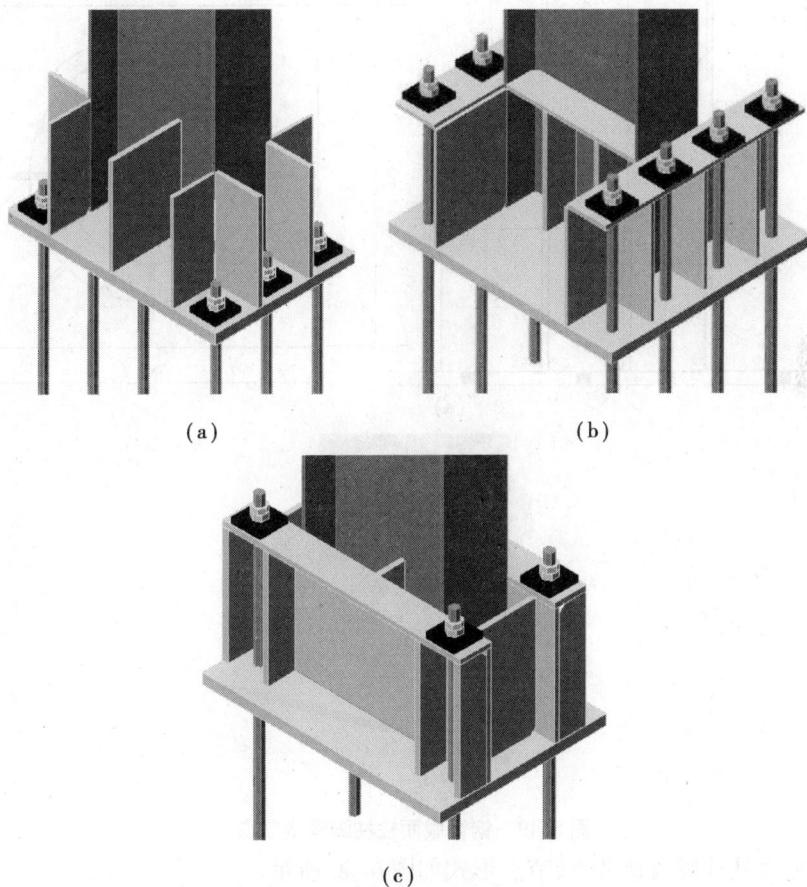

(a) (b)

(c)

图 6.47 H 型钢刚接柱脚节点形式

②焊接箱形截面柱脚刚接节点,节点形式如图 6.48 所示。

③钢管截面柱柱脚刚接节点,节点形式如图 6.49 所示。

（a）　　　　　　　　　　　（b）

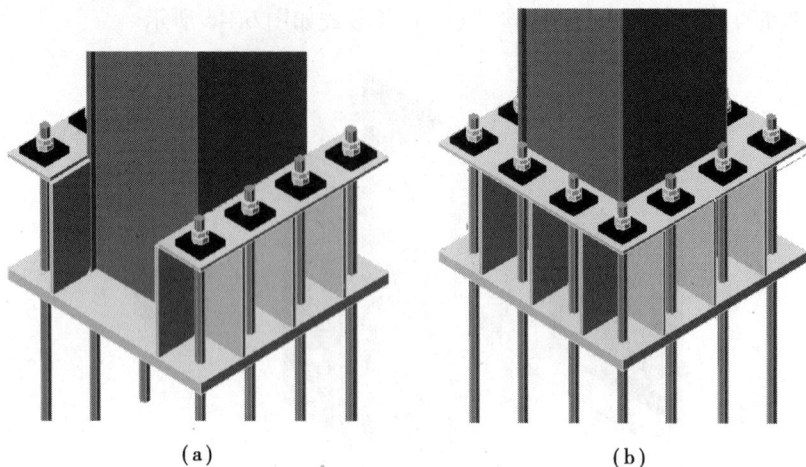

图6.48　焊接箱形截面柱脚刚接节点

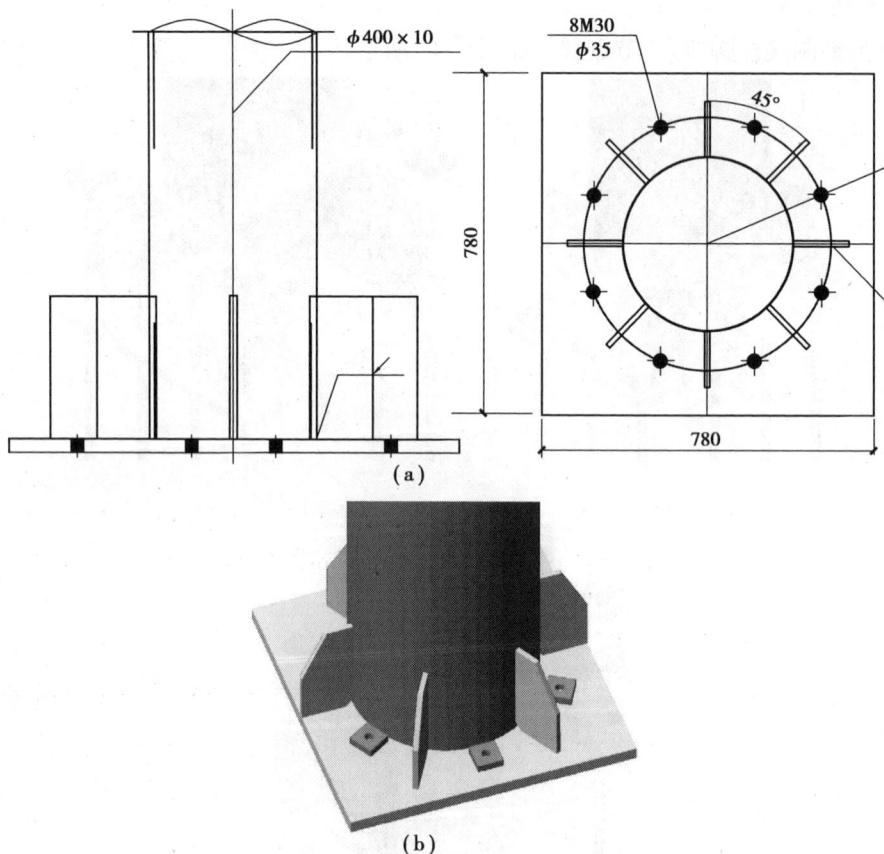

（a）

（b）

图6.49　钢管截面柱柱脚刚接节点

④箱形截面柱柱脚铰接节点，节点形式如图6.50所示。

（3）柱-柱连接节点

H型钢柱和箱形截面柱的柱-柱连接节点有螺栓连接和焊接两种形式，钢管柱一般采用焊接连接，如图6.51和图6.52所示。

（a）　　　　　　　　（b）　　　　　　　　（c）

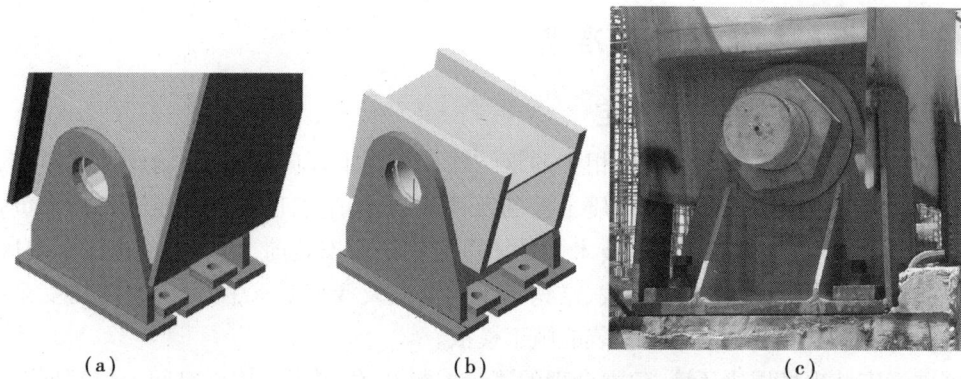

图 6.50　箱形截面柱柱脚铰接节点

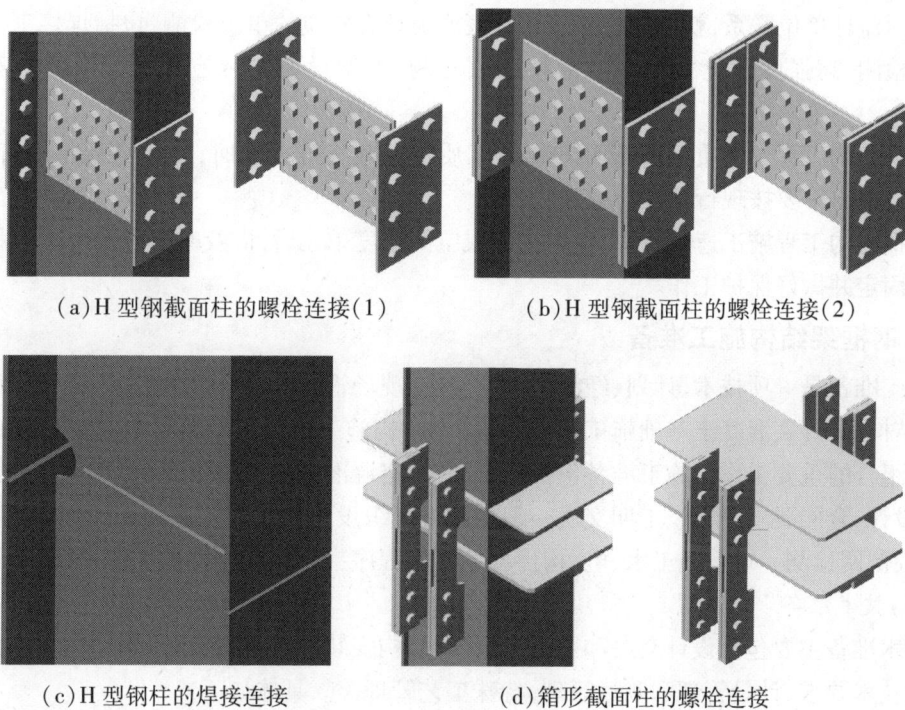

（a）H 型钢截面柱的螺栓连接（1）　　　　（b）H 型钢截面柱的螺栓连接（2）

（c）H 型钢柱的焊接连接　　　　　　（d）箱形截面柱的螺栓连接

图 6.51　H 型钢柱和箱形截面柱的柱-柱连接节点

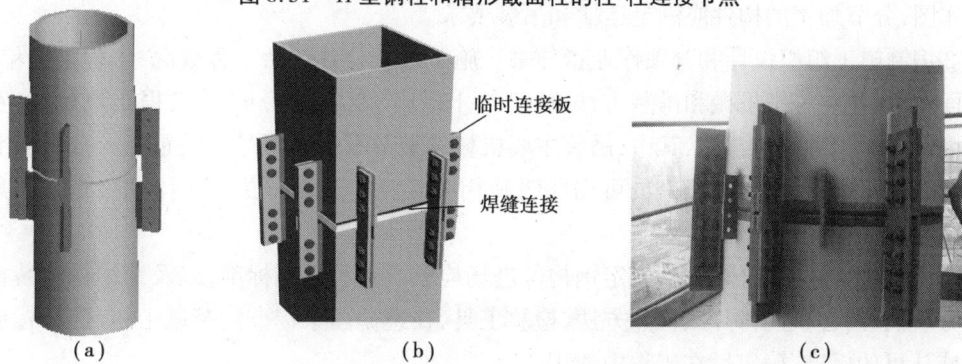

临时连接板

焊缝连接

（a）　　　　　　　（b）　　　　　　　　（c）

图 6.52　钢柱对接临时连接示意图

6.2.3 钢框架结构的安装准备

1)钢框架结构安装基本规定

①钢结构工程施工单位应具备相应的钢结构工程施工资质,施工现场质量管理应有相应的施工技术标准、质量管理体系、质量控制及检验制度,施工现场应有经项目技术负责人审批的施工组织设计、施工方案等技术文件。进行钢结构安装前,同设计单位认真交底,明确钢结构体系的力学模式、施工荷载、结构承受的动载及疲劳要求,做好保证结构安全的技术准备;有需要时,应进行钢结构安装的施工模拟。

②熟悉安装现场周边环境,建立合理的测量控制网,编制满足构件空间定位精度要求的测量方案。

③同监理单位联系,就专项施工工艺交底或委托有资质的单位检测,包括焊接工艺评定或焊缝检测、高强度螺栓检测或抗滑移系数复测、大型设备安装检测等关系结构安全的工艺。

④钢结构工程安装质量不符合现行施工质量验收标准要求时,按标准规定进行处理。钢结构构件出厂要按现行标准检查并验收。

⑤钢结构工程施工速度较快,在结构形成空间刚度单元后,应及时按设计要求对构件进行最终固定并做好保护工作。

2)钢框架结构施工准备

施工准备是一项技术、计划、经济、质量、安全、现场管理等综合性强的工作,是同设计单位、钢结构加工厂、混凝土基础施工单位、混凝土结构施工单位以及钢结构安装单位进行内部资源组合的重要工作。施工准备包括技术准备、资源准备、管理协调准备等内容。其程序如下:设计、合同要求、质量、工期交底→编制施工组织设计→编制资源使用计划→ 基础、钢构件、控制网检测→现场施工水、电、构件堆场工作程序→相关单位协调工作程序→审批。

(1)技术准备

技术准备主要包括设计交底和图纸会审、钢结构安装施工组织设计、钢结构及构件验收标准及技术要求、计量管理和测量管理、特殊工艺管理等。具体如下:

①参加图纸会审,与业主、设计、监理充分沟通,确定钢结构各节点、构件分节细节及工厂制作图,分节加工的构件应满足运输和吊装要求。

②编制施工组织设计和分项作业指导书。施工组织设计包括工程概况、工程量清单、现场平面布置、主要施工机械和吊装方法、施工技术措施、专项施工方案、工程质量标准、安全及环境保护、主要资源表等。其中,吊装主要机械选型及平面布置是吊装重点。分项作业指导书可以细化为作业卡,作业人员可据此明确相应工序的操作步骤、质量标准、施工工具和检测内容、检测标准。

③依承接工程的具体情况,确定钢构件进场检验内容及适用标准,以及钢结构安装检验批划分、检验内容、检验标准、检测方法、检验工具,在遵循国家标准的基础上,参照部标或其他权威认可的标准,确定后在工程中使用。

④各专项工种施工工艺确定,编制具体的吊装方案、测量监控方案、焊接及无损检测方

案、高强度螺栓施工方案、塔吊装拆方案、临时用电用水方案、质量安全环保方案。

⑤组织必要的工艺试验,如焊接工艺试验、压型钢板施工及栓钉焊接检测工艺试验。尤其要做好新工艺、新材料的工艺试验,作为指导生产的依据。对于栓钉焊接工艺试验,根据栓钉的直径、长度及焊接类型(是穿透压型钢板焊,还是直接打在钢梁上的栓钉焊接),要做相应的电流大小、通电时间长短的调试。对于高强度螺栓,要做好高强度螺栓连接副扭矩系数、预拉力和摩擦面抗滑移系数的检测。

⑥根据结构深化图纸,验算钢结构框架安装时构件的受力情况,科学地预计其可能的变形情况,并采取相应合理的技术措施来保证钢结构安装的顺利进行。

⑦钢结构施工中,计量管理包括按标准进行的计量检测,按施工组织设计要求精度配置的器具,检测中按标准进行的方法。测量管理包括控制网的建立和复核,检测方法、检测工具、检测精度等。

⑧和工程所在地的相关部门进行协调,如治安、交通、绿化、环保、文保、电力等,并到当地气象部门了解以往年份的气象资料,做好防台风、防雨、防冻、防寒、防高温等措施。

(2)材料要求

材料要求包括劳动力、机械设备、钢构件、资源、连接材料、测量器具、现场平面规划、钢构件运输等准备工作。

多层与高层建筑钢结构的钢材,主要采用 Q235 结构钢和 Q355 低合金高强度结构钢,国外进口钢的强度等级大多相当于 Q355、Q390,其质量标准应分别符合我国现行国家标准《碳素结构钢》(GB/T 700—2006)和《低合金高强度结构钢》(GB/T 1591—2018)的规定。当有可靠依据时,可采用其他牌号的钢材。当设计文件采用其他牌号的结构钢时,应符合相对应的现行国家标准。

多层与高层钢结构连接材料主要采用 E43、E50 系列焊条或 H08 系列焊丝,高强度螺栓主要采用 45 号钢、40B 钢、20MnTiB 钢,栓钉主要采用 ML15、DL15 钢。

①品种规格。钢型材有热轧成型的钢板和型钢以及冷弯成型的薄壁型钢(详见第 3 章)。

②厚度方向性能钢板。随着多层与高层钢结构的发展,焊接结构使用的钢板厚度有所增加,并要求钢板在厚度方向有良好的抗层状撕裂性能,因而出现了厚度方向性能钢板。厚度方向性能钢板应符合现行国家标准《厚度方向性能钢板》(GB/T 5313—2010)的规定。

③现场安装的材料准备:

a.根据施工图,测算各主耗材料(如焊条、焊丝等)的数量,作好订货安排,确定进场时间。

b.各施工工序所需临时支撑、钢结构拼装平台、脚手架支撑、安全防护、环境保护器材数量确认后,安排进场搭设、制作。

c.根据现场施工安排,编制钢构件进场计划,安排制作、运输计划。对于特殊构件(如放射性、腐蚀性等)的运输,要做好相应的措施,并到当地的公安、消防部门登记。对超重、超长、超宽的构件,还应规定好吊耳的设置,并标出重心位置。

(3)主要机具

在多层与高层钢结构安装施工中,由于建筑较高、较大,吊装机械多以塔式起重机、履带式起重机、汽车式起重机为主。

钢构件在加工厂制作,现场安装,工期较短,机械化程度高,采用的机具设备较多。因此,在施工准备阶段,根据现场施工要求编制施工机具设备需用计划,同时根据现场施工现状、场地情况,确定各机具设备进场日期、安装日期及临时堆放场地,确保在不影响其他单位的施工活动的同时,保证机具设备按现场安装施工要求安装到位。

(4)劳动力准备

所有生产工人都要进行上岗前培训,取得相应资质的上岗证书,做到持证上岗。尤其是焊工、起重工、塔吊操作工、塔吊指挥工等特殊工种。

3) 材料的关键要求

安装用的材料,如焊接材料、高强度螺栓、压型钢板、栓钉等应符合现行国家产品标准和设计要求。CO_2、C_2H_2、O_2 等应符合焊接规程的要求,并按要求进行必要的检验,如焊缝检测、工艺评定、高强度螺栓检测及抗滑移系数检测、钢材质量复测等。

(1)技术关键要求

在多层与高层钢结构工程现场施工中,吊装机具的选择,吊装方案、测量监控方案、焊接方案等的确定尤为关键。

(2)质量关键要求

节点处理直接关系到结构安全和工程质量,必须合理处理,严把质量关。焊接节点处必须严格按无损检测方案进行检测,必须做好高强度螺栓连接副和高强度螺栓连接件抗滑移系数的试验报告。对钢结构安装的每一步都应做好测量监控。

(3)职业健康安全关键要求

在多层与高层钢结构工程现场施工中,高空作业较多,必须编制安全方案,作好安全措施。高空作业必须使用"三宝",必须做好"四口"的防护工作。组织员工定期进行体检。

(4)环境关键要求

对于施工中和施工完后产生的施工废弃物,如钢材边角料、废旧安全网等,应集中回收、处理。

对于焊接中产生的电弧光,应采取一定的防护措施。

(5)协调准备

主要是按合同要求确定设计、监理、总包、构件制作厂、钢结构安装单位的工作程序,进行大型构件运输协调,混凝土基础、预埋件、钢构件验收协调,混凝土同钢结构施工交叉协调等工作。

①钢结构安装在建筑施工中是一项特殊工艺,协调工作量大,协调准备首先需要建立正常的工作程序,并在施工中落实。

②与总包单位协调施工平面规划、测量控制网、混凝土基础及预埋件验收等内容,构件堆场及文明施工要求等。

③与钢结构加工厂协调钢构件进场安排、加工顺序、配合预拼装、构件加工质量检查等内容。

④超长、超高、超重钢构件运输路线、时间,与运输单位及交管部门协调,确保运输安全。

⑤钢结构安装单位协调施工中不同专业人员的配合作业,协调劲性混凝土、钢管混凝

土、组合结构混凝土施工间的交叉作业,达到资源的最佳配置。

6.2.4 钢框架安装施工

多层与高层钢框架结构安装工艺流程图如图 6.53 所示。

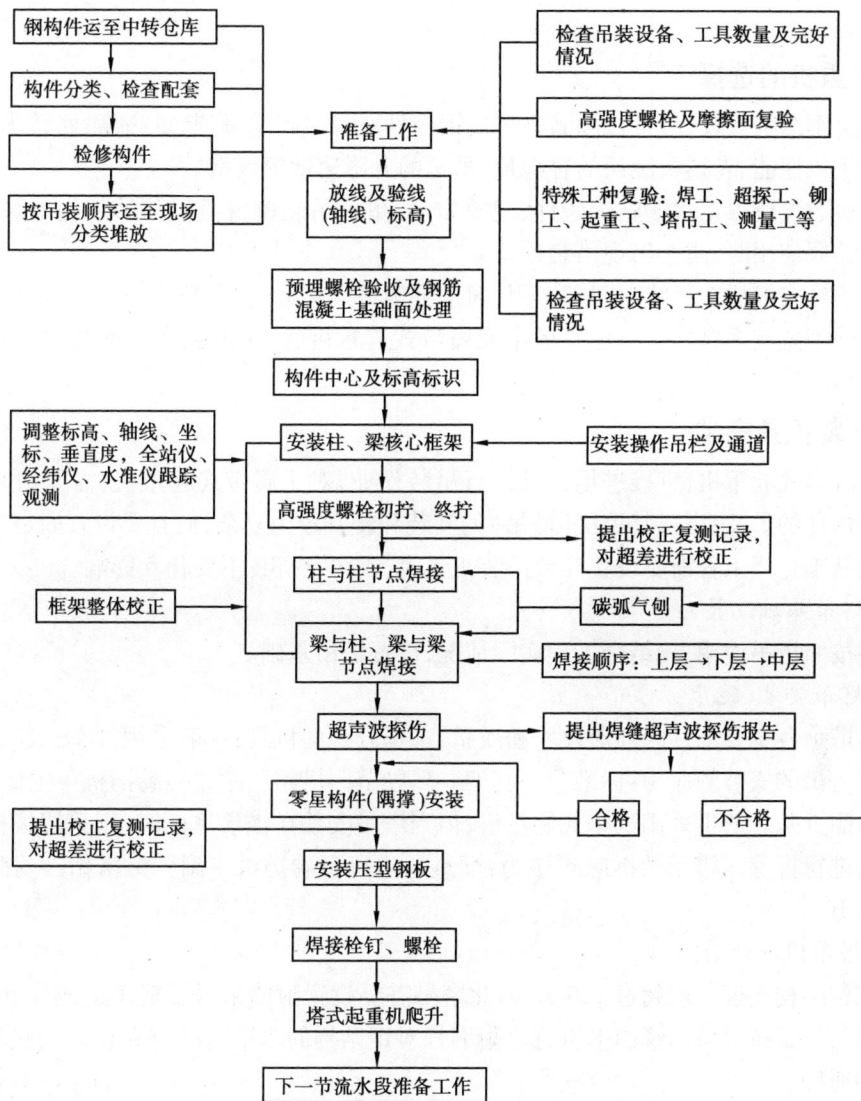

图6.53 多层与高层钢结构安装工艺流程图

1)吊装方案确定

根据现场施工条件及结构形式,选择最优的吊装方案。

2)吊装概况

对工程的概况和吊装过程进行简述。

3) 吊装机具选择

根据多层与高层钢结构工程结构特点、平面布置及钢构件质量等情况,钢构件吊装一般选择塔式起重机(塔吊)。在地下部分,如果钢构件较重的,也可选择汽车式起重机或履带式起重机完成。吊装机具的选择是钢结构安装的重要组成内容,直接关系到安装的成本、质量、安全等。

4) 起重机的选择

多高层钢结构安装,起重机除满足吊装钢构件所需的起重量、起重高度、回转半径外,还必须考虑抗风性能、卷扬机滚筒的容绳量、吊钩的升降速度等因素。

起重机数量应根据现场施工条件、建筑布局、单机吊装覆盖面积和吊装能力综合确定。多台塔吊共同使用时,防止出现吊装死角。

起重机械应根据工程特点合理选用,通常首选塔式起重机,自升式塔式起重机根据现场情况选择外附式或内爬式。行走式塔吊或履带式起重机、汽车吊在多层钢结构工程施工中使用也较多。

5) 吊装机具安装

对于汽车式起重机,直接进场即可进行吊装作业;对于履带式起重机,需要组装好后才能进行钢构件的吊装;塔式起重机(塔吊)的安装和爬升较为复杂,而且要设置固定基础或行走式轨道基础。当工程需要设置几台吊装机具时,需注意机具不要相互影响。

(1)塔吊基础设置

严格按照塔吊说明书,结合工程实际情况,设置塔吊基础。

(2)塔吊安装、爬升

列出塔吊各主要部件的外形尺寸和质量,选择合理的机具,一般采用汽车式起重机来安装塔吊。塔吊的安装顺序为:标准节→套架→驾驶节→塔帽→副臂→卷扬机→主臂→配重。

塔吊的拆除一般也采用汽车式起重机,但当塔吊安装在楼层里面时,则采用拔杆及卷扬机等工具进行拆除。塔吊的拆除顺序为:配重→主臂→卷扬机→副臂→塔帽→驾驶节→套架→标准节。

(3)塔吊附墙计划

高层钢结构高度一般超过100 m,因此塔吊需要设置附墙来保证塔吊的刚度和稳定性。塔吊附墙的设置按照塔吊说明书进行。附墙杆对钢结构的水平荷载应在设计交底和施工组织设计中明确。

6) 钢结构吊装

(1)吊装前准备工作与作业条件

①在进行钢结构吊装作业前,应具备的基本条件如下:

a.各专项施工方案编制审核完成;

b.施工临时用电用水铺设到位,平面规划按方案完成;

c.施工机具安装调试验收合格;

d.劳动力进场。

②其他条件:

a. 钢构件进场验收检查。构件现场检查包括数量、质量、运输保护3个方面内容。

钢构件进场后，按货运单检查所到构件的数量及编号是否相符，发现问题及时在回单上说明，反馈制作厂，以便及时处理。

按标准要求对构件的质量进行验收检查，做好检查记录。也可在构件出厂前直接进厂检查。主要检查构件的外形尺寸、螺孔大小和间距等。

制作超过规范允许偏差和运输中变形的构件必须在安装前在地面修复完毕，减少高空作业。

b. 钢构件堆场安排、清理。进场的钢构件，按现场平面布置要求堆放。为减少二次搬运，尽量将构件堆放在吊装设备的回转半径内。钢构件堆放应安全、牢固。构件吊装前必须清理干净，特别是接触面、摩擦面上，必须用钢丝刷清除铁锈、污物等。

c. 现场柱基检查。安装在钢筋混凝土基础上的钢柱，其安装质量和工效与混凝土柱基和地脚螺栓的定位轴线、基础标高直接有关，必须会同设计、监理、总包、业主共同验收，合格后才可进行钢柱的安装。

③吊装前的注意事项：

a. 吊装前应对所有施工人员进行技术交底和安全交底。

b. 严格按照交底的吊装步骤实施。

c. 严格遵守吊装、焊接等的操作规程，按工艺评定内容执行，出现问题按交底内容执行。

d. 遵守操作规程，严禁在恶劣气候下作业或施工。

e. 吊装区域划分。为便于识别和管理，原则上按照塔吊的作业范围或钢结构安装工程的特点划分吊装区域，以便钢构件按平行顺序同时吊装。

f. 螺栓预埋检查。螺栓连接钢结构和钢筋混凝土基础，预埋应严格执行施工方案。按国家标准，预埋螺栓标高偏差控制在 +5 mm 以内，定位轴线的偏差控制在 ±2 mm。

（2）吊装程序

现场钢结构吊装是根据方案的要求按吊装流水顺序进行，钢构件必须按照安装的需要供应。为充分利用施工场地和吊装设备，应严密制订构件进场及吊装周、日计划，保证进场的构件满足周、日吊装计划并配套。

多层与高层钢结构吊装的吊装顺序原则上采用对称吊装、对称固定。一般按程序先划分吊装作业区域，按划分的区域、平行顺序同时进行。当一片区吊装完毕后，即进行测量、校正、高强度螺栓初拧等工序；待几个片区安装完毕，再对整体结构进行测量、校正、高强度螺栓终拧、焊接；接着进行下一节钢柱的吊装。组合楼盖则根据现场实际情况进行压型钢板吊放和铺设工作。

多层与高层钢结构吊装，在分片分区的基础上，多采用综合吊装法，其吊装程序一般是：平面从中间或某一对称节间开始，以一个节间的柱网为一个吊装单元，按钢柱→钢梁→支撑顺序吊装，并向四周扩展，垂直方向由下至上组成稳定结构后，分层安装次要结构，逐节间钢构件、逐楼层安装完。采取对称安装、对称固定的工艺，有利于消除安装误差积累和节点焊接变形，使误差降低到最小限度。

（3）钢柱起吊安装

钢柱多采用实腹式，实腹钢柱截面多为工字形、箱形、十字形、圆形。钢柱多采用焊接对接接长,也有采用高强度螺栓连接接长。劲性柱与混凝土采用熔焊栓钉连接。

①吊点设置。吊点位置及吊点数量根据钢柱形状、断面、长度、起重机性能等具体情况确定。吊点一般采取焊接吊耳、吊索绑扎、专用吊具等。

钢柱一般采用一点正吊。吊点设置在柱顶处,吊钩通过钢柱重心线,钢柱易于起吊、对线、校正。当受起重机臂杆长度、场地等条件限制时,吊点可放在柱长 1/3 处斜吊。由于钢柱倾斜,起吊、对线、校正较难控制。

②起吊方法。钢柱一般采用单机起吊,也可采用双机抬吊。双机抬吊应注意以下事项:

a. 尽量选用同类型起重机;

b. 对起吊点进行荷载分配,有条件时进行吊装模拟;

c. 各起重机的荷载不宜超过其相应起重能力的 80%;

d. 在操作过程中,要互相配合、动作协调,如采用铁扁担起吊,尽量使铁扁担保持平衡,要防止一台起重机失重而使另一台起重机超载,造成安全事故;

e. 信号指挥:分指挥必须听从总指挥。

起吊时钢柱必须垂直,尽量做到回转扶直。起吊回转过程中应避免同其他已安装的构件相碰撞,吊索应预留有效高度。

钢柱扶直前应将登高爬梯和挂篮等挂设在钢柱预定位置并绑扎牢固,起吊就位后临时固定地脚螺栓、校正垂直度。钢柱接长时,钢柱两侧装有临时固定用的连接板,上节钢柱对准下节钢柱柱顶中心线后,即用螺栓固定连接板临时固定。

钢柱安装到位,对准轴线、临时固定牢固后才能松开吊索。

(4)钢柱校正

钢柱校正要做三件工作:柱基标高调整、柱基轴线调整和柱身垂直度校正。依工程施工组织设计要求,配备测量仪器配合钢柱校正。

①柱基标高调整(图 6.54)。钢柱标高调整主要采用螺母调整和垫铁调整两种方法。

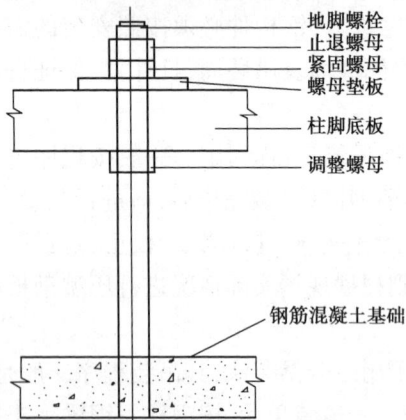

地脚螺栓
止退螺母
紧固螺母
螺母垫板
柱脚底板
调整螺母

钢筋混凝土基础

图 6.54 柱基标高调整示意

螺母调整是根据钢柱的实际长度,在钢柱底板下的地脚螺栓上加一个调整螺母,螺母表面的标高调整到与柱底板底标高齐平。如第一节钢柱过重,可在柱底板下、基础钢筋混凝土面上放置钢板,作为标高调整块用。放上钢柱后,利用柱底板下的螺母或标高调整块控制钢柱的标高(因为有些钢柱过重,螺栓和螺母无法承受其重量,故柱底板下需加设标高调整块——钢板来调整标高),精度可达到 1 mm 以内。柱底板下预留的空隙,可以用高强度、微膨胀、无收缩砂浆以捻浆法填实。当使用螺母调整柱底板标高时,应对地脚螺栓的强度和刚度进行计算。

对于高层钢结构地下室部分劲性钢柱,钢柱的周围都布满了钢筋,调整标高和轴线时,同土建交叉协调好才能进行。

②第一节柱底轴线调整。钢柱制作时,在柱底板的 4 个侧面用钢冲标出钢柱的中心线。

对线方法:在起重机不松钩的情况下,将柱底板上的中心线与柱基础的控制轴线对齐,缓慢降落至设计标高位置。如果钢柱与控制轴线有微小偏差,可借线调整。

预埋螺杆与柱底板螺孔有偏差,适当将螺孔放大,或在加工厂将底板预留孔位置调整,保证钢柱安装。

③第一节柱身垂直度校正。柱身调整一般采用缆风绳或千斤顶、钢柱校正器等校正。用两台径向放置的经纬仪进行测量。地脚螺栓上螺母一般用双螺母,在螺母拧紧后,将螺杆的螺纹破坏或焊实。

④柱顶标高调整和其他节框架钢柱标高控制。柱顶标高调整和其他节框架钢柱标高控制可以采用两种方法:一是按相对标高安装,另一种是按设计标高安装,通常是按相对标高安装。钢柱吊装就位后,用大六角头高强度螺栓临时固定连接,通过起重机和撬棍微调柱间间隙。量取上下柱顶预先标定的标高值,符合要求后打入钢楔,临时固定牢,考虑到焊缝及压缩变形,标高偏差调整至 4 mm 以内。钢柱安装完后,在柱顶安置水准仪,测量柱顶标高,以设计标高为准。如标高高于设计值在 5 mm 以内,则不需调整,因为柱与柱节点间有一定的间隙;如高于设计值 5 mm 以上,则需用气割将钢柱顶部割去一部分,然后用角向磨光机将钢柱顶部磨平到设计标高;如标高低于设计值,则需增加上下钢柱的焊缝宽度,但一次调整不得超过 5 mm,以免过大的调整造成其他构件节点连接的复杂化和安装难度。

⑤第二节柱轴线调整。上下柱连接保证柱中心线重合。如有偏差,在柱与柱的连接耳板的不同侧面加入垫板(垫板厚度为 0.5~1.0 mm),拧紧大六角螺栓。钢柱中心线偏差调整每次 3 mm 以内,如偏差过大,分 2~3 次调整。

注意:上一节钢柱的定位轴线不允许使用下一节钢柱的定位轴线,应从控制网轴线引至高空,保证每节钢柱的安装标准,避免过大的误差积累。

⑥第二节钢柱垂直度校正。钢柱垂直度校正的重点是对钢柱有关尺寸预检。下层钢柱的柱顶垂直度偏差就是上节钢柱的底部轴线、位移量、焊接变形、日照影响、垂直度校正及弹性变形等的综合。可采取预留垂直度偏差值消除部分误差。预留值大于下节柱累积偏差值时,只预留累计偏差值,反之则预留可预留值,其方向与偏差方向相反。

经验值测定:梁与柱一般焊缝收缩值小于 2 mm,柱与柱焊缝收缩值一般为 3.5 mm,厚钢板焊缝的横向收缩值可按下列公式计算:

$$S = K \cdot A/T$$

式中 S——焊缝的横向收缩值,mm;

A——焊缝横截面面积,mm^2;

T——焊缝厚度,包括熔深,mm;

K——常数,一般取 0.1。

日照温度影响:其偏差变化与柱的长细比、温度差成正比,与钢柱截面形式、钢板厚度都有直接关系。较明显观测差发生在 9:00—10:00 和 14:00—15:00,应控制好观测时间,减少温度影响。

安装标准化框架的原则:在建筑物核心部分或对称中心,由框架柱、梁、支撑组成刚度较大的框架结构,作为安装基本单元,其他单元依此扩展。

标准柱的垂直度校正:采用径向放置的两台经纬仪对钢柱及钢梁进行观测。钢柱垂直

度校正可分两步:

第一步:采用无缆风绳校正。在钢柱偏斜方向的一侧打入钢楔或顶升千斤顶。在保证单节柱垂直度不超过标准要求的前提下,将柱顶偏移控制到零,最后拧紧临时连接耳板的大六角螺栓。注意:临时连接耳板的螺栓孔应比螺栓直径大4 mm,利用螺栓孔扩大足够的余量来调节钢柱制作误差 $-1 \sim +5$ mm。

焊缝横向收缩值见表6.7。

表6.7 焊接横向收缩值 单位:mm

焊接坡口形式	钢材厚度	焊缝收缩值	构件制作增加长度
柱与柱节点全熔透坡口	19	1.3 ~ 1.6	1.5
	25	1.5 ~ 1.8	1.7
	32	1.7 ~ 2.0	1.9
	40	2.0 ~ 2.3	2.2
	50	2.2 ~ 2.5	2.4
	60	2.7 ~ 3.0	2.9
	70	3.1 ~ 3.4	3.3
	80	3.4 ~ 3.7	3.5
	90	3.8 ~ 4.1	4.0
	100	4.1 ~ 4.4	4.3
梁与柱节点全熔透坡口	12	1.0 ~ 1.3	1.2
	16	1.1 ~ 1.4	1.3
	19	1.2 ~ 1.5	1.4
	22	1.3 ~ 1.6	1.5
	25	1.4 ~ 1.7	1.6
	28	1.5 ~ 1.8	1.7
	32	1.7 ~ 2.0	1.8

第二步:安装标准框架体的梁。先安装上层梁,再安装中、下层梁,安装过程会对柱垂直度有影响,可采用钢丝绳缆索(只适宜跨内柱)、千斤顶、钢楔和手拉葫芦进行调整。其他框架柱依标准框架体向四周发展,其做法与上述同。

(5)框架梁安装

框架梁和柱连接通常为上下翼板焊接,腹板栓接,或者全焊接、全栓接的连接方式。

①钢梁吊装宜采用专用吊具,两点绑扎吊装。吊升中必须保证钢梁保持水平状态。一机吊多根钢梁时绑扎要牢固、安全,便于逐一安装。

②一节柱一般有2~4层梁,原则上横向构件由上向下逐层安装,因为上部和周边都处于自由状态,易于安装和控制质量。通常在钢结构安装操作中,同一列柱的钢梁从中间跨开始对称地向两端扩展安装,同一跨钢梁,先安装上层梁再安装中下层梁。

③在安装柱与柱之间的主梁时,必须跟踪校正柱与柱之间的距离,并预留安装余量,特别是节点焊接收缩量,达到控制变形、减小或消除附加应力的目的。

④柱与柱节点和梁与柱节点的连接,原则上对称施工,互相协调。对于焊接连接,一般

可以先焊一节柱的顶层梁,再从下向上焊接各层梁与柱的节点。柱与柱的节点可以先焊,也可以后焊。混合连接一般为先栓后焊的工艺,螺栓连接从中心轴开始,对称拧固。钢管混凝土柱焊接接长时,严格按工艺评定要求施工,确保焊缝质量。

⑤次梁根据实际施工情况逐层安装完成。

(6)柱底灌浆

在第一节柱及柱间钢梁安装完成后,即可进行柱底灌浆。灌浆要留排气孔。钢管混凝土施工也要在钢管柱上预留排气孔。

(7)补漆

补漆为人工涂刷,在钢结构按设计安装就位后进行。补漆前应清渣、除锈、去油污,自然风干,并经检查合格。

7)多层与高层钢结构安装要点

(1)总平面规划

主要包括结构平面纵横轴线尺寸、塔式起重机的布置及工作范围、机械开行路线、配电箱及电焊机布置、现场施工道路、消防道路、排水系统、构件堆放位置等。如果现场堆放构件场地不足时,可选择中转场地。

(2)塔式起重机选择

①起重机性能。根据吊装范围的最重构件、位置及高度,选择相应塔式起重机最大起重力矩(或双机抬吊起重力矩的80%)所具有的起重量、回转半径、起重高度。除此之外,还应考虑塔式起重机高空使用的抗风性能、起重卷扬机滚筒对钢丝绳的容绳量、吊钩的升降速度。

②起重机数量。根据建筑物平面、施工现场条件、施工进度、塔吊性能等,布置1台、2台或多台。在满足起重性能的情况下,尽量做到就地取材。

③起重机类型选择。在多层与高层钢结构施工中,一般都是选用自升式塔吊。自升式塔吊分内爬式和外附着式两种。

(3)人货两用电梯选择

一般配备一柱两笼式人货两用电梯。

(4)测量工艺

选择合理的测量监控工艺。

(5)钢框架吊装顺序

钢框架吊装时,钢柱为最重构件,它受起重机能力、制作、运输等的限制,其制作一般为2~4层一节。

对框架平面而言,除考虑结构本身刚度外,还需考虑塔吊爬升过程中框架稳定性及吊装进度,进行流水段划分。先组成标准的框架体,科学地划分流水作业段,向四周发展。

(6)安装施工中应注意的问题

①在起重机起重能力允许的情况下,尽量在地面组拼较大吊装单元,如钢柱与钢支撑、层间柱与钢支撑、钢桁架组装与拼装等,一次吊装就位。

②确定合理的安装顺序。构件安装顺序,平面上应从中间核心区及标准节框架向四周发展,竖向应由下向上逐件安装。

③合理划分流水作业区段,确定流水区段的构件安装、校正、固定(包括预留焊接收缩量)后,确定构件接头焊接顺序,平面上应从中部对称地向四周发展,竖向按照有利于工艺间协调、方便施工、保证焊接质量的原则制定焊接顺序。

④一节柱的一层梁安装完后,立即安装本层的楼梯及压型钢板;楼面堆放物不能超过钢梁和压型钢板的承载力。

⑤钢构件安装和楼层钢筋混凝土楼板的施工,两项作业相差不宜超过5层;当必须超过5层时,应经过设计单位认可。

(7)劲性混凝土钢结构安装

劲性混凝土钢结构分为埋入式和非埋入式两种。埋入式构件包括劲性混凝土梁、柱及剪力墙、钢管混凝土柱、内藏钢板剪力墙等;非埋入式构件包括钢-混凝土组合梁、压型钢板组合楼板。劲性混凝土钢结构的钢构件分为实腹式和格构式,以实腹式为主。

劲性混凝土结构框架一般分为劲性混凝土柱-劲性混凝土梁,劲性混凝土柱-混凝土梁结构两种形式,其中钢构件多采用高强度螺栓连接。

(8)劲性混凝土结构施工工艺

基础验收→钢结构柱安装→钢结构梁安装→钢筋绑扎→支模板、浇混凝土。

①劲性混凝土结构钢柱(截面形式多为"十""L""T""H""○""口"等形式)和混凝土接触面的熔焊栓钉多在钢构件出厂时施工完毕。构件运到施工现场,验收合格,其安装、校正、固定方法和框架结构相同。

②对于劲性混凝土中的钢结构梁的安装方法,和框架梁安装方法一致。无框架梁的结构,为保证钢柱的空间位置,要增设支撑体系固定钢构件,确保钢柱安装、焊接后空间位置准确。

钢结构梁上面的熔焊栓钉一般在工厂加工。无梁劲性混凝土钢柱和混凝土梁的连接较复杂,特别是箍筋和主筋穿柱和梁时位置较复杂,工艺交叉多,处理要细致,钢筋要贯通。混凝土梁的浇筑最好和柱混凝土浇筑错开,避免混凝土产生裂缝。

③钢结构构件安装完成后,进行钢筋绑扎、混凝土浇筑。对于钢管混凝土结构,每层楼的钢管柱安装、固定、校正后,采用合理的工艺确保焊接变形受控。然后绑扎钢筋,一般钢管柱内外设有柱端连接竖筋,穿柱、梁主筋,柱梁接点处加强环形钢筋等。钢管安装后,进入柱内绑扎环形箍筋,完成后进入下道工序。

④支模和浇筑混凝土。混凝土浇捣过程中,需要检查劲性混凝土柱、梁的空间位置,符合要求后,进行上层柱、梁施工。

8) 测量监控工艺

(1)施工测量的重要性

测量工作直接关系整个钢结构的安装质量和进度,为此,钢结构安装应重点做好以下工作:

①测量控制网的测定和测量定位依据点的交接与校测;

②测量器具的精度要求和器具的鉴定与检校;

③测量方案的编制与数据准备;

④建筑物测量验线;

⑤多层与高层钢结构安装阶段的测量放线工作(包括平面轴线控制点的竖向投递、柱顶

平面放线、传递标高、平面形状复杂钢结构坐标测量、钢结构安装变形监控等)。

(2)测量器具的检定与检验

为达到符合精度要求的测量成果,全站仪、经纬仪、水平仪、铅直仪、钢尺等必须经计量部门检定。除按规定周期进行检定外,在周期内的全站仪、经纬仪、铅直仪等主要有关仪器,还应每 2~3 个月定期检校。

①全站仪:在多层与高层钢结构工程中,宜采用精度为 2S、3 +3PPM 级全站仪。

②经纬仪:采用精度为 2S 级的光学经纬仪,如是超高层钢结构,宜采用电子经纬仪,其精度宜在 1/200 000 之内。

③水准仪:按国家三、四等水准测量及工程水准测量的精度要求,其精度为 ±3 mm/km。

④钢卷尺:土建、钢结构制作、钢结构安装、监理等单位的钢卷尺,应统一购买经过标准计量部门校准的钢卷尺。使用钢卷尺时,应注意检定时的尺长改正数,如温度、拉力等,进行尺长改正。

(3)建筑物测量验线

钢结构安装前,基础已施工完,为确保钢结构安装质量,进场后首先复测控制网轴线及标高。

①轴线复测。复测方法根据建筑物平面形状不同而采取不同的方法:矩形建筑物的验线宜选用直角坐标法;任意形状建筑物的验线宜选用极坐标法;对于不便测量的点位,宜选用角度(方向)交会法。

②验线部位。

a. 定位依据桩位及定位条件;

b. 建筑物平面控制网、主轴线及其控制桩;

c. 建筑物标高控制网及 ±0.000 标高线;

d. 控制网及定位轴线中的最弱部位。

建筑物平面控制网主要技术指标见表 6.8。

表 6.8　建筑物平面控制网主要技术指标

等　级	适　用	测角中误差	边长相对中误差
1	钢结构高层、超高层建筑	±9″	1/24 000
2	钢结构多层建筑	±12″	1/15 000

③误差处理。验线成果与原放线成果两者之差若小于 1/1.414 限差时,对放线工作评为优良;略小于或等于 1/1.414 限差时,对放线工作评为合格(可不必改正放线成果或取两者的平均值);超过 1/1.414 限差时,原则上不予验收,尤其是关键部位,若次要部位可令其局部返工。

(4)测量控制网的建立与传递

根据施工现场条件,建筑物测量基准点有两种测设方法。

一种方法是将测量基准点设在建筑物外部,俗称外控法,它适用于场地开阔的工地。根据建筑物平面形状,在轴线延长线上设立控制点,控制点一般距建筑物(0.8~1.5)H(H 为建筑物高度)处。每点引出两条交会的线,组成控制网,并设立半永久性控制桩。建筑物垂直度的传递都从该控制桩引向高空。

另一种测设方法是将测量控制基准点设在建筑物内部,俗称内控法,它适用于场地狭窄、无法在场外建立基准点的工地。控制点的多少根据建筑物的平面形状决定。当从地面或底层把基准线引至高空楼面时,遇到楼板要留孔洞,最后修补该孔洞。

上述基准控制点测设方法可混合使用,但不论采取何种方法施测,都应做到以下几点:

①为减少不必要的测量误差,从钢结构制作、基础放线到构件安装,应该使用统一型号、经过统一校核的钢尺。

②各基准控制点、轴线、标高等都要进行 3 次或以上的复测,以误差最小为准。要求控制网的测距相对误差小于 $l/25\ 000$,测角中误差小于 $2''$。

③设立控制网,提高测量精度。基准点处宜用钢板,埋设在混凝土中,并在旁边做好醒目标志。

(5)平面轴线控制点的竖向传递

①地下部分。一般高层钢结构工程,地下部分为 1~4 层深,对地下部分可采用外控法。建立井字形控制点,组成一个平面控制格网,并测设出纵横轴线。

②地上部分。控制点的竖向传递采用内控法,投递仪器采用激光铅直仪。在地下部分钢结构工程施工完成后,利用全站仪,将地下部分的外控点引测到 ±0.000 m 层楼面,在 ±0.000 m 层楼面形成井字形内控点。在设置内控点时,为保证控制点间相互通视和向上传递,应避开柱、梁位置。在将外控点向内控点引测过程中,其引测必须符合国家现行工程测量标准的相关规定。地上部分控制点的向上传递过程是:在控制点架设激光铅直仪,精密对中整平;在控制点的正上方,在传递控制点的楼层预留孔 300 mm × 300 mm 上放置一块有机玻璃做成的激光接收靶,通过移动激光接收靶将控制点传递到施工作业楼层上;然后,在传递好的控制点上架设仪器,复测传递好的控制点,须符合国家现行工程测量标准的相关规定。

(6)柱顶轴线(坐标)测量

利用传递上来的控制点,通过全站仪或经纬仪进行平面控制网放线,把轴线(坐标)放到柱顶上。

(7)悬吊钢尺传递标高

①利用标高控制点,采用水准仪和钢尺测量的方法引测。

②多层与高层钢结构工程一般用相对标高法进行测量控制。

③根据外围原始控制点的标高,用水准仪引测水准点至外围框架钢柱处,在建筑物首层外围钢柱处确定 +1.000 m 标高控制点,并做好标记。

④从做好标记并经过复测合格的标高点处,用 50 m 标准钢尺垂直向上量至各施工层,在同一层的标高点应检测相互闭合,闭合后的标高点则作为该施工层标高测量的后视点并做好标记。

⑤当超过钢尺长度时,另布设标高起始点,作为向上传递的依据。

(8)钢柱垂直度测量

①钢柱垂直度测量一般选用经纬仪。用两台经纬仪分别架设在引出的轴线上,对钢柱

进行测量校正。当轴线上有其他障碍物阻挡时,可将仪器偏离轴线 150 mm 以内。

②钢柱吊装测量流程图如图 6.55 所示。

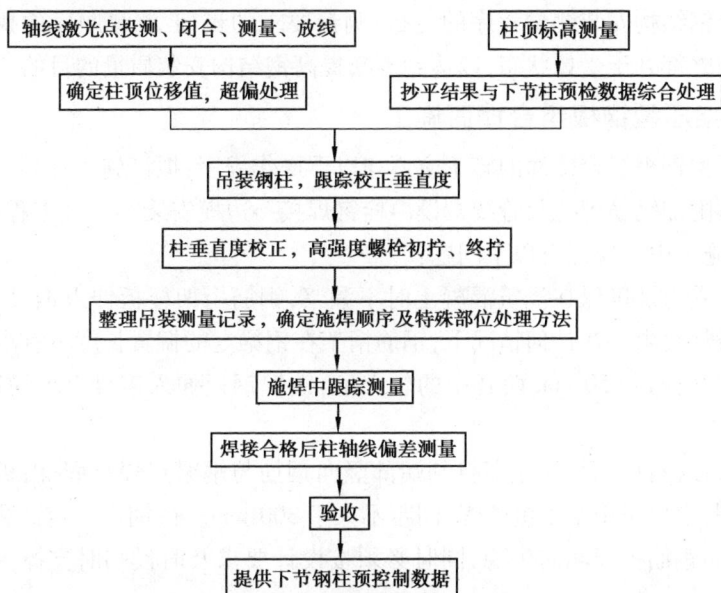

图 6.55　钢柱吊装测量流程图

③当某一片区的钢结构吊装形成框架后,对这一片区的钢柱再进行整体测量校正。

④钢柱焊前、焊后轴线偏差测定。

⑤地下钢结构吊装前,用全站仪、水准仪检测柱脚螺栓的轴线位置,复测柱基标高及螺栓的伸出长度,设置柱底临时标高支承块。

(9)对钢结构安装测量的要求

①检定仪器和钢尺,保证精度。

②基础验线。根据提供的控制点,测设柱轴线,并闭合复核。在测设柱轴线时,不宜在太阳暴晒下进行,钢尺应先平铺摊开,待钢尺与地面温度相近时再进行量距。

③主轴线闭合,复核检验主轴线应从基准点开始。

④水准点施测、复核检验水准点用附合法,闭合差应小于允许偏差。

⑤根据场地情况及设计与施工的要求,合理布置钢结构平面控制网和标高控制网。

(10)钢结构安装工程中的测量顺序

建立钢结构安装测量的"三校制度"。钢结构安装测量经过基准线的设立、平面控制网的投测、闭合,柱顶轴线偏差值的测量以及柱顶标高的控制等一系列的测量准备,到钢柱吊装就位,就由钢结构吊装过渡到钢结构校正。

①初校。初校的目的是保证钢柱接头的相对对接尺寸,在综合考虑钢柱扭曲、垂偏、标高等安装尺寸的基础上,保证钢柱的就位尺寸。

②重校。重校的目的是对柱的垂直度偏差、梁的水平度偏差进行全面调整,以达到标准要求。

③高强度螺栓终拧后的复校。目的是掌握高强度螺栓终拧时钢柱发生的垂直度变化,这种变化一般用下道焊接工序的焊接顺序来调整。

④焊后测量。对焊接后的钢框架柱及梁进行全面的测量,编制单元柱(节柱)实测资料,确定下一节钢结构构件吊装的预控数据。

⑤通过以上钢结构安装测量程序的运行、测量要求的贯彻、测量顺序的执行,使钢结构安装质量自始至终都处于受控状态,以达到不断提高钢结构安装质量的目的。

9)钢筋桁架压型钢板组合楼面施工

钢筋桁架压型钢板组合楼面的施工应遵守以下操作程序:拟订施工计划→楼板进场、起吊→楼板安装→附加钢筋绑扎及管线敷设→栓钉焊接→边模安装→隐蔽工程验收→混凝土浇筑。另外,在施工中还应注意以下问题:

①为了满足受力及确保在浇筑混凝土时不漏浆,钢筋桁架楼板伸入钢梁上翼缘边缘的长度必须满足设计要求。在任何情况下,钢筋桁架在钢梁上的搁置长度不宜小于 $5d$(d 为钢筋桁架下弦钢筋直径)及 50 mm 两者中的较大值;镀锌钢板伸入钢梁上翼缘边缘的长度不宜小于 30 mm。

②钢筋桁架楼板就位后,应立即将其端部竖向钢筋与钢梁点焊牢固;沿板宽度方向,将底模与钢梁点焊,焊接采用手工电弧焊,间距不大于 300 mm。待铺设一定面积后,必须及时绑扎板底筋,以防钢筋桁架侧向失稳;同时必须按设计要求及时设临时支撑,并确保支撑稳定、可靠。

③避免在钢筋桁架楼板上有过大集中荷载。禁止随意切断钢筋桁架上的任何杆件。楼板开孔处,必须按设计要求设洞边加强筋及边模,待楼板混凝土达到设计强度时,方可切断钢筋桁架的钢筋。遇平面形状变化处,可将钢筋桁架端部切割,补焊端部支座钢筋后再安装。

④板中敷设管线,正穿时可采用刚性管线,斜穿时由于钢筋桁架的影响,宜采用柔韧性较好的材料。由于钢筋桁架间距有限,应尽量采用直径较小的管线,分散穿孔预埋,避免多根管线集束预埋。电气接线盒预留预埋时,可事先将其在底模上固定。

⑤边模板是阻止混凝土渗漏的关键部件,将边模板紧贴钢梁面,边模板下端与钢梁表面每隔 300 mm 间距点焊。边模板上端需利用钢筋与栓钉焊接。

10)钢框架结构涂装施工

(1)防腐涂装

钢结构构件除现场焊接等部位不在制作厂涂装外,其余部位均在制作厂内完成底漆、中间漆涂装,所有构件面漆待钢构件安装后进行涂装。

①防腐涂装技术要求:

a.防腐涂料应进行加速暴晒试验和高、低温湿热试验,并根据使用的环境推算其耐久年限,耐久年限应为 30 年以上。

b.各种钢材在采购回厂复试后,应进行表面预处理,喷砂或抛丸除锈 Sa2.5 级,粗糙度为 40~75 μm,喷涂车间底漆 20 μm。

c.所有室内外露钢构件制成单元件检验合格后,进行二次喷砂或抛丸除锈 Sa2.5 级,粗糙度为 40~75 μm,且满足《涂覆涂料前钢材表面处理 表面清洁度的目视评定 第 1 部分:未涂覆过的钢材表面和全面清除原有涂层后的钢材表面的锈蚀等级和处理等级》

（GB/T 8923.1—2011）的要求；底漆采用环氧富锌（干膜厚度 75 μm，锌粉在干膜中质量百分比不小于 80%），厚浆型环氧云铁中间漆 125 μm，单位体积固体含量不应小于 80%，可复涂聚氨酯面漆 30×2 μm。配套的面漆应与防火涂料具有耐冲击及防剥落等良好的结合性能。

d. 钢筋混凝土等置于混凝土内的钢骨、型钢、节点在除锈后刷防锈底漆，漆膜厚度符合设计要求即可（如 15 μm），其余防护处理不另做。

e. 在运输及安装过程中损伤的构件涂层及连接接头等现场除锈，采用手工除锈达到 St2.0 级，涂装处理同上 c、d 条。

f. 钢筋桁架模板镀锌层两面镀锌量总计不小于 120 g/m²。

②油漆补涂部位。钢结构构件因运输过程和现场安装原因，会造成构件涂层破损，在钢构件安装前和安装后需对构件破损涂层进行现场防腐修补，修补之后才能进行面漆涂装。油漆补涂部位及补涂内容见表 6.9。

表 6.9　油漆补涂部位及补涂内容

序　号	破损部位	补涂内容
1	现场焊接焊缝	底漆、中间漆
2	现场运输及安装过程中破损的部位	底漆、中间漆
3	连接节点	底漆、中间漆

③防腐涂装顺序。在钢构件安装过程中，随钢柱、钢梁及板中钢梁安装分区逐步施工完成，以钢构件安装分区为单位划分施工区域，从下至上依次交叉进行现场防腐涂装施工；每个施工区域在立面从上至下逐层涂装，在平面按顺时针方向进行涂装。

④施工工艺：

a. 涂装材料要求。现场补涂的油漆与制作厂使用的油漆相同，由制作厂统一提供，随钢构件分批进场。

b. 表面处理。采用电动、风动工具等将构件表面的毛刺、氧化皮、铁锈、焊渣、焊疤、灰尘、油污及附着物彻底清除干净。

c. 涂装环境要求。涂装前，除了底材或前道涂层的表面要清洁、干燥外，还应注意底材温度要高于露点温度 3 ℃以上。此外，应在相对湿度低于 85% 的情况下进行施工。

d. 涂装间隔时间。经处理的钢结构基层，应及时刷底漆，间隔时间不应超过 5 h；每道漆涂装完毕后，在进行下道漆涂装之前，一定要确认是否已达到规定的涂装间隔时间，否则就不能进行涂装；如果在过了最长涂装间隔时间以后再进行涂装，则应用细砂纸将前道漆打毛并清除尘土、杂质后，再进行涂装。

e. 涂装要求。在每一遍通涂之前，必须对焊缝、边角和不宜喷涂的小部件进行预涂。

⑤涂层检测：

a. 检测工具。漆膜检测工具可采用湿膜测厚仪、干膜测厚仪。

b. 检测方法。油漆喷涂后马上用湿膜测厚仪垂直按入湿膜直至接触到底材，然后取出测厚仪读取数值。

c.膜厚控制原则。膜厚的控制应遵守两个90%的规定,即90%的测点应在规定膜厚以上,10%的测点应达到规定膜厚的90%。测点的密度应根据施工面积的大小而定。

d.外观检验。涂层均匀,无起泡、流挂、龟裂、干喷和掺杂物现象。

⑥注意事项:

a.配制油漆时,地面上应垫木板或防火布等,避免污染地面。

b.配制油漆时,应严格按照说明书的要求进行,当天调配的油漆应在当天用完。

c.油漆补刷时,应注意外观整齐,接头线高低一致;螺栓节点补刷时,注意螺栓头油漆均匀,特别是螺栓头下部要涂到,不要漏刷。

d.由于是露天作业,下雨天、气温低、雾天均不进行油漆补刷工作。

⑦防腐涂装施工质量保证措施。防腐涂装施工质量保证措施见表6.10。

表6.10 防腐涂装施工质量保证措施

序号	防腐施工质量保证措施	示意图
1	防腐涂料补涂施工前需对补涂部位进行打磨及除锈处理,除锈等级达到St2.5的要求	 除锈处理示意图
2	钢板边缘棱角及焊缝区要研磨圆滑,$R=2.0$ mm	
3	露天进行涂装作业应选在晴天进行,湿度不得超过85%	 防腐油漆补涂示意图
4	喷涂应均匀,完工的干膜厚度应用干膜测厚仪进行检测	
5	涂装施工不得出现漏涂、针孔、开裂、剥离、粉化、流挂等缺陷	

(2)防火涂装

①防火要求。工程耐火等级遵循设计要求,须严格执行相关的规范条文,以及选用达标的防火涂料或相应的防火处理措施。

如耐火等级为一级,所有钢管混凝土柱采用厚型防火涂料,耐火极限3 h;钢梁采用厚涂型防火涂料,耐火极限为2 h。

防火措施须得到当地消防主管部门审批同意后方可施工,耐火极限要求以消防主管部门的意见为准。

②施工准备。

a.材料准备:

● 钢结构防火涂料需使用经主管部门鉴定,并经当地消防部门批准的产品。使用前检查批准文件,并以 100 t 为一批检查出厂合格证。

● 现场堆放地点应干燥、通风、防潮,发现结块变质时不得使用。

● 施工时,对不需作防火保护的部位和其他物件应进行遮蔽保护。

b.机具准备:灰浆泵、铁锹、手推车、重力式喷枪、板刷、计量容器、带刻度钢针、钢尺等。

c.作业条件:

● 钢结构防火喷涂应由经过培训合格的专业施工队施工。施工中的安全措施和劳动保护等应到位。

● 施工过程中和涂层干燥固化前,环境温度保持在 5 ~ 38 ℃,相对湿度不大于 90% ,空气流通。当风速大于 5 m/s,或雨天和构件表面有结露时,不准作业。

● 对钢构件碰损或漏刷部位应补刷防锈漆两遍,经检查验收合格后方准许喷涂。

● 防火涂装施工前应彻底清除钢构件表面的灰尘、浮锈、油污。

③防火涂装施工工艺。

a.工艺流程。防火涂装施工工艺流程如图 6.56 所示。

b.施工工艺。配料时应严格按配合比加料或加稀释剂,并使稠度适宜。边配边用,当日配制当日用完;双组分或多组分装的涂料,应按说明书规定在现场调配并充分搅拌;施工过程中操作者要携带测厚针检测涂层厚度,并确保喷涂达到设计规定的厚度。

钢材基层处理达到防火喷涂施工要求

第 1 步:基层处理,达到喷涂第一遍条件。

第 2 步:调制防火涂料,分层喷涂,达到设计要求厚度。

第3步:处理边角及结合部位,检验合格后进行成品保护及工序交接。

图6.56 防火涂装施工工艺流程

钢框架结构一般采用厚涂型防火涂料,如图6.57所示,其施工工艺为:

(a)涂料喷涂示意图

(b)防火涂料施工完毕

图6.57 厚涂型防火涂料施工

• 采用压送式喷涂机喷涂,空气压力为0.4~0.6 MPa,喷枪口直径选6~10 mm。

• 喷枪垂直于构件,距离6~10 cm。喷嘴与基面基本保持垂直,喷枪移动方向与基材表面平行,不能是弧形移动。

- 操作时先移动喷枪,后开喷枪送气阀;停止时先关闭喷枪送气阀,后再停止移动喷枪。
- 喷涂构件阳角时,先由端部自上而下或自左而右垂直基面喷涂,然后再水平喷涂;喷涂阴角时,先分别从角的两边,由上而下垂直先喷一下,然后再水平方向喷涂。
- 垂直喷涂时,喷嘴离角的顶部要远一些;喷涂梁底时,喷枪的倾角不宜过大。
- 喷涂施工分遍成活,每遍喷涂厚度5~10 mm。

④防火涂料的修复。因构造要求或面积较小处无法喷涂的部位,应采用刮涂或刷涂进行修复,工艺要求见表6.11。

表6.11 防火涂料的修复

名　称	序号	工艺要求
表面处理	1	必须对周边未闭合涂料进行处理,铲除松散的防火涂层,并清理干净
刮涂修复	1	主要施工机具:刮灰刀、抹子及刮板
	2	刮涂时要掌握好刮涂工具的倾斜度,用力均匀
	3	刮涂的要点是实、平、光,即防火涂料涂层之间应接触紧密,黏结牢固,表面应平整、光滑
刷涂修复	1	主要施工机具:板刷及匀料板
	2	刷涂前先将板刷用水或稀释剂浸湿甩干,然后再蘸料刷涂,板刷用毕应及时用水或溶剂清洗
	3	蘸料后在匀料板上或胶桶边刮去多余的涂料,然后在钢基材表面上依顺序刷开,刷子与被涂刷基面的角度为50°~70°
	4	涂刷时动作要迅速,每个涂刷片段不要过宽,以保证相互衔接时边缘尚未干燥,不会显出接头的痕迹

⑤防火涂料施工质量保证措施。防火涂料施工质量保证措施见表6.12。

表6.12 防火涂料施工质量保证措施

序　号	防火涂料施工质量保证措施
1	所使用涂料的产品合格证、耐火极限检测报告和理化力学性能检测报告须齐全
2	施工前应用铲刀、钢丝刷等清除钢构件表面的浮浆、泥沙、灰尘和其他黏附物;钢构件表面不得有水渍、油污,否则必须用干净的毛巾擦拭干净
3	防火涂料施工,每一遍施工必须在上一道施工的防火涂料干燥后方可进行
4	防火涂料施工的重涂间隔时间,在施工现场环境通风情况良好、天气晴朗的情况下,为8~12 h
5	涂层完全闭合,不漏底、不漏涂;表面平整,无流淌、无下坠、无裂痕等现象;喷涂均匀
6	刚施工的涂层,进行临时围护隔离,防止踩踏和机械撞击
7	薄涂型防火涂料的涂层厚度应符合有关耐火极限的设计要求;厚涂型防火涂料涂层的厚度,80%及以上面积应符合有关耐火极限的设计要求,且最薄处厚度不应低于设计要求的85%

⑥涂装专项技术措施。涂装施工一般采用可移动的操作架进行,现场制作的移动式操作架尺寸根据工程实际空间要求制作,一般可按 3.5 m × 3.5 m × 6 m 制作,主要用于钢梁、钢筋桁架模板的安装和涂装施工,如图 6.58 所示。

(a)移动式操作架结构

(b)移动式操作架底座示意

(c)移动式操作架移动机构示意

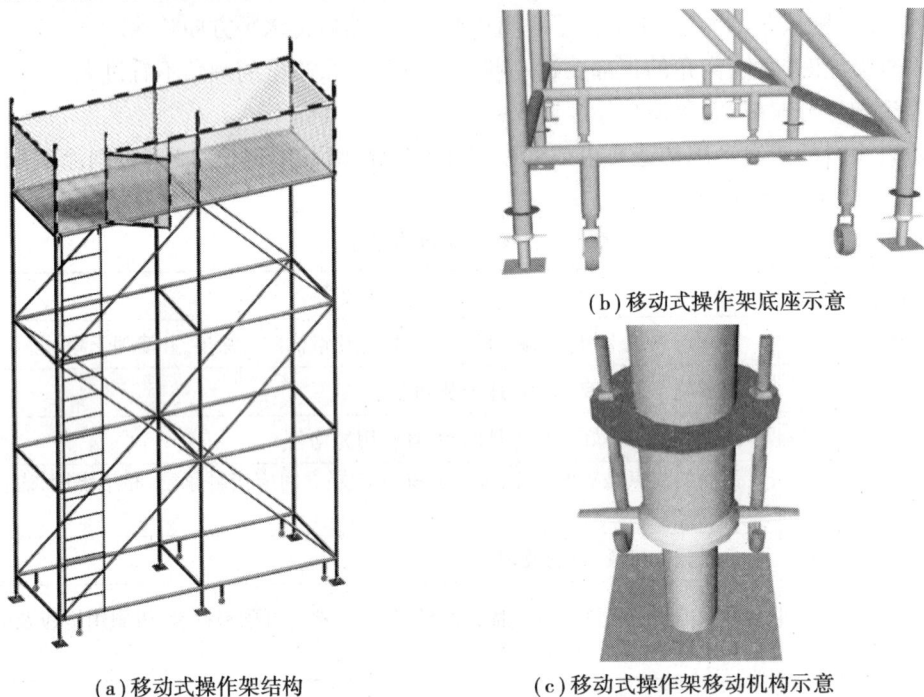

图 6.58　现场制作的移动式操作架

子项 6.3　彩钢屋面及围护结构施工

6.3.1　屋面结构及构造

1)屋面结构系统及其连接构造

檩条、墙檩、系杆、隅撑和檐口檩条为轻钢门式刚架结构的次结构系统,它们也是结构纵向支撑体系的一部分。檩条是构成屋面水平支撑系统的主要部分;墙檩则是墙面支撑系统中的重要构件;檐口檩条位于侧墙和屋面的接口处,对屋面和墙面都起支撑作用。刚性系杆可由檩条兼作,此时檩条应满足对压弯杆件的刚度和承载力要求;当不满足时,可在刚架斜梁间设置钢管、H 型钢或其他截面的杆件。当实腹式刚架斜梁的下翼缘受压时,必须在受压翼缘侧面布置隅撑作为斜梁的侧向支撑,隅撑的另一端连接在檩条上。隅撑与刚架构件腹板的夹角不宜小于 45°。在檐口位置,刚架斜梁与柱内翼缘交接点附近的檩条和墙梁处,应各设置一道隅撑。在斜梁下翼缘受压区应设置隅撑,其间距不得大于相应受压翼缘宽度;如斜梁下翼缘受压区因故不设置隅撑,则必须采取保证刚架稳定的可靠措施。

轻钢门式刚架的檩条、墙檩以及檐口檩条一般都采用带卷边的槽形和 Z 形(斜卷边或直卷边)截面的冷弯薄壁型钢,如图 6.59 所示。

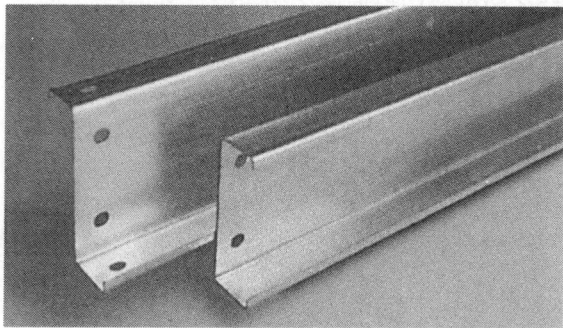

图6.59 典型的冷弯薄壁型钢构件

（1）屋面檩条的构造

轻型门式刚架的檩条构件可以采用C形冷弯卷边槽钢和Z形带斜卷边或直卷边的冷弯薄壁型钢。构件的高度一般为140～250 mm，厚度为1.4～2.5 mm。冷弯薄壁型钢构件一般采用Q235或Q355钢，大多数檩条表面涂层采用防锈底漆，也有采用镀铝或镀锌的防腐措施。

檩条构件一般为简支构件，也可为连续构件，简支檩条和连续檩条一般通过不同的搭接方式来实现。简支檩条不需要搭接长度，图6.60是Z形檩条的简支搭接方式，其搭接长度很小，对于C形檩条可以分别连接在檩托上。采用连续构件可以承受更大的荷载和变形，因此比较经济。图6.61显示了连续檩条的搭接方法。连续檩条的工作性能是通过设置搭接长度来获得的，所以连续檩条一般跨度大于6 m，否则有可能达不到经济目的。

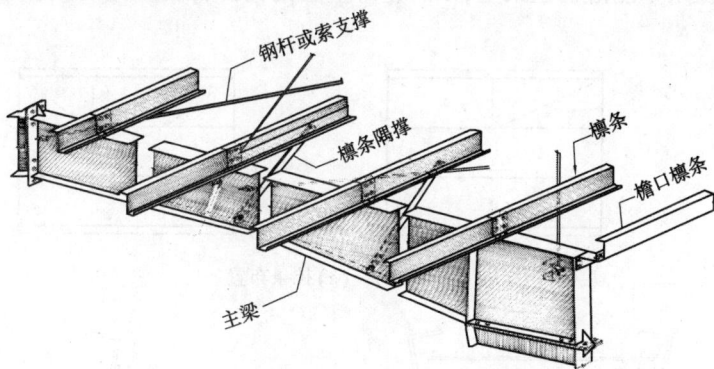

图6.60 檩条布置（中间跨，简支搭接方式）

①屋面板的支撑作用。屋面承受平行于屋面方向的荷载（如风、地震作用等），必须具有合适的板形、厚度及连接性能，用自攻螺钉连接的屋面板可以作为檩条的侧向支撑。扣合式或咬合式屋面板不能为檩条提供很好的侧向支撑。

②拉条和支撑。提高檩条稳定性可采用拉条或撑杆从檐口一端到另一端通长布置，连接每一根檩条。根据檩条跨度的不同，可以在檩条中央设一道或在檩条三等分点处各设一道共两道拉条。一般情况下檩条上翼缘受压，所以拉条设置在檩条上翼缘1/3高的腹板范围内。当檩条跨度大于4 m时，宜在檩条间跨中位置设置拉条或撑杆。当檩条跨度大于6 m时，应在檩条跨度三等分点处各设一道拉条或撑杆。斜拉条应与刚性檩条连接。当采用圆钢做拉条时，圆钢直径不宜小于10 mm。圆钢拉条可以设在距檩条上翼缘1/3腹板高度的范围内。当在风吸力作用下檩条下翼缘受压时，拉条宜在檩条上下翼缘附近适当布置。当

采用扣合式屋面板时,拉条的设置应根据檩条的稳定计算确定。

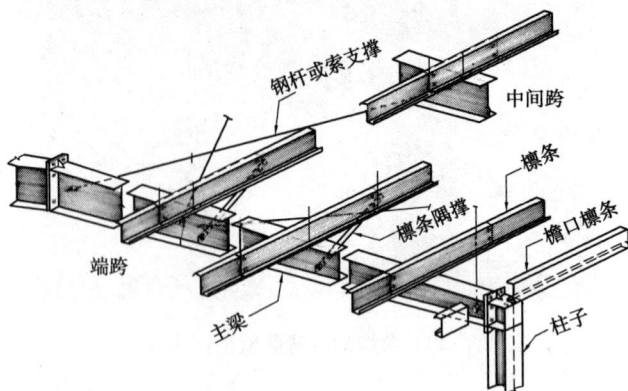

图 6.61　檩条布置(连续檩条,连续搭接)

　　考虑上翼缘的侧向稳定性由自攻螺钉连接的屋面板提供,可只在下翼缘附近设置拉条;对于非自攻螺钉连接的屋面板,则需要在檩条上下翼缘附近设置双拉条。对于带卷边的 C 形截面檩条,因在风吸力作用下自由翼缘将向屋脊变形,因此还可采用钢管作撑杆。在檐口、屋脊处应设置斜拉条,如图 6.62(a)所示。屋脊处为防止所有檩条向一个方向失稳,一般采用比较牢固的连接,如图 6.62(b)所示。

　　③檩托。檩托常采用角钢,高度达到檩条高度的 3/4,且与檩条以螺栓连接,如图 6.62(c)所示。檩条不能落在主梁上,以防止薄壁型钢构件在支座处的腹板压曲,如图 6.62 中虚线所示。

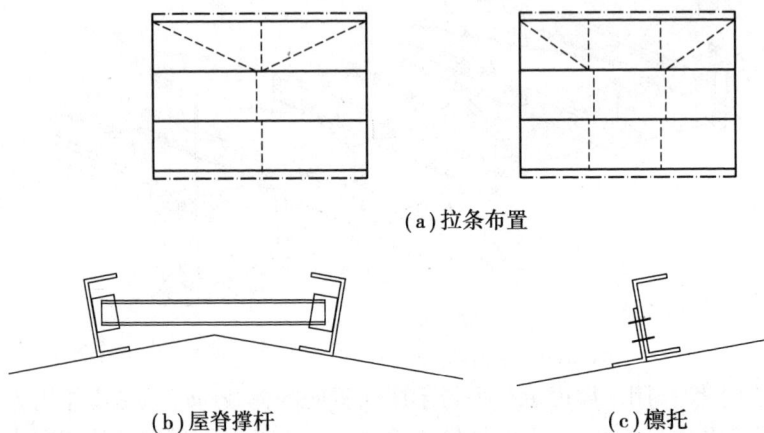

(a)拉条布置

(b)屋脊撑杆　　　　　　　　　　　　　(c)檩托

图 6.62　檩条的支撑

　　④拉条和撑杆的布置。拉条一般采用张紧的圆钢,其直径不得小于 8 mm;撑杆通常采用钢管,其长细比不得大于 200。拉条和撑杆的布置应根据檩条的跨度、间距、截面形式和屋面坡度、屋面形式等因素来选择。

　　a.当檩条跨度 $L \leq 4$ m 时,通常可不设拉条或撑杆;当 4 m $< L \leq 6$ m 时,可仅在檩条跨中设置一道拉条,檐口檩条间应设置撑杆和斜拉条[图 6.63(a)];当 $L > 6$ m 时,宜在檩条跨间三分点处设置两道拉条,檐口檩条间应设置撑杆和斜拉条[图 6.63(b)]。

　　b.屋面有天窗时,宜在天窗两侧檩条间设置撑杆和斜拉条,如图 6.63(c)、(d)所示。

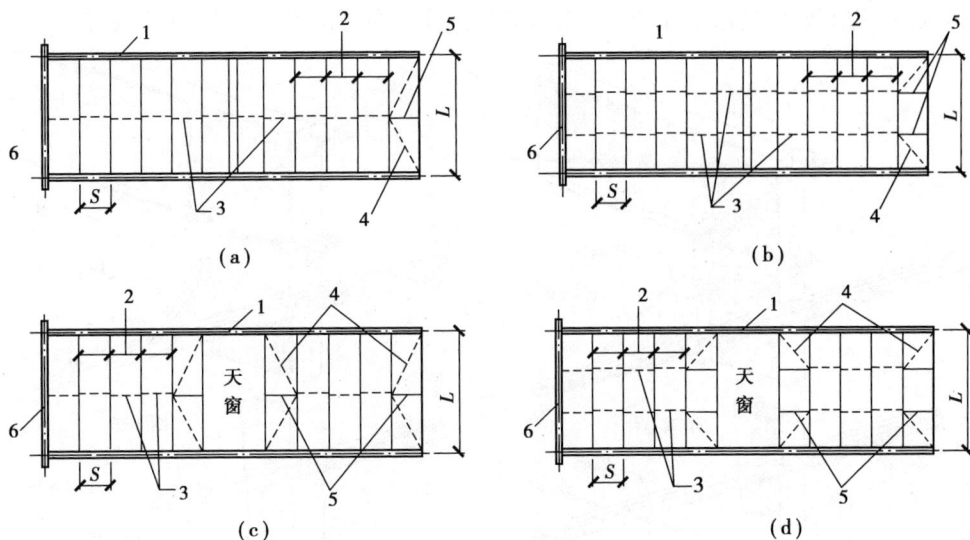

图 6.63 檩间拉条(撑杆)布置示意图

1—刚架;2—檩条;3—拉条;4—斜拉条;5—撑杆;6—承重天沟或墙顶梁

c. 当檩距较密时($S/L<0.2$),可根据檩条跨度大小参照图 6.64(a)设置拉条及撑杆,以使斜拉条和檩条的交角不致过小,确保斜拉条拉紧。

d. 对称的双坡屋面,可仅在脊檩间设置撑杆[图 6.64(b)],不设斜拉条,但在设计脊檩时应计入一侧所有拉条的竖向分力。

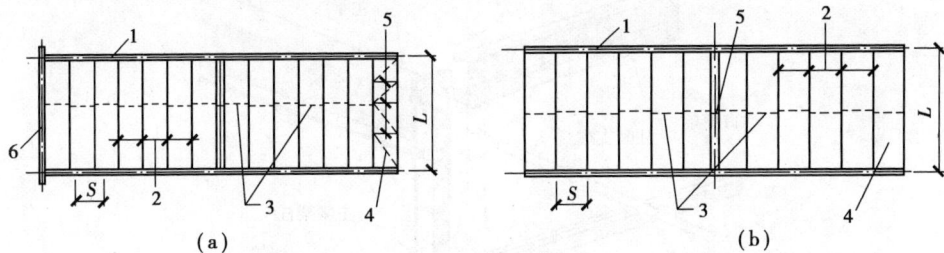

图 6.64 檩间拉条(撑杆)布置示意图($S/L<0.2$ 及双坡对称屋面)

1—刚架;2—檩条;3—拉条;4—斜拉条;5—撑杆;6—承重天沟或墙顶梁

(2)墙面檩条的构造

墙檩与主刚架柱的相对位置一般有穿越式和平齐式两种,如图 6.65 和图 6.66 所示。穿越式墙檩的自由翼缘简单地与柱子外翼缘螺栓连接或檩托连接;平齐式通过连接角钢将墙檩与柱子腹板相连,墙檩外翼缘基本与柱子外翼缘平齐。

2)辅助结构构造

轻型钢结构的辅助结构系统包括挑檐、雨篷、吊车梁、牛腿、楼梯、栏杆、检修平台和女儿墙等,它们构成了轻型钢结构完整的建筑和结构功能。

(1)雨篷和挑檐构造

①雨篷。钢结构雨篷同钢筋混凝土结构雨篷一样,按排水方式可分为有组织排水和自由落水两种。钢结构雨篷的主要受力构件为雨篷梁,其常用截面形式有轧制普通工字钢、槽钢、H

型钢、焊接工字形截面等,当雨篷的造型为复杂的曲线时亦可选用矩形管或箱形截面等。

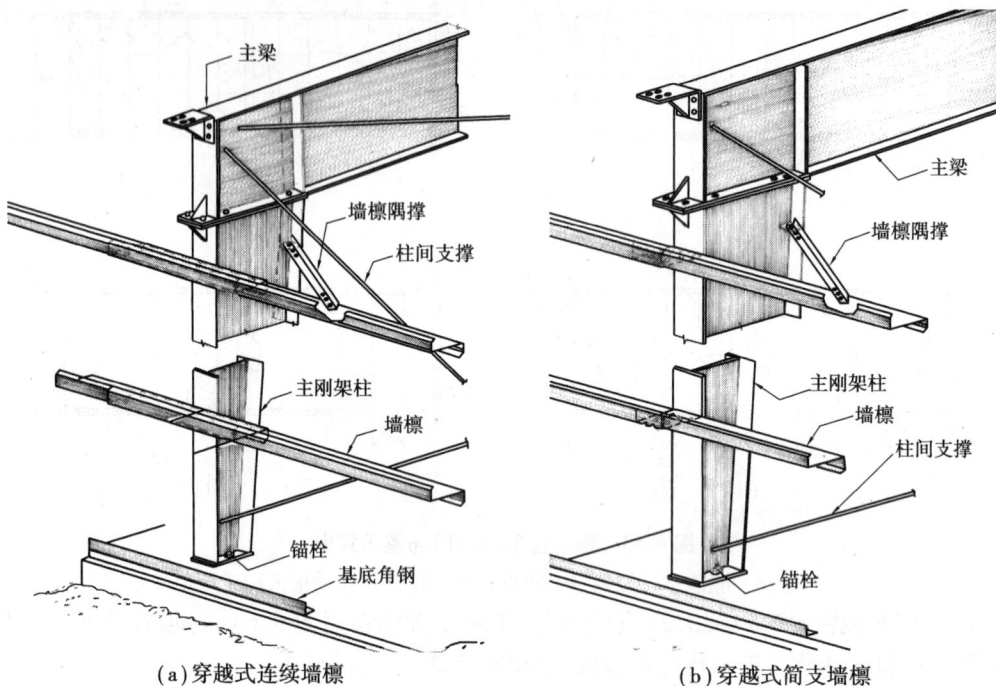

(a)穿越式连续墙檩   (b)穿越式简支墙檩

图6.65　穿越式墙檩

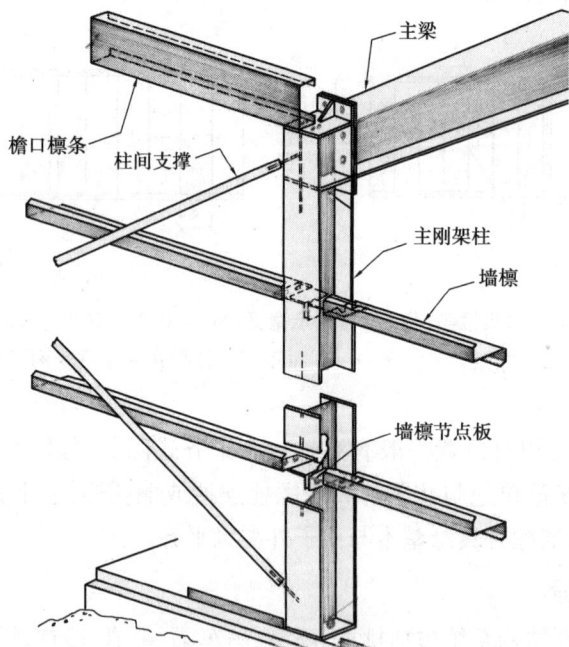

图6.66　平齐式墙檩

在轻型门式刚架结构中,雨篷宽度通常取为柱距,即每柱上挑出一根雨篷梁,雨篷梁间通过 C 型钢连接形成平面。挑出长度通常为 1.5 m 或更大,视建筑要求而定。雨篷梁可做成等截面或变截面,截面高度应按承载能力计算确定。通常情况下雨篷梁挑出的长度较小,按构造做法,其截面做成与其相连的 C 型钢截面同高:当柱距为 6 m 时,连接雨篷梁的 C 型钢为 16#,雨篷梁亦取 16#槽钢;当柱距为 9 m 时,连接雨篷梁的 C 型钢为 24#,雨篷梁取 25#槽钢。

有组织排水的雨篷可将天沟设置在雨篷的根部或将天沟悬挂在雨篷的端部,雨篷四周设置凸沿,以便能有组织地将雨水排入天沟内。

图 6.67 至图 6.69 为几种常见雨篷的做法。

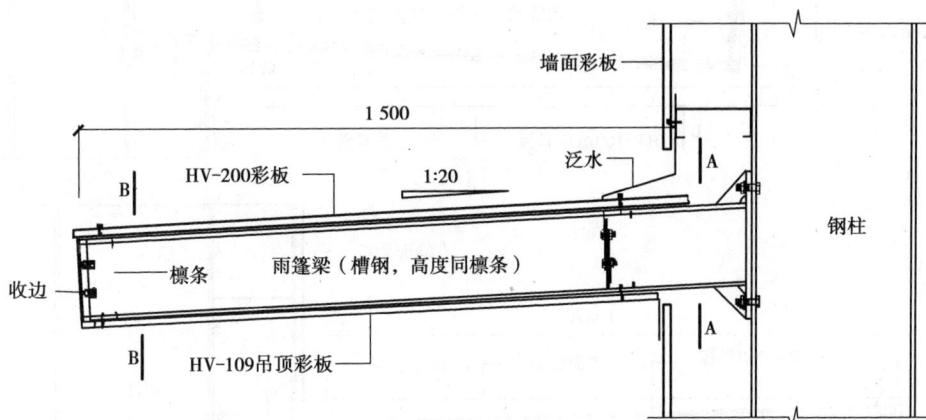

(a)

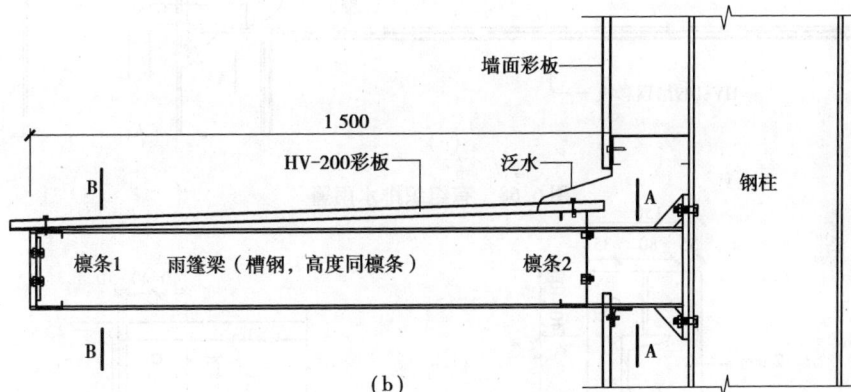

(b)

图 6.67　自由落水雨篷

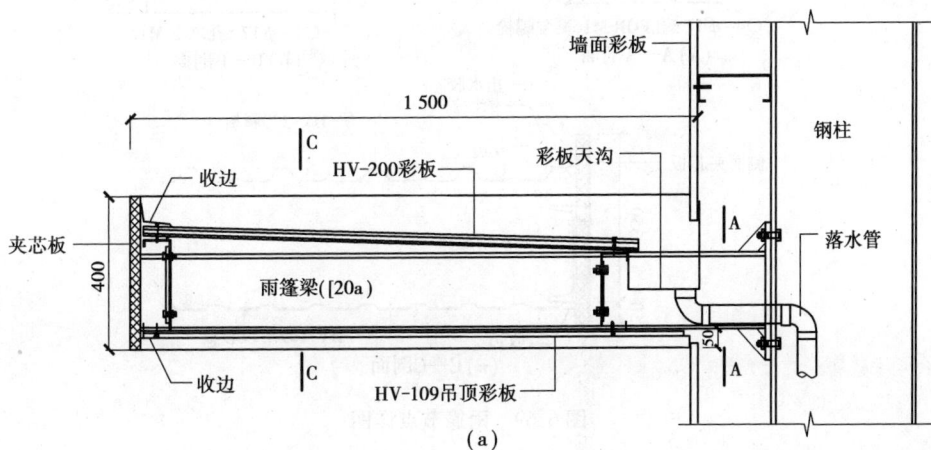

(a)

（b）

（c）

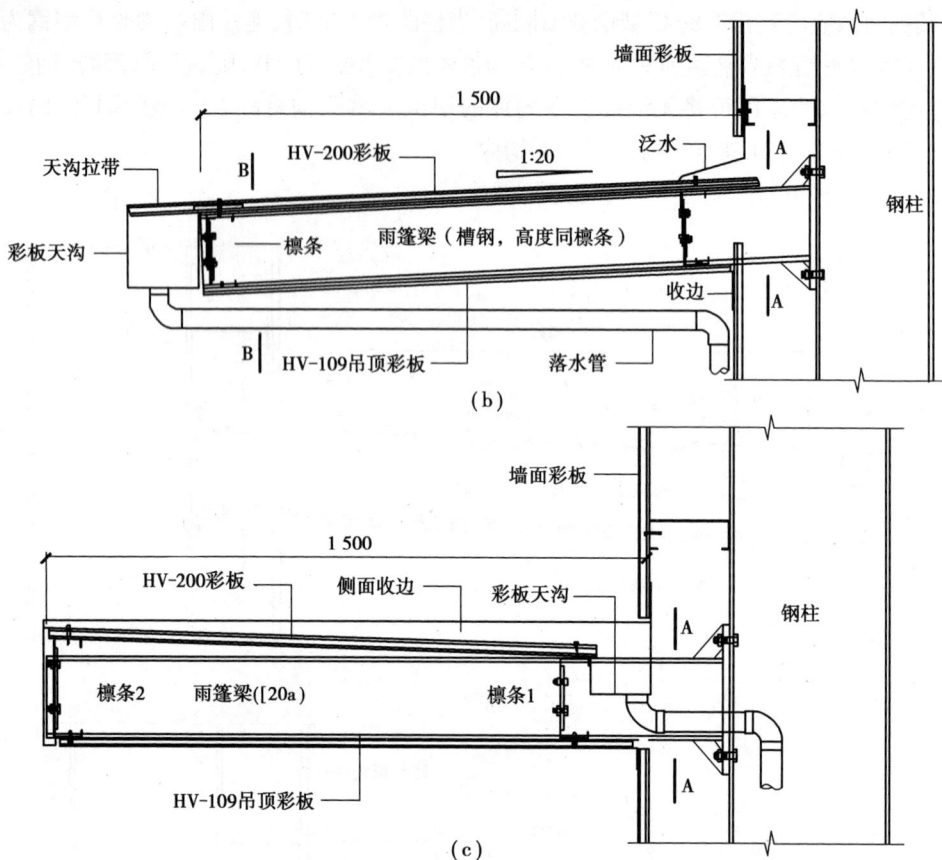

图 6.68　有组织排水雨篷

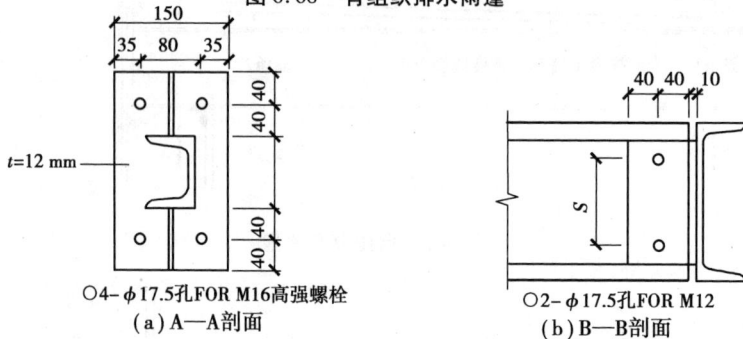

○4-φ17.5孔FOR M16高强螺栓
（a）A—A剖面

○2-φ17.5孔FOR M12
（b）B—B剖面

（c）C—C剖面

图 6.69　雨篷节点详图

②挑檐。在轻型门式刚架厂房结构中,通常将天沟(彩钢或不锈钢)放置在挑檐上,形成外天沟。挑檐挑出构件的间距取柱距,即挑出构件作为主刚架的一部分,挑出构件之间由 C 型钢檩条连接。典型的挑檐构造如图 6.70 所示。

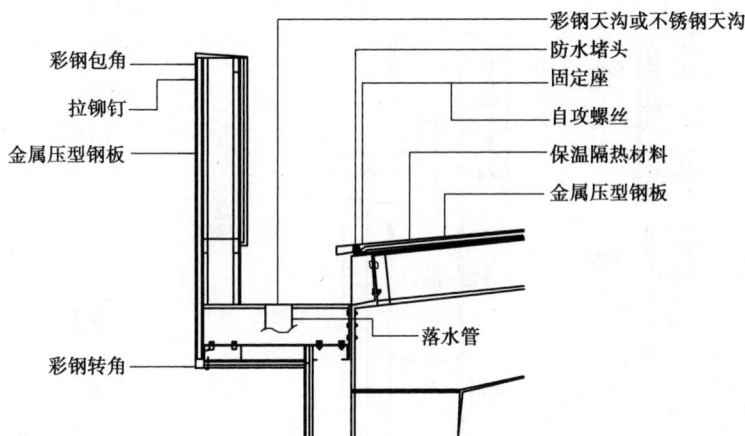

图 6.70　典型的挑檐构造

挑檐柱承受 C 型钢墙梁传递给轻质墙体的竖向荷载和风荷载,挑檐梁主要承受天沟积水满布荷载或积雪荷载。挑檐各构件(挑檐柱、挑檐梁)截面通常采用轧制工字钢或高频 H 型钢,截面大小由承载力计算确定。挑檐计算简图如图 6.71 所示,将挑檐柱和挑檐梁视作一个整体,端部与刚架柱固接,即作为悬臂构件计算。通常情况下轻钢厂房结构的挑檐所承受的荷载较小,截面多选择 200 mm 高的高频焊接 H 型钢。

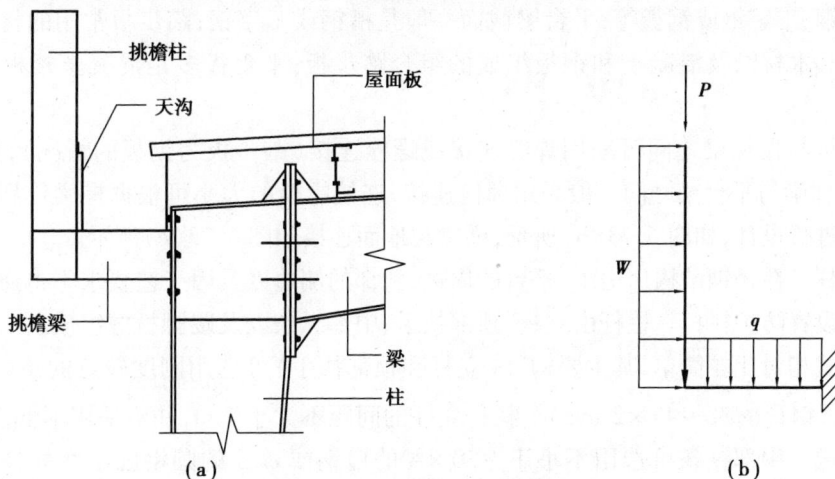

(a)　　　　　　　　　　　　　(b)

图 6.71　挑檐结构计算简图

(2)楼梯和栏杆构造

楼梯和栏杆是建筑物的一个重要组成部分,这里主要介绍轻钢结构中楼梯和栏杆的结构构造要点。

①楼梯。在轻钢结构中较为常用的楼梯形式有直梯和斜梯。直梯通常是在不经常上下或因场地限制不能设置斜梯时采用,多为检修楼梯;经常通行的钢梯宜采用斜梯,它是工业建筑厂房及其构筑物中经常采用的钢梯形式。

a.直梯。轻型钢结构厂房的室外检修楼梯通常采用直钢梯,其宽度一般为 600 ~ 700 mm。直梯的立杆及其他受力构件一般采用角钢,踏步通常采用 $d = 16$ mm 的圆钢。轻钢厂房中常见的检修爬梯如图 6.72 所示。

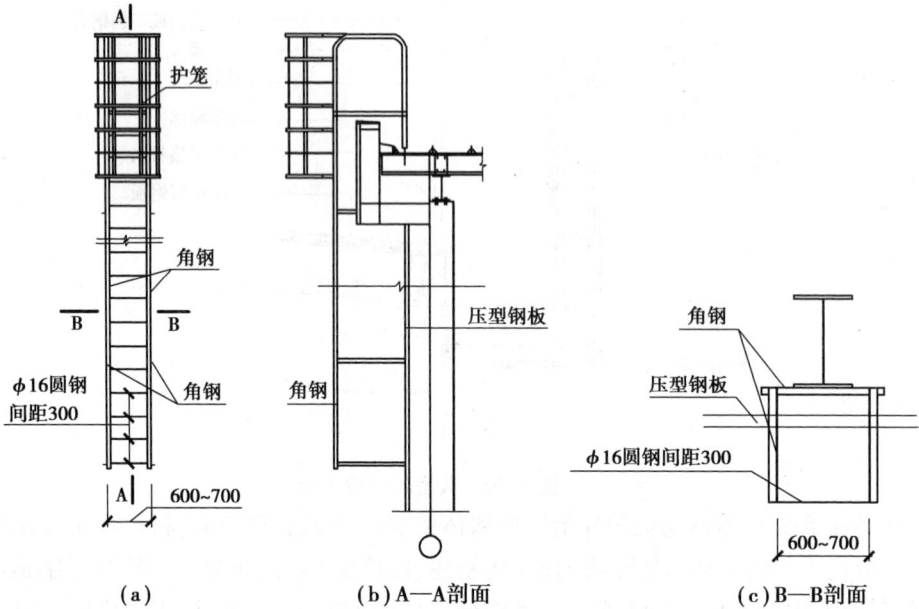

图 6.72 检修爬梯

b.斜梯。斜梯一般由楼梯梁、踏板、平台梁和平台板等几个部分组成。楼梯梁的截面通常选用槽钢、工字钢或钢板等;平台梁截面一般是槽钢或工字钢;踏步板常用的材料有花纹钢板、玻璃、木材以及混凝土和钢板组成的组合踏步板;平台板多是混凝土楼板和花纹钢板等。

踏步板与楼梯梁之间可采用焊缝连接或螺栓连接(踏步板为钢板的情况),如图 6.73 (a)所示;梯梁与平台梁之间一般采用螺栓连接,连接螺栓的大小可根据梯梁传到平台梁的竖向分力进行设计,如图 6.73(b)所示;梯梁与地面连接如图 6.73(c)所示。

②栏杆。在轻钢结构厂房中,平台的周边、斜梯的侧边以及因工艺要求不得通行地区的边界均应设置防护栏杆。栏杆由立杆、顶部扶手、中部纵条以及踢脚板等组成。工业建筑中栏杆的形式相对比较简单,其主要构件(立杆和顶部扶手)可选用刚度较好的角钢(∟50 × 4 mm)或圆钢管(ϕ38 ~ 45 × 2 mm)。栏杆立柱的间距不大于 1 m,并应采用不低于 Q235 钢的材料制成。中部纵条可选用不小于 −30 × 4 的扁钢或 ϕ16 的圆钢固定在立杆内侧中点处,中部纵条与上下杆件之间的间距不应大于 380 mm。为保证安全,平台栏杆均须设置挡板(踢脚板),挡板一般采用 −100 × 4 mm 钢。室外栏杆的挡板与平台面之间宜留 10 mm 的间隙,室内栏杆不宜留间隙。

栏杆可分段整体制作,栏杆各部件之间宜采用焊缝连接。立杆与平台边梁的连接可采用工地焊接或螺栓连接。

栏杆高度一般为 1 000 mm,对高空及安全要求较高的区域,宜用 1 200 mm;工业平台栏杆的高度不应小于 1 050 mm;对于不经常通行的走道平台和设备防护栏,其高度宜降低至

900 mm。平台栏杆应与相连接的钢体栏杆在截面和高度上协调一致。

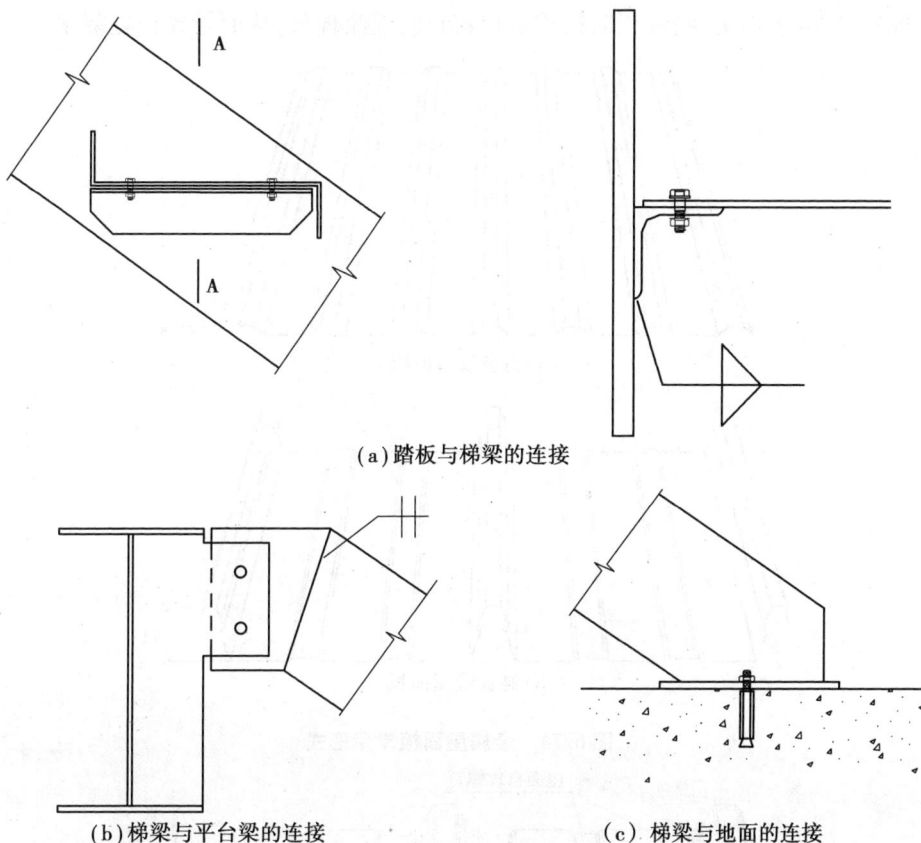

(a)踏板与梯梁的连接

(b)梯梁与平台梁的连接   (c)梯梁与地面的连接

图 6.73　典型的楼梯连接图

3)围护材料及其连接构造

轻型钢结构建筑的屋面是指由金属屋面板、檩条及保温隔热层组成的屋面围护系统。

(1)金属屋面的主要类型

随着金属屋面的广泛使用,其防水和保温隔热的功能得到了不断改进和完善。从防水方面考虑,从原先的低波纹屋面板发展到现在的高波纹屋面板,从原先的采用自攻螺钉的连接方法发展到现在的暗扣式连接方式;从保温隔热方面考虑,从单板发展到复合板。以上几个方面的发展,进一步推动了金属屋面的应用和发展。

①低波纹和高波纹板屋面。按板形分类,金属屋面板可分为低波纹屋面板[图6.74(a)]和高波纹屋面板[图6.74(b)]。这两者的区别在于肋高不同,从而排水效果也不同。高波纹屋面板由于屋面板板肋较高,排水比较通畅,一般适用于坡度比较平缓的屋面,通常屋面坡度为1:20左右,最小坡度可以做到1:40。而低波纹屋面板一般用于坡度较陡的屋面,常见的屋面坡度为1:10左右。为防止金属屋面板漏水,最好采用高波纹屋面板,或尽量使屋面坡度大一点。

②螺钉暴露式和暗扣式屋面。金属屋面板按连接形式可分为螺钉暴露式屋面和暗扣式屋面。螺钉暴露式屋面中,屋面板通过自攻螺钉与檩条固定在一起,并在自攻螺钉周围涂上

密封胶,如图 6.75(a)所示。这种连接方式存在以下几个问题:自攻螺钉暴露在外面,会出现生锈现象,影响屋面美观;施工时很难发现密封胶漏涂现象,从而导致该处漏水;密封胶老

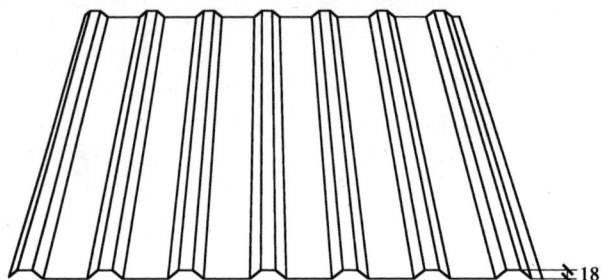

(a)低波纹屋面板

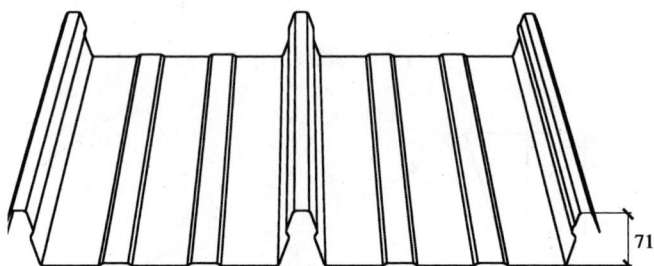

(b)高波纹屋面板

图 6.74 金属屋面板常用形式

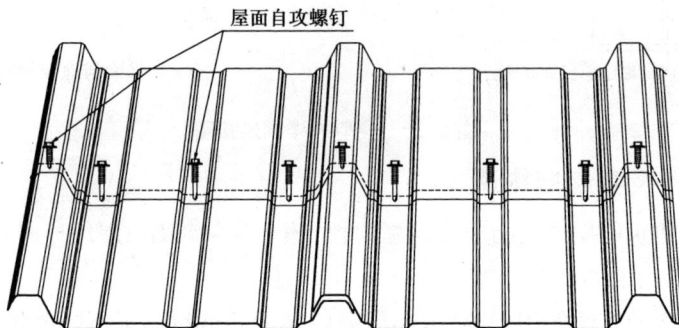

屋面自攻螺钉

(a)螺钉暴露式屋面

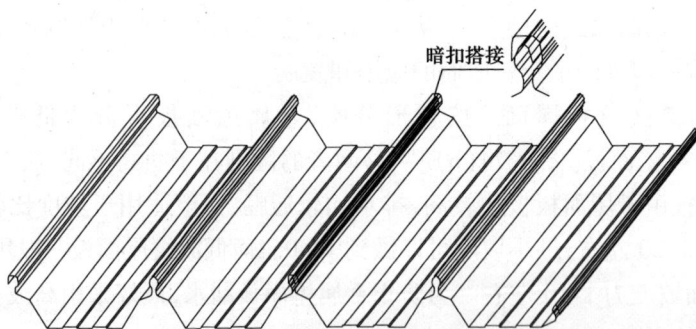

暗扣搭接

(b)暗扣式屋面

图 6.75 屋面板常用的施工方法

化,时间一长就会出现漏水;屋面板侧向连接顺着流水方向,与屋面板横向连接相比,更易造成漏水。实际应用情况表明,这种连接的屋面基本上都会出现漏水现象。为解决这一问题,出现了暗扣式连接的屋面板,屋面板侧向连接直接用配件将金属屋面板固定于檩条上,而板与板之间以及板与配件之间通过夹具夹紧[图 6.75(b)],从而基本消除了金属屋面漏水这一隐患问题。

③单层压型钢板和夹芯板屋面。从保温隔热角度考虑,金属屋面板既可以采用单层压型钢板,也可以采用复合板。压型钢板是目前轻钢结构中最常用的屋面材料,采用热涂锌钢板或彩色涂锌钢板,经辊压冷弯成各种波形,具有轻质、高强、抗震、防火、施工方便等优点。但单层压型钢板很薄,包括涂层在内,厚度也仅为 0.5 ~ 0.6 mm,常见的形式就是前述的低波纹和高波纹屋面板两类,这样的板不能满足保温隔热要求。若在设计时选用这样的屋面板,必须在屋面板下面另设保温层,下托不锈钢丝网片,或者再设计一层屋面内板,在屋面内外板之间再填塞保温材料,例如玻璃纤维保温棉、岩棉等,一般保温棉的容重为 12 ~ 20 kg/m^2,厚度应根据保温要求由热工计算确定。对于一般的工业厂房,可选用 50 ~ 100 mm 的厚度;对于有较高隔热要求的生产车间或办公楼,还可以考虑吊顶;对于冷库或保鲜库等对隔热有特殊要求的建筑,应适当增加保温棉厚度。满足保温隔热的另一个措施是直接选择保温隔热性能比较好的夹芯板。

夹芯板有工字铝连接式和企口插入式两种,如图 6.76 所示。这种板材外层是高强度镀锌彩板或镀铝锌彩色钢板,芯材为阻燃性聚苯乙烯、玻璃棉或岩棉,通过自动成型机,用高强度黏合剂将二者黏合一体,经加压、修边、开槽、落料而形成的复合板。它既具有隔热、隔音等物理性能,又具备较好的抗弯和抗剪力学性能。夹芯板的主要特点表现在以下几个方面:

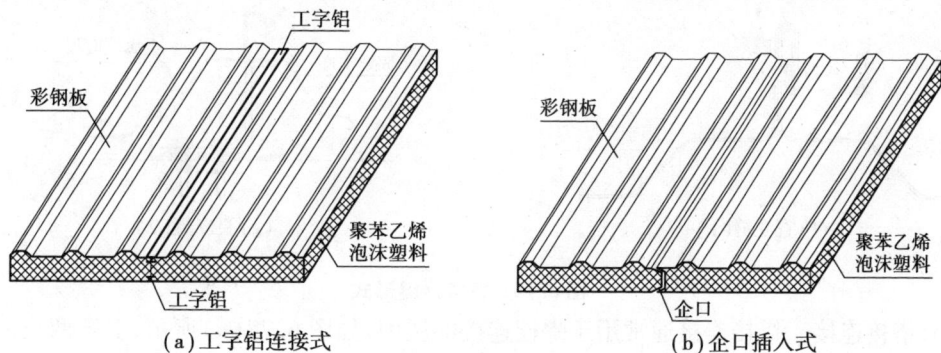

图 6.76 夹芯板形式

(a)工字铝连接式   (b)企口插入式

a.质量轻,体积小。

b.夹芯板面层及夹芯保温材料均为非燃材料,采用阻燃黏结剂,具有良好的耐火性能。

c.夹芯板的隔音性能优越,其隔音强度可达到 41 ~ 56 dB,随着夹芯保温材料及厚度的不同而变化。

d.夹芯板的夹芯保温材料的低导热系数,决定了夹芯板具有良好的保温隔热性能。寒冷地区或对保温隔热有特殊要求的建筑物,可根据需要增加保温材料的厚度。

(2)屋面板的连接

①连接类型。金属屋面板在铺设时,沿横向和侧向需要连接。金属屋面板宜采用长尺

板材,可以减少屋面板间横向接缝。目前金属屋面板常用的连接形式如图6.77所示。

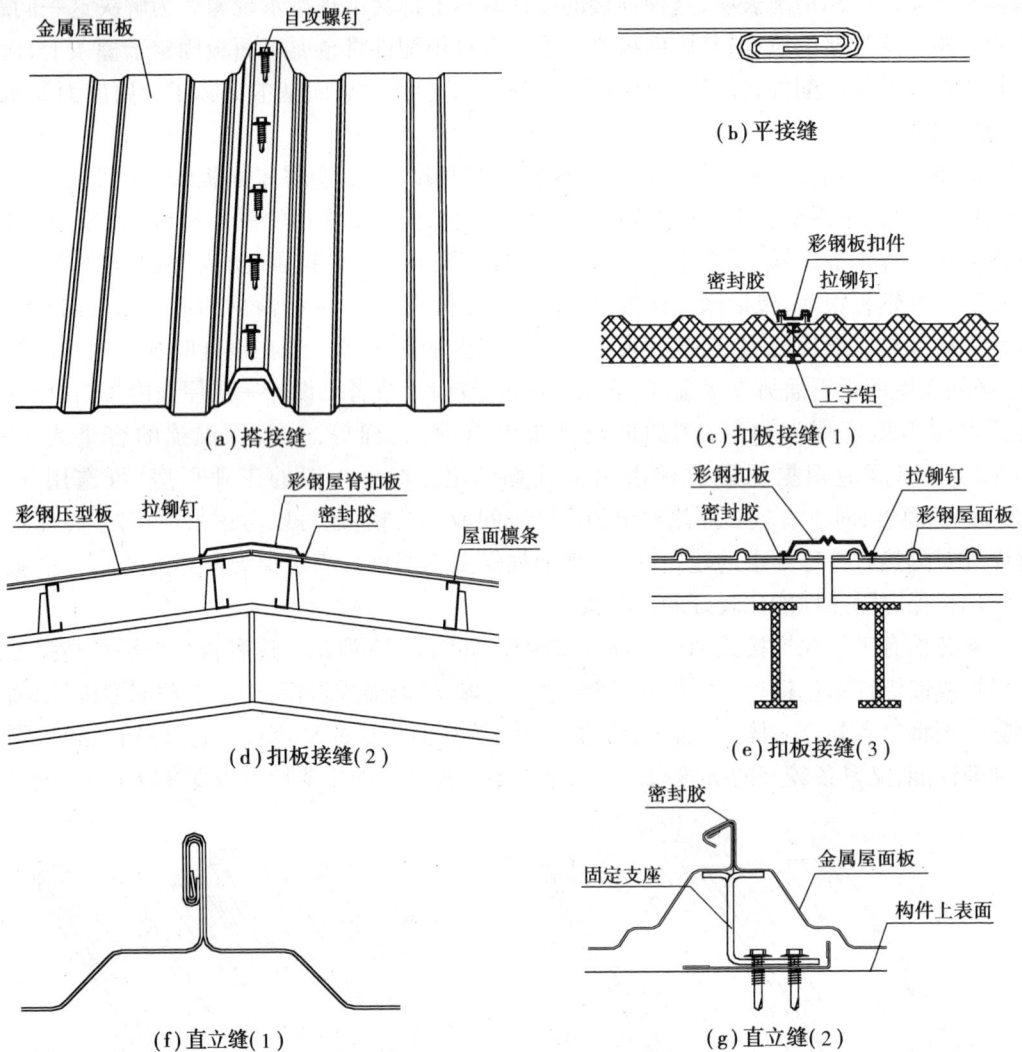

(a) 搭接缝

(b) 平接缝

(c) 扣板接缝(1)

(d) 扣板接缝(2)

(e) 扣板接缝(3)

(f) 直立缝(1)

(g) 直立缝(2)

图6.77　各种接缝形式

a. 搭接连接。搭接连接通常用于螺栓连接的屋面,如图6.77(a)所示,上下两块屋面板叠在一起,然后用自攻螺钉加以连接,在搭接板缝处设置止水带。这种连接施工方便,比较经济,但漏水现象严重,而且很难确定漏水的位置。

b. 平接连接。这种连接方法是将相邻两块屋面板弯180°并将它们折扣起来[图6.77(b)],由于加工安装麻烦,这种连接方式很少采用。

c. 扣件连接。通常用于复合板金属屋面接缝处[图6.77(c)]、屋脊处[图6.77(d)]以及伸缩缝处[图6.77(e)]的连接。这种连接方式是用扣件将接缝两侧的金属屋面板连在一起,再涂密封胶进行防水处理。常见的扣件形式如图6.78所示。

d. 直立连接。直立连接也称暗扣式屋面连接或隐藏式屋面连接,这是目前金属屋面的主要连接形式。对于波高小于70 mm的低波纹屋面板,可不设固定支架,直接将接缝两侧屋面板抬高,采用360°滚动锁边扣接在一起,然后用自攻螺钉或涂锌钩头螺栓在波峰处直接与檩条连接,如图6.77(f)所示。对于波高大于70 mm的高波纹屋面板,将接缝两侧金属板扣接在一起,并搁置在固定支架上,固定支架须与压型钢板的波形相匹配,然后用自攻螺钉或射钉将固定支座连于檩条,如图6.77(g)所示。这种连接方式有利于防止接缝两侧金属屋面板发生错动,同时也可以控制整块屋面板在自重作用下向下滑动的趋势,从而可以有效地防止金属屋面漏水。

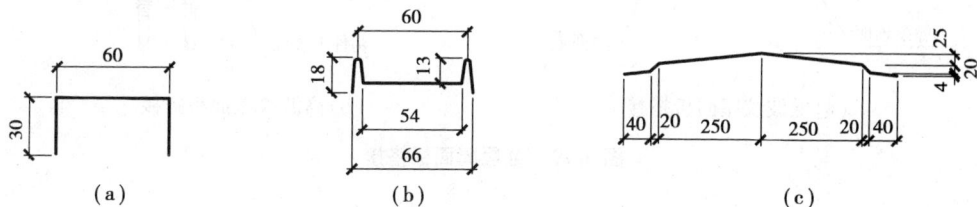

图6.78　屋面彩钢扣件

②穿透式螺钉金属屋面。穿透式螺钉金属屋面是指屋面板采用自攻螺钉、拉铆钉、钩头螺栓等连接的屋面,如图6.77(a)、(c)、(d)、(e)所示。顾名思义,穿透式就是在金属屋面板上留有孔眼。自攻螺钉是穿透式屋面连接最常用的连接件,有长有短,一般常用的规格有5.5 mm×25 mm、5.5 mm×50 mm、5.5 mm×63 mm,具体应根据板厚和连接情况进行选择。自攻螺钉外露于屋面板,故必须经过热镀锌处理,以防止其受潮生锈。为避免屋面漏水,施工时须在自攻螺钉四周涂上密封胶,或在接缝处涂止水带,但这种处理方法的效果不是很理想。使用带有橡胶或尼龙垫圈的自攻螺钉等连接件,也很难彻底解决屋面漏水问题。

穿透式螺钉金属屋面常用的连接形式是搭接连接和扣接连接。搭接连接一般用于单层彩钢板间连接,包括两个方向,即沿屋面板侧向搭接和横向搭接。当屋面板侧向搭接时[图6.77(a)],一般情况下搭接一波,特殊情况可搭接两波,从防水角度考虑,搭接接缝应设置在压型钢板波缝处,采用带有橡胶或尼龙垫圈的自攻螺钉连接,且在搭接处设置止水带。沿屋面板侧向在有檩条处须设置连接件,以保证屋面板与檩条的牢固连接,且在相邻两檩条间还须增设连接件,以保证屋面板之间的连接,具体应视屋面板类型而定。对于高波纹屋面板,连接件间距为700～800 mm;对于低波纹屋面板,连接件间距为300～400。当屋面板横向搭接时,对于低波纹屋面板,可不设固定支架[图6.79(a)],而用自攻螺钉或涂锌钩头螺栓在波峰处直接与檩条连接,连接点可每波设置一个,也可隔波设置一个,但每块压型钢板与同一檩条的连接不得少于3个连接点,例如长尺压型钢板中间檩条处(图6.80);对于高波纹屋面板,须设置固定支架[图6.79(b)],然后用自攻螺钉或射钉将固定架与檩条连接,每波设置一个。扣接连接一般用于复合板间连接,或屋面的屋脊、伸缩缝处,在接缝处须设置扣板,扣板与金属屋面板之间通过自攻螺钉、拉铆钉等连接件进行连接,且进行防水处理。

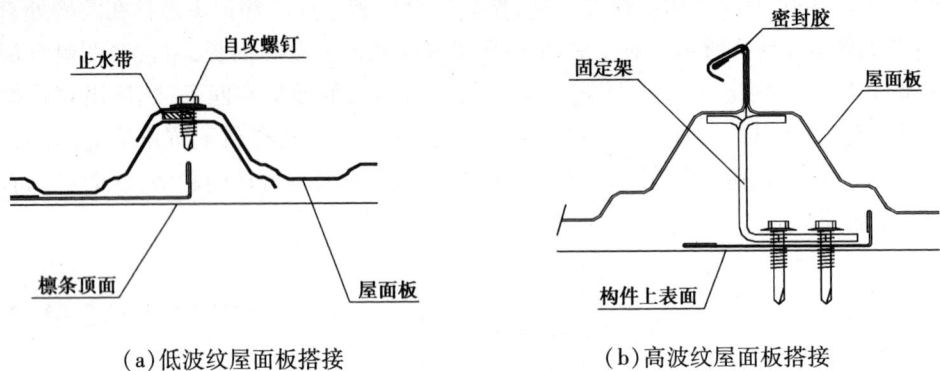

（a）低波纹屋面板搭接   （b）高波纹屋面板搭接

图 6.79   金属屋面板搭接

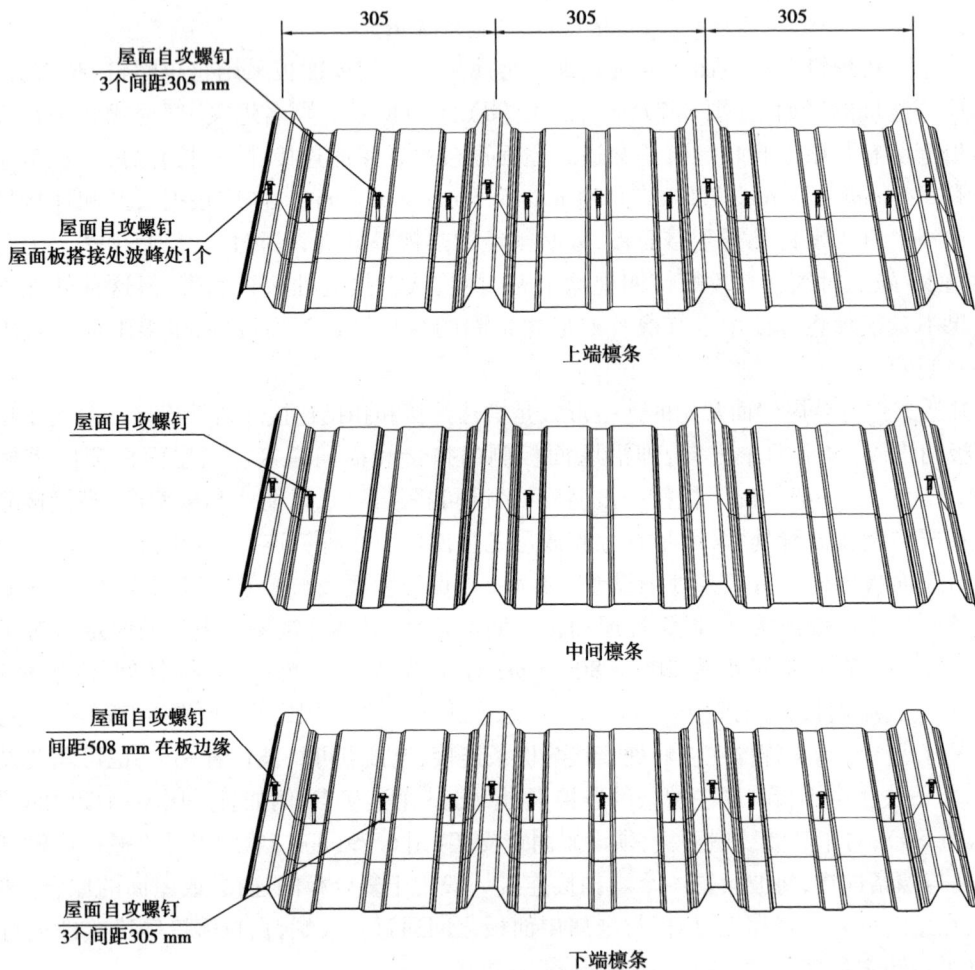

上端檩条

中间檩条

下端檩条

图 6.80   金属屋面板安装

图 6.81 至图 6.87 为常见的屋面节点构造。

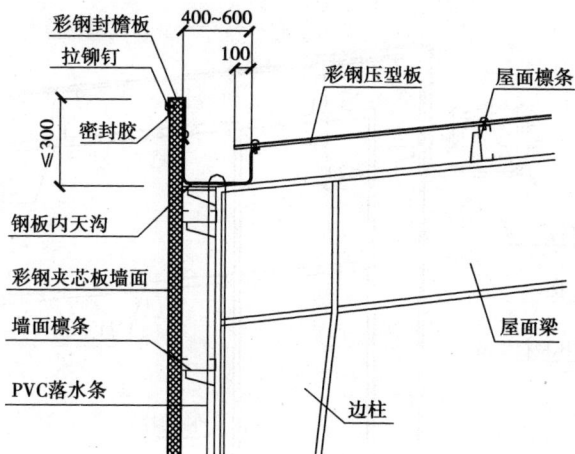

图 6.81 边天沟节点

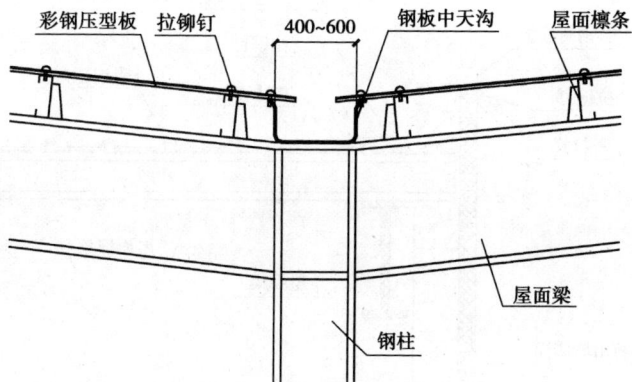

图 6.82 中天沟节点

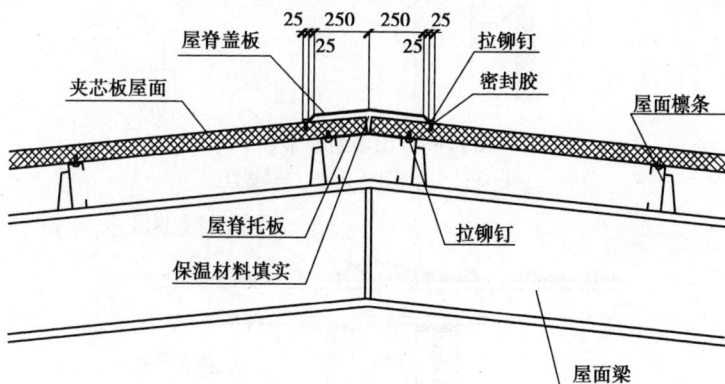

图 6.83 双坡屋脊节点

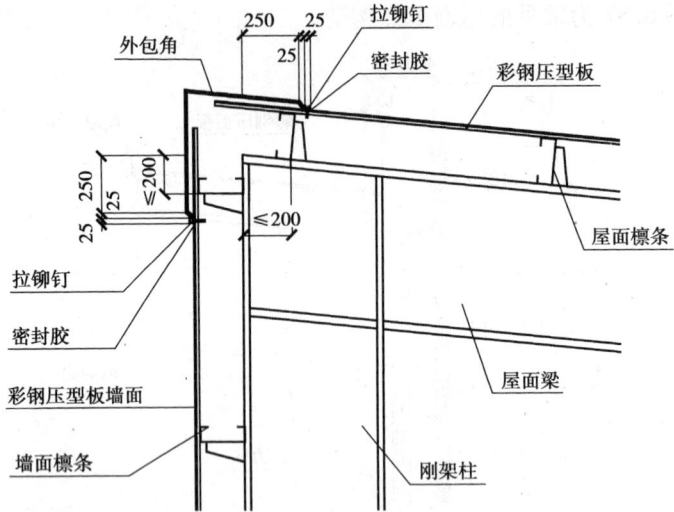

图 6.84　单坡屋脊节点

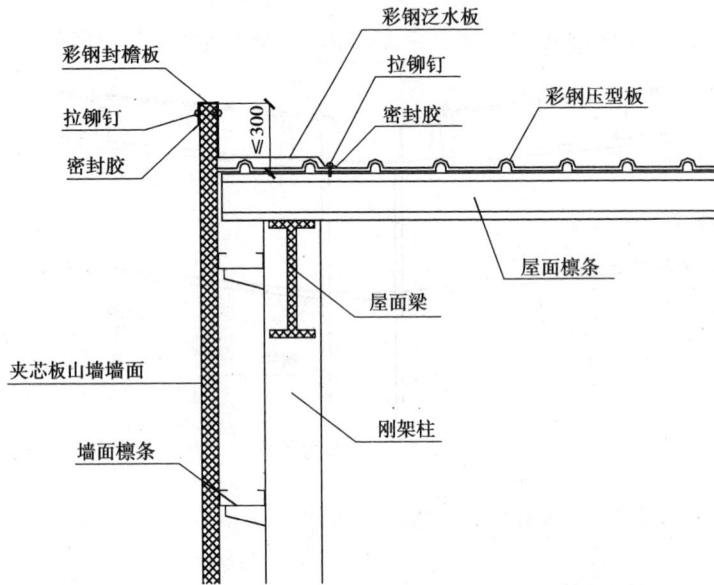

图 6.85　山墙封檐节点

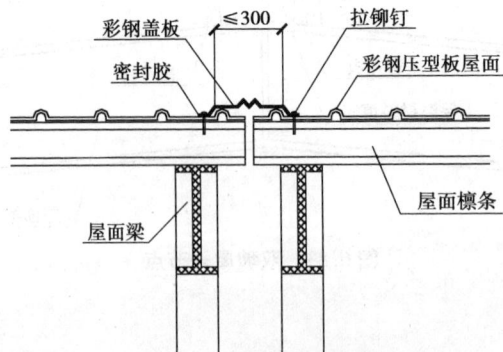

图 6.86　屋面伸缩缝节点

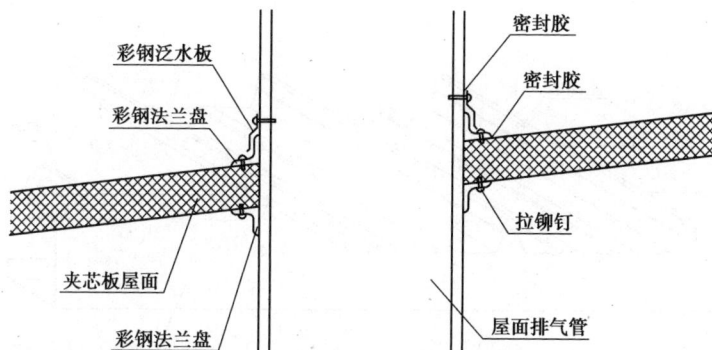

图 6.87　屋面排气管节点

③直边锁缝式金属屋面。直边锁缝式连接又称为暗扣式或隐藏式屋面连接。这种连接方法是在现场将相邻两金属屋面板抬高,然后用咬边机或锁缝机将其连在一起。这样在屋面板外侧就没有孔眼,从而有效地防止屋面漏水。但金属屋面板会在自重作用下向下滑移,所以在有檩条处须设固定连接件,且在此连接件上有允许屋面板产生位移的滑槽(图6.88),这样也可以解决穿透式金属屋面由于屋面板伸缩在固定支座处产生撕裂的现象。

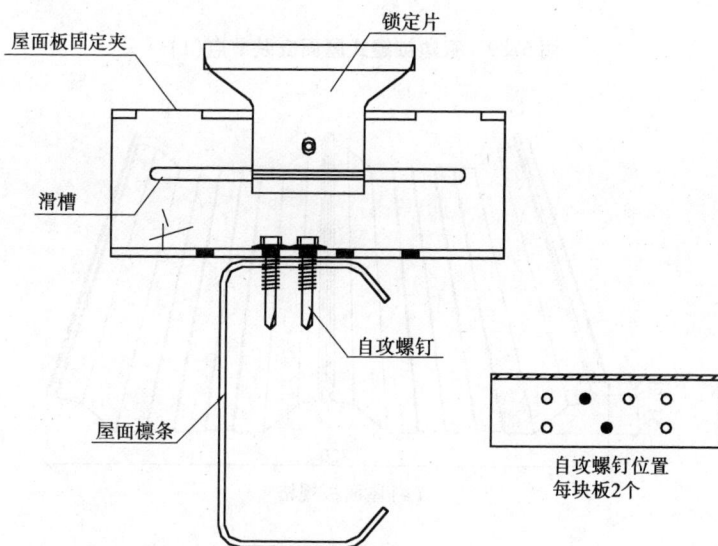

图 6.88　直边锁缝式屋面固定连接件

图 6.89、图 6.90 是几种常用的直边锁缝式屋面。

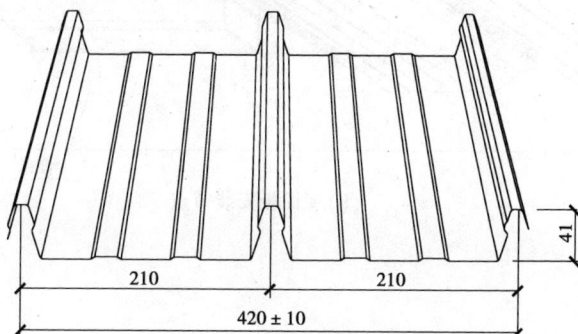

(a)屋面板规格

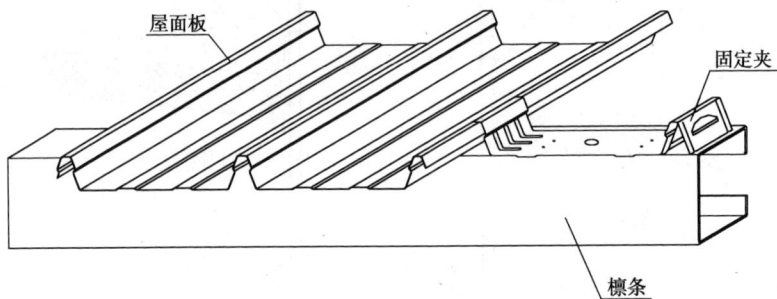

(b)屋面板安装节点

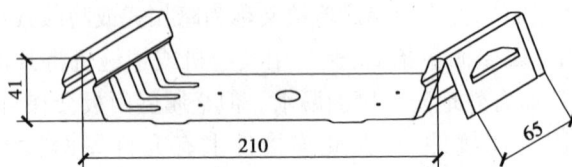

(c)屋面板固定夹

图6.89　直边锁缝式屋面安装节点(1)

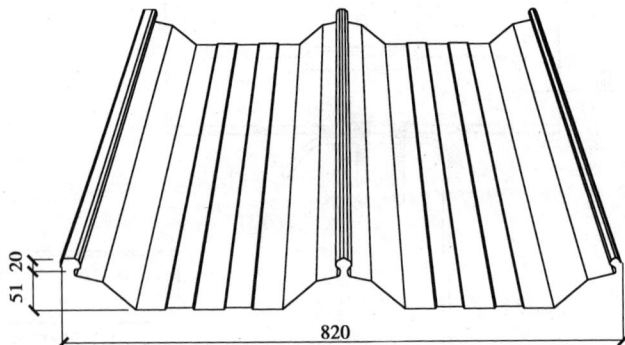

(a)屋面板规格

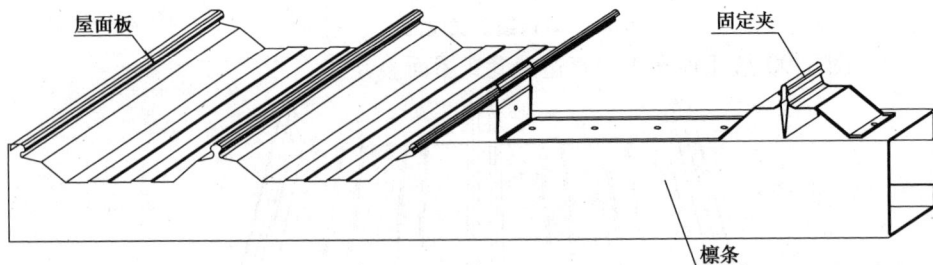

(b)屋面板安装节点

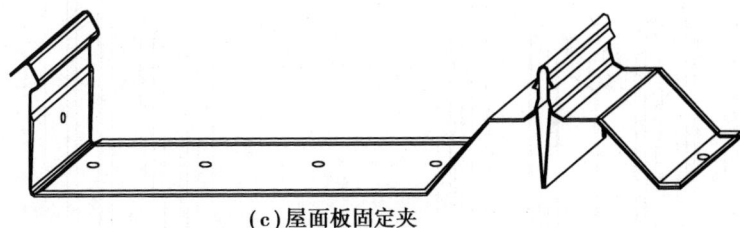

（c）屋面板固定夹

图 6.90　直边锁缝式屋面安装节点（2）

（3）墙面板连接

墙面作为轻钢结构建筑系统的组成部分，不仅起围护作用，而且也影响着整个建筑物的美观。除高强轻质、保温隔热、阻燃隔音等常规要求外，还要求造型美观、安装方便。根据墙面组成材料的不同，墙面可以分成砖墙面、纸面石膏板墙面、混凝土砌块或板材墙面、金属墙面、玻璃幕墙以及一些新型墙面材料。混凝土砌块或板材墙面常见的有 GRC 玻璃纤维增强水泥板、粉煤灰轻质墙板或砌块、ALC 墙面板或墙面砌块等；金属墙面常见的有压型钢板、EPS 夹芯板、金属幕墙板等。

压型钢板和 EPS 夹芯板是目前轻钢结构建筑中常用的金属墙面板，其安装节点如图 6.91、图 6.92 和图 6.93 所示。

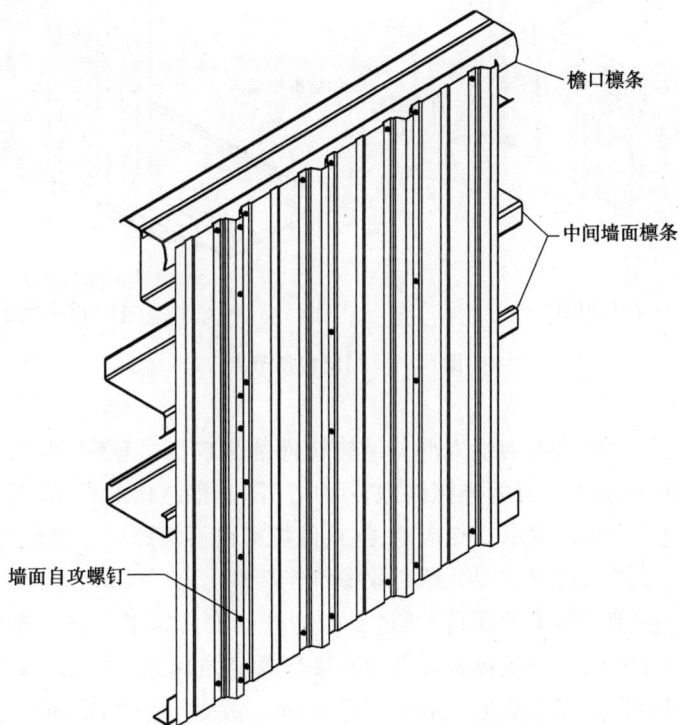

檐口檩条

中间墙面檩条

墙面自攻螺钉

图 6.91　墙面板安装节点

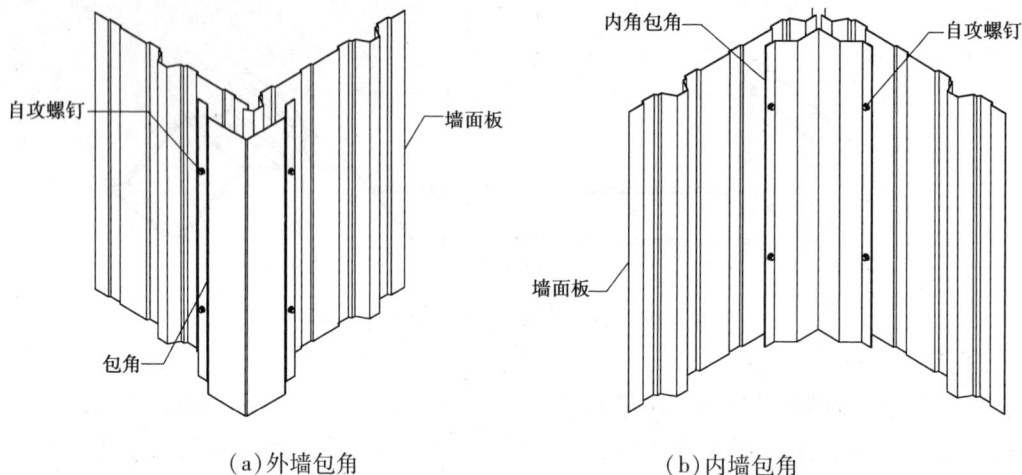

（a）外墙包角　　　　　　　　　（b）内墙包角

图 6.92　墙面包角节点

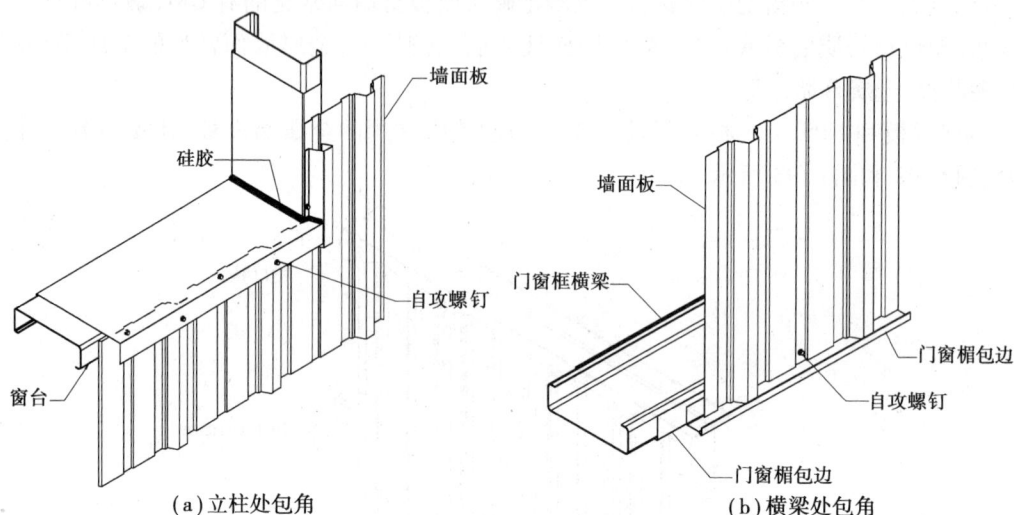

（a）立柱处包角　　　　　　　　（b）横梁处包角

图 6.93　门窗包角节点

（4）连接材料

钢结构施工之所以快是因为绝大部分结构构件都是在工厂预制，再在施工现场通过高强度螺栓、镀锌螺栓或自攻螺钉等连接件拼装而成。随着钢结构的发展，对工厂的预制水平和施工速度都提出了更高的要求。相应地，连接件技术也不能滞后于钢结构的发展，这就对连接件提出了新的要求。这里主要介绍自攻螺钉连接件。

自攻螺钉是一种带有钻头的螺钉，通过专用的电动工具施工，钻孔、攻丝、固定、锁紧一次完成。自攻螺钉主要用于一些较薄板件的连接与固定，如彩钢板与彩钢板的连接，彩钢板与檩条、墙梁的连接等，其穿透能力一般不超过 6 mm，最大不超过 12 mm。自攻螺钉常常暴露在室外，自身有很强的耐腐蚀能力，其橡胶密封圈能保证螺钉处不渗水且具有良好的耐腐蚀性。

自攻螺钉通常用螺钉直径级数、每英寸长度螺纹数量及螺杆长度 3 个参数来描述。螺钉直径级数有 10 级和 12 级两种，其对应螺钉直径分别为 4.87 mm 和 5.43 mm；每英寸长度螺纹数量有 14,16,24 三种级别,每英寸长度螺纹数量越多,其自钻能力越强。

带钻头的自攻螺钉的规格尺寸大部分沿用英制,其规格换算成公称直径见表6.13。

表6.13 自攻螺钉公称直径参照表

规 格	6	8	10	12	14
公称直径/mm	3.45	4.20	4.87	5.43	6.41

自攻螺钉的标识一般为3组数字,如12-14×45。第1个数字表示螺钉的直径;第2个数字表示每英寸螺纹的数量;第3个数字表示螺钉的长度。对于上述螺钉规格标识应该是:螺钉的直径规格为12(5.43 mm),螺纹的规格为14,即每英寸14个螺纹,螺钉的长度为45 mm。

自攻螺钉的连接方式见表6.14。

表6.14 自攻螺钉连接方式

固定方式	螺钉规格	自钻能力/mm	固定总厚度/mm
至少露出两牙 10 mm以上 波峰固定	12-14×50 12-14×55 12-14×68 12-24×65	6.5 6.5 6.5 12.5	25~36 31~40 39~53 21~45
至少露出两牙 10 mm以上 波谷固定	12-14×20 12-14×30 12-24×32	6.5 6.5 12.5	<6 <16 <12
至少露出两牙 10 mm以上 固定座固定	12-14×20 12-14×30 12-24×32	6.5 6.5 12.5	<6 <16 <12
边缘缝合	10-16×16	4.5	<5

(5)密封带条和密封膏

在轻型钢结构中,屋面材料一般采用具有轻质、高强、耐久、防水等性能的建筑材料,如压型钢板、太空板、石棉水泥瓦和瓦楞铁等。尽管波形高的压型钢板具有良好的排水性能，但在板材接缝、天沟、山墙、天窗侧壁及一些出屋面的洞口等处仍是屋面漏水的主要部位。防止屋面漏水的措施除了保证压型钢板之间有足够的搭接长度外，尚需采用彩钢配件和防水密封胶等材料。这里介绍几种常用的防水密封胶带、条和密封膏。

①建筑密封材料的分类。建筑密封材料按形态的不同可分为非定型密封材料和定型密封材料两大类。

非定型密封材料常温下呈膏体状态，又称密封膏，是建筑结构中常用的密封材料。按密封膏的形态可分为溶剂型、乳液型和多组分反应型；按组成材料又可分为改性沥青密封膏和合成高分子密封膏。

定型密封材料是指具有特定形状的制品，可按密封工程不同部位的不同要求制成密封条、密封带和密封垫片等。

②常用密封胶。

a.有机硅建筑密封膏。它是以有机硅橡胶为基料配制成的一类高弹性高档密封膏。有机硅密封膏分为双组分和单组分两种。

单组分有机硅建筑密封膏是将有机硅氧烷和硫化剂、填料及其他添加剂混合均匀后制成单包装产品装于密闭的容器中备用。施工时不需混合，可随时在广泛的气温范围内用一般的打胶枪施工，将密封膏体嵌填于作业缝中，简单易用。单组分密封膏应用较多。

双组分有机硅建筑密封膏的主剂与单组分的相同，但硫化剂及其机理不同，二者是分开包装的。施工时，两组分按一定比例搅拌均匀后嵌填于作业缝中。与单组分密封膏相比，施工时其固化时间较长。

b.聚硫密封材料。它是以液态聚硫橡胶为主剂，以金属过氧化物为固化剂，加入增韧剂、增塑剂、填充剂及着色剂等材料配制而成的，也分为单组分和双组分。

c.聚氨酯弹性密封膏。它是由多异氰酸酯与聚醚通过加成反应制成预聚体后，加入固化剂、助剂等，在常温下交联固化而成的一类高弹性建筑密封膏，它对金属、混凝土、玻璃、木材等材料具有良好的黏结性能。

d.氯化丁基定型密封胶。以上3种密封胶均为非定型密封胶，氯化丁基定型密封胶是经改性的丁基橡胶的沿体，主要用于钢板间的侧向搭接，斜面、檐口等处的黏结和密封。

在工程中除了用各种防水密封胶带、密封膏处理一些节点外，有时在一些出屋面的风机和烟囱等地方也使用防水盖片等。屋面与墙体连接处的节点防水构造如图6.94、图6.95所示。

③密封胶的选用。按以下原则选用密封胶：

a.与压型钢板或被黏结的建筑材料表面具有良好的黏结力。

b.可中性固化并对镀锌钢材或混凝土等建筑材料无腐蚀性。

c.具有优良的耐候性，具有高度的耐紫外线、臭氧、大气污染物、潮湿、风雪及恶劣气候的性能。

d.优良的耐久性，固化后在一定温度范围内不剥落、龟裂、干裂或变脆。在某些情况下，须选择具有良好抗腐蚀性的密封胶，以避免发生严重的电解腐蚀问题。

e.良好的弹塑性，能长期经受被黏构件的伸缩和振动，在接缝发生变化时不断裂、剥落。

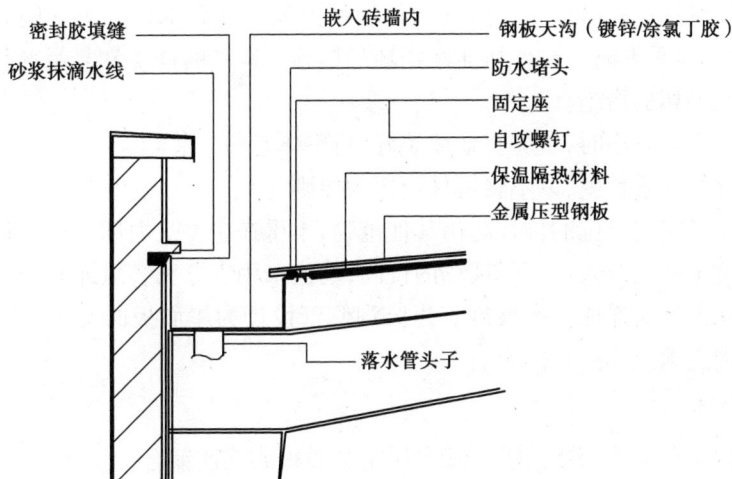

图 6.94　屋面天沟与砖墙连接节点

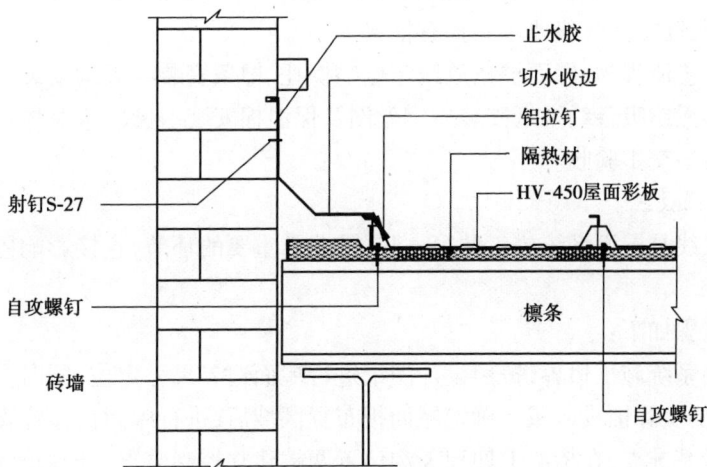

图 6.95　屋面与山墙连接节点

f.具有良好的抗下垂性,可用于垂直或架空的接口施工。

6.3.2　围护系统钢结构的安装

1)屋面安装要求

①钢架梁的安装应在柱子校正符合规定后进行,应根据场地和起重设备条件,最大限度地将扩大拼装工作在地面完成;刚架斜梁组装,应采用临时螺栓和冲钉固定,经检查达到允许偏差后,方可进行节点的永久连接。

②安装顺序宜先从靠近山墙的右柱间支撑的两榀刚架开始,在刚架安装完毕后进行校正,再将其间的檩条、支撑、隔撑等全部装好,并检查其铅垂度。然后以这两榀刚架为起点,向房屋另一端顺序安装。在每片梁吊装到位后,用两根檩条先临时固定住,将每片梁对应的檩条吊装、摆放到位,并进行檩条安装。安装到复杂间(即有十字撑的开间),开始进行整体校正,并紧固所有连接螺栓,且安装好对角斜撑。

③构件悬吊应选择好吊点。大跨度构件的吊点须经计算确定。对于侧向刚度小、腹板宽厚比大的构件,应采取防止构件扭曲和损坏的措施。构件的捆绑和悬吊部位,应采取防止构件局部变形和损坏的措施。

④当山墙架宽度较小时,可先在地面装好,再整体起吊安装。

⑤各种支撑的拧紧程度,以不将构件拉弯为原则。

⑥不得利用已安装就位的构件起吊其他重物,不得在主要受力部位焊接其他物件。

⑦刚架在施工中以及人员离开现场的夜间,均应采用支撑和缆风绳充分固定。

⑧安装屋面天沟应保证排水坡度。当天沟侧壁设计为屋面板的支承点时,侧壁板顶面应与屋面板其他支承点标高相配合。

2)屋面安装

管桁架结构工程采用的屋面板一般为压型金属板或铝镁锰合金面板。压型钢板底板的双层屋面板系统是一种比较成熟的系统,它能有效地解决屋面板的热胀冷缩问题,并能增强屋面板的整体性和防水性能。该屋面系统最突出的特点就是整体性好,为提高屋面的防水性能,屋面板的长度方向一般要求不得有搭接。

屋面安装工艺流程为:屋面檩条放线定位→檩托、檩条安装→天沟安装→吊顶板安装→屋面底座安装→无纺吸音纤维纸安装→钢丝网及保温棉安装→屋面板及檐口泛水安装→其他零星工程安装→交工验收。

(1)屋面定位放线

屋面定位放线是屋面系统施工的第一步,是非常重要的环节,直接影响屋面系统的安装质量和外观效果。

具体操作步骤如下:

①明确屋面系统施工边界,按照设计图纸进行屋面边界尺寸定位,同时参照屋面收边节点,确定屋面板的实际铺设区域。确定屋面板布置区域后,进行屋面板布置放线。

②建立测量基准点,在桁架上四周天沟位置两端建立控制节点,分别拉钢丝通线放出各控制线,在桁架上弦杆顶面分线画出各檩托的实际安装尺寸,如图 6.96 所示。

图 6.96　测量放线示意图

（2）屋面檩托、檩条的安装

①檩托安装。檩托安装前，首先在桁架上弦顶面分线画出檩托立杆的安装边线，复测、检查定位点无误后方可安装檩托。由于檩托单个质量较轻，人工转运至作业面下方直接用麻绳吊运到安装地点即可安装。

檩托安装焊接：檩托定位后，先采用点焊将檩托与桁架上弦杆焊接牢固，最后在焊接檩条时将檩托、檩条一并成型。檩托焊接的焊缝质量要求，外观要求：焊道均匀密实、焊缝光滑流畅、焊缝宽度适宜、无焊瘤、无咬边等；焊缝内部质量要求：无夹渣、无裂纹、无气孔。

②檩条安装。主檩条一般采用 C 型钢、Z 型钢或方型钢檩条，主檩条垂直于桁架，水平间距一般为 1 500 mm。屋面檩条是屋面板及面板固定支座和吊顶系统的支撑构件，通过檩托和屋面主钢结构檩条（主桁架上弦管）连接。因屋面檩条的安装误差会严重影响屋面和吊顶板的安装，所以需要严格控制好屋面檩条的安装精度。在复核好的主钢结构檩托上放出屋面檩条的安装边线，再将檩条对线安装。檩托安装时横向沿檩条方向与地面垂直，纵向与主钢结构檩条方向的曲面法线垂直。檩托焊接要满足设计要求，成型美观，无夹渣、气孔、焊瘤、裂纹等缺陷，焊接完成要及时进行焊缝清理和防腐处理。檩条安装时要特别注意标高位置，横向要在同一平面上且在同一直线上，纵向与主钢结构在同一曲面上并达到设计安装要求。

由于檩条的单根质量较大，长度较长，故檩条的垂直运输采用汽车吊，高空水平运输采用滑移的方法解决。

檩条安装是涉及屋面效果的关键工序，安装前对檩托高差必须仔细复查，保证檩条面始终垂直于桁架，相邻高差不大于 10 mm。

（3）天沟安装

天沟一般采用不锈钢天沟或 3 mm 厚钢天沟，天沟按设计安装完后需检查误差。验收后及时在各焊接点补涂防锈底漆及银粉漆。首先将不锈钢板按照设计尺寸加工，采用折弯机将不锈钢板折成天沟设计尺寸。将分段的天沟运输至安装位置，进行焊接。钢天沟采用手工电弧焊焊接，不锈钢天沟焊接需采用专门的氩弧焊接设备焊接，焊工需通过专门的培训并取得氩弧焊焊接资格方能从事焊接作业。

氩弧焊焊接要领：运条要稳，送风要匀，运条速度与送风大小要匹配。不锈钢焊接受热时很容易产生较大变形，应尽量减小其焊接变形。焊缝外观要求：焊波均匀、焊缝光滑流畅、焊缝宽度适宜、无焊瘤、无咬边；焊缝内在质量要求：无夹渣、无裂纹、无气孔。不锈钢天沟焊缝防水是工程屋面防水的关键，因此应加强对焊缝质量的控制。焊接完成后需自行进行煤油抗渗试验，检验合格后方可盖屋面板。

（4）吊顶系统安装

①吊顶放线定位。吊顶放线定位是吊顶层施工的第一步，是非常重要的环节，直接影响吊顶层的安装质量和外观效果。具体操作步骤如下：

a. 明确吊顶施工边界，按照设计图纸进行边界尺寸定位，同时参照收边节点，确定吊顶板的实际铺设区域。确定吊顶板布置区域后，进行吊顶板布置放线，要注意尽量避开孔洞。

b. 在地面上建立测量基准点，同时在屋面主钢结构和檩条上确立吊顶板的标高线、起始线、分区控制线,并用仪器测出各控制节点之间的标高误差,找出吊件调节的重点位置并确定最大调节高度。

c.吊顶板安装。管桁架结构建筑的吊顶板一般为铝质穿孔薄板,安装过程中必须轻拿轻放,以防变形。如有变形严重且无法校正的板块,必须进行报废处理,不得安装。吊顶板为卡入式设计,安装前需撕除表面的保护膜。撕膜后需小心保护,以免刮花,并且需保证撕膜后的板当天必须安装完毕,做到有计划地施工。

d.无纺吸音纤维纸安装。无纺吸音纤维纸安装应紧随吊顶板。安装时应避免整卷的纸直接搁置在吊顶板上,以免压坏板材。无纺吸音纤维纸的搭接处应保证不少于50 mm的搭接距离,且需用胶带等将两块无纺吸音纤维纸固定,铺设平整,满铺整个吊顶板。

②钢丝网及保温棉安装。保温棉安放在钢丝网表面,为达到优良的保温效果,保温棉应完全覆盖屋面板底,两张棉之间不能有间隙,相邻两块棉的接口处要粘牢,发现有搭接不良的需及时纠正。

保温层一般采用100 mm厚玻璃纤维保温棉,保温棉的一面带有铝箔防潮层。安装时有铝箔的一面朝下,并且需保证铝箔的搭接长度达到100 mm,不能出现穿洞,从下往上不能看到保温棉。保温棉的搭接位置需保证两块棉紧密靠紧,保温棉的铺设要与面板安装同时进行,每天施工完成后要做好防雨保护。

③屋面板安装。由于管桁架建筑平面尺寸较大,屋面天沟也较多,使得面板长度不一,故屋面板制作时,必须预先生产部分面板运输到屋面。

为使整个屋面安装顺利进行,在安装之前应对屋面放几条控制线与主钢结构相平行,在安装时依据控制线来安装整个屋面板的位置,具体操作如下:

a.定尺。为了避免材料浪费,在底座安装完毕后对面板的长度要进行实际反复测量,面板伸入天沟的长度以略大于设计为宜,便于剪裁整齐。

b.就位。施工人员将板抬到安装位置,就位时先对板端控制线,然后将搭接边用力压入前一块板的搭接边。检查搭接边是否能够紧密接合,发现问题必须及时处理。

c.锁边。面板位置调整好后,安装端部面板下的泡沫塑料封条,然后进行手动锁边。要求锁边后的板肋连续、平直,不能出现扭曲和裂口。锁边的质量关键在于在锁边过程中是否用强力使搭接边紧密接合。当天就位的面板必须临时锁边固定,确保风大时板不会被吹坏或刮走。

d.折边。折边的原则为水流入天沟处折边向下,否则折边向上。折边时不可用力过猛,应均匀用力,折边的角度应保持一致。

e.打胶。屋面板与天窗接口处需打胶密封。打胶前要清理接口处泛水上的灰尘和其他污物及水分,并在要打胶的区域两侧适当位置贴上胶带。对于有夹角的部位,胶打完后用直径适合的圆头物体将胶刮一遍,使胶变得更均匀、密实和美观。最后将胶带撕去。

f.收边泛水安装。泛水分为两种:一种是压在屋面板下面的,称为底泛水;另一种是压在屋面板上面的,称为面泛水。天沟两侧的泛水为底泛水,必须在屋面板安装前安装。底泛水的搭接长度、铆钉数量和位置应严格按设计要求施工。泛水搭接前先用干布擦拭泛水搭接处,目的是除去水和灰尘,保证硅胶的可靠黏结。要求打出的硅胶均匀、连续,厚度合适。

g.面泛水安装。用于屋面四周能直接看到的收边泛水均为面泛水,其施工方法与底泛水基本相同,但外观效果要求更高。在面泛水安装的同时要安装泡沫塑料封条,要求封条不能歪斜,与屋面板和泛水接合紧密,这样才能防止风将雨水吹进板内。安装泛水时,预钻孔的钻头不能大于铆钉直径且铆钉直径不能小于 5 mm,否则在热膨胀作用下可能会把铆钉拉脱。

h. 保护。已安装好的屋面板,要尽量减少人在上面走动。安装泛水时,在上面走动脚要踩在屋面板的肋上,不能踩在屋面板的平板处。

i. 屋面系统结构安装的允许偏差应符合表 6.15 的规定。

表 6.15　钢屋(托)架、桁架、梁及受压件垂直度和侧向弯曲矢高的允许偏差

项　目	允许偏差/mm		图　例
跨中的垂直度	$h/250$,且不大于 15.0		
侧向弯曲矢高 f	$l \leqslant 30$ m	$l/1000$,且不大于 10.0	
	30 m $< l \leqslant$ 60 m	$l/1\,000$,且不大于 30.0	
	$l > 60$ m	$l/1\,000$,且不大于 50.0	
天窗架垂直度(H 为天窗高度)	$H/250$ 15.0		
天窗架结构侧向弯曲(L 为天窗架长度)	$L/750$ 10.0		
檩条间距	+5.0		
檩条的弯曲(两个方向)(L 为檩条长度)	$L/750$ 20.0		
当安装在混凝土柱上时,支座中心定位轴线偏移	10.0		
桁架间距(采用大型混凝土屋面板时)	10.0		

子项 6.4 实训项目——编制轻型钢结构工程施工方案

1)实训目的

编制轻型钢结构工程施工方案是"钢结构工程施工"课程的实训任务,是学生学习轻型门式刚架和钢框架结构施工知识结束后进行的实操训练。

经过本项目实训,培养学生利用工具自主进行轻钢门式刚架结构、钢框架结构等轻型钢结构施工方案编制的职业能力。学生实训完毕后应具备以下能力:

①掌握轻钢结构常用连接节点构造。

②能够阅读轻型钢结构设计图与详图,根据现场情况提出图纸中的问题。

③学生在教师指导下学习国家和地区颁布的标准、规范和规定等。

④能够熟练掌握轻钢结构的常用安装方法及工序。

⑤能根据构件特点熟练进行吊机等吊装设备的选择和计算。

⑥能正确选择吊点和进行吊装验算。

⑦能统筹考虑轻型钢结构工程特点、气象条件、现场施工条件、人材机资源安排、工期进度要求、加工厂加工制作能力等因素进行施工部署。

⑧能编制轻型钢结构工程施工进度计划。

⑨能编制轻型钢结构工程资源需求计划。

⑩能编制轻型钢结构工程施工技术、质量、进度、成本、安全等方面控制措施。

2)实训内容

①资料收集。

②图纸准备,进行工料分析、施工部署及资源配置。

③查看现场,搜集现场资料,完成施工现场平面布置。

④分析工程特点与现场特点,确定轻型钢结构加工和安装方法,制订材料计划、设备计划、工期计划、质量计划、安全控制计划、成品保护计划等。

⑤分析工程重点与难点,确定应对措施。

⑥制订钢结构加工制作方案。

⑦进行必要的钢丝绳、吊装或滑移等计算,制订钢结构工程安装方案。

⑧制订安全管理体系及安全生产具体措施。

⑨制订质量控制体系及质量保证措施。

⑩轻型钢结构施工过程控制:

a.进度控制。制订网络计划,明确关键线路,严格控制主要节点,适时进行网络调整,做好协调工作。

b.质量控制。建立质量保证体系,制订质量计划,把握"十不准施工"原则。

c.安全控制。建立安全环保管理体系,识别危险源,制订安全计划,组织安全检查。

d.成本控制。制订成本控制方案,并组织实施。

⑪轻型钢结构施工完成后的安排:

a.工程验收。及时组织分项工程、分部工程、单位工程验收。

b.文件资料归档。及时组织文件资料归档。

c.收尾交工,结算。办理工程总体验收,办理工程结算。

d.工程保修计划。按规定的项目内容制订、实施保修计划。

3)实训组织与要求

①分组上交施工方案(1 份/组)。

②实训教师对学生的出勤、掌握基本知识和基本技能、遵守有关规定的情况进行评价,做好详细检查记录。

③学生在实训期间,不准无故旷课、迟到、早退,不准寻衅闹事、打架斗殴或发生其他违规违纪的行为。

④学生分小组独立完成,制作汇报课件,教师综合"轻型钢结构工程施工方案"成果质量进行成绩评定。

4)实训方法

由教师先进行讲解,然后由学生分组在教师指导下进行实操训练。

5)实训考核

①考核组织。实训考核由教师组织进行。

②考核内容及评分办法。本实训项目考核,包括汇报质量、成果质量要求和资料完备三大项,采用教师评价和小组互评方式进行,见表6.16。

表 6.16 考核内容及评分办法

序号	评分项目	项目要求	分值 单项	分值 小计	备注
1	汇报质量	目标明确,对方案了解透彻	5	20	教师评价
		课件制作条目清晰,内容充实	5		
		汇报条理性强	5		
		经济、技术指标合理	5		
2	成果质量要求	计算正确,内容符合规范要求	20	35 + 35	教师评价与小组互评各50%
		施工方法正确,方案合理可行	20		
		加工方案正确,方案合理可行	20		
		质量、安全等措施保证完备	10		
3	资料完备	成果上交及时	10	10	教师评价
		合 计		100	

③考核要求。学生分小组独立完成,制作汇报课件,现场评价,综合"轻型钢结构工程施工方案"成果质量进行成绩评定。

6)时间安排表

实训时间安排见表6.17。

表 6.17　时间安排表

序号	实训内容	时间安排	备　注
1	资料收集,图纸准备	4 学时	实训前完成,课外时间
2	施工部署及资源配置	2 学时	课外时间
3	完成施工现场平面布置	2 学时	课外时间
4	分析工程重点与难点,确定初步方案	2 学时	课外时间
5	施工方案编制	10 学时	课外时间
6	典型成果汇报及教师讲评	4 学时	
	总　计	20 学时 + 4 学时	

项目小结

(1)单层轻钢门式刚架结构工程施工

①轻型钢结构厂房的组成:轻钢门式刚架的结构布置与特点、分类、结构应用。

②门式刚架结构构造:主刚架、山墙刚架构造,伸缩缝处构造,托梁及屋面单梁构造,刚架结构支撑体系,吊车梁和牛腿构造,女儿墙构造。

③轻钢门式刚架的施工安装:钢结构安装应具备的设计文件,协调设计、制作和安装之间的关系,构件运输和堆放,基础灌浆和验收,钢结构工程安装方法,钢柱安装,吊车梁安装。

(2)钢框架结构工程施工

①钢框架结构体系:柱-支撑体系、纯框架体系、框架-支撑体系。

②钢框架结构的组成:钢柱、钢梁、楼板、钢框架结构节点形式。

③钢框架结构的安装准备:基本规定、施工准备、材料的关键要求。

④钢框架安装施工:吊装方案确定、吊装概况、吊装机具选择、起重机的选择、吊装机具安装、钢结构吊装、多层与高层钢结构安装要点、测量监控工艺、钢筋桁架压型钢板组合楼面施工、钢框架结构涂装施工。

(3)彩钢屋面及围护结构施工

①屋面结构及构造:屋面结构系统及其连接构造、辅助结构构造、围护材料及其连接构造。

②围护系统钢结构的安装:屋面安装要求、屋面安装。

复习思考题

1.轻钢门式刚架结构可否采用现场整榀拼装后进行整榀吊装? 为什么?

2.超声波探伤是否能完全反映焊缝内部的所有缺陷?

3.二级焊缝现场是否按照规范最低要求只抽取 20% 进行探伤?

4.试观察你所遇到的平面门式刚架的工程实例,注意它们的外形尺寸、构件的截面形式、使用的材料,以及建筑物的用途和功能要求。

5. 轻钢门式刚架结构由哪些部分组成? 各起什么作用?

6. 轻钢门式刚架结构安装一般有哪几种方法? 各有什么特点?

7. 钢框架结构与门式刚架结构的节点构造有什么不同?

8. 试观察你所遇到的钢框架结构的工程实例,注意它们的外形尺寸、构件的截面形式、使用的材料,以及建筑物的用途和功能要求。

9. 钢框架结构由哪些部分组成? 各起什么作用?

10. 钢框架结构安装一般有哪几种方法? 各有什么特点?

11. 管桁架结构的节点构造有什么特点?

12. 管桁架结构由哪些部分组成? 各起什么作用?

13. 管桁架结构安装一般有哪几种方法? 各有什么特点?

14. 网架结构的节点构造有哪几种? 各有什么特点? 适用于何种情况?

15. 网架结构可分为哪几种主要类型? 它们的适用范围是什么?

16. 网架结构安装一般有哪几种方法? 各有什么特点?

17. Z 型钢檩条或 C 型钢檩条与檩托连接时,为何檩条下翼缘与钢梁有间隙?

18. 如何增强轻钢结构屋面防水性能?

项目 7

钢结构工程施工安全

项目导读

- **基本要求**　通过本项目学习,应了解钢结构工程施工安全生产的特殊性,识别钢结构工程施工危险源,掌握钢结构工程施工的安全防护技术、安全操作规程和安全管理知识。
- **重点**　钢结构工程施工的安全。
- **难点**　钢结构工程施工安全隐患识别。

子项 7.1　钢结构工程施工设备安全

钢结构制造一般在厂内进行,涉及机械制造加工作业,热加工作业(火焰或等离子切割、焊接、热处理),起重吊装、运输作业,除锈、油漆、防腐作业,生产用电等,可能造成的伤害有机械伤害、物体打击、火灾、起重伤害、触电、中毒等。

钢结构安装施工涉及火焰或等离子切割、焊接作业,起重吊装、运输作业,除锈、油漆、防腐作业,施工用电,高空作业,可能造成的伤害有机械伤害、物体打击、火灾、爆炸、起重伤害、触电、中毒、高空坠落等。钢结构安装施工在安全生产方面具有三大特点:一是全员、全过程、全天候处于洞口、临边、高处作业等高度危险的状态;二是各专业施工人员和工程管理人员均处在高度密集的立体交叉作业环境中;三是全部工程构件和施工机具、材料及各种安全防护设施材料均需吊装、吊运。整个施工过程需要管理的危险源多,安全管理困难度大。

下面讲述钢结构制作安装常用设备的安全操作要求,设备安全操作按照《施工现场机械设备检查技术规范》(JGJ 160—2016)进行。

7.1.1 机械设备的通用安全操作

①操作者必须熟悉所操作设备的结构、性能、原理、故障处理方法,必须持有工种操作证。

②工作前,按规定穿戴好防护用品,扎紧袖口,不准戴围巾、不准戴手套工作,女工发辫必须挽在工作帽内。

③开车前必须检查各种安全防护、保险、电气接地装置和润滑系统是否良好,确认无误后方可开车。

④开车时先人工盘车或低速空转试车,检查机械运转和各传动部位,确认正常后方可工作。

⑤笨重和异型工件吊装,要与起重工配合良好,上落工件要稳妥。

⑥操作时,应戴防护眼镜,并采取防止金属屑飞溅伤人的措施,加工铸铁、铸铜等材料时应戴好防尘口罩。

⑦机器运转中,不准转向制动刹车,不准手摸工件或刀具,不准越过转动部位传送物件。调整机械速度、行程,调整工、夹、刀具,测量工件,机械润滑及擦拭机器,均必须停车进行。

⑧机器运行中,发现异常情况应立即停车并切断电源,然后进行检查,如属电气故障,应由电工处理。

⑨机器开动后,不准擅离工作岗位,工作途中停止加工工件、因故离开工作岗位或中途停电,必须停车、切断电源。

7.1.2 数控火焰切割机安全操作

①操作人员要把切割机附近有碍安全操作的物料清理干净。

②操作人员正式开机前要全面检查设备各部位有无异常情况,如发现异常情况,应立即向生产经理报告,采取有效措施消除异常后方可准备开机。

③开机前要对规定的各润滑点进行注油润滑。

④正式切割前纵横上下空运行,看是否正常。

⑤要查看气源压力表指针位置是否符合要求,如果气源压力表指示过低,说明气源压力不足,应调气瓶控制阀或更新气瓶。

⑥一切预先检查正常后可按规定程序开机操作。

⑦正常工作情况下要时刻注意设备运行情况,如有不正常应停机处理后再工作,停机要按停机程序进行。

⑧在上板和下件时要注意吊放安全操作。如果需要站到支架台面上做事,要特别注意摔倒和划伤。

⑨工作中要按工件厚度调好燃气压力。

⑩在工作结束时,要关闭电源、气源,清理好现场,同时对纵横导轨表面粉尘污物擦拭干净,涂上一层油膜。

7.1.3 数控相贯线切割机安全操作

①数控相贯线切割机是一种精密的设备,对切割机的操作必须做到三定,即定人、定机、

定岗。

②操作者必须经过专业培训且能熟练操作,非专业者勿动。

③在操作前必须确认无外界干扰,一切正常后,把所切割的板材吊放在切割平台上,板材不能超过切割范围。

④每个工作日必须清理机床及导轨的污垢,使床身保持清洁,下班时关闭气源及电源,同时排空机床管带里的余气。

⑤如果离开机器时间较长则要关闭电源,以防非专业者操作。

⑥注意观察机器横、纵向导轨和齿条表面有无润滑油,使之保持润滑良好。

⑦每周要对机器进行全面的清理,对横、纵向的导轨、传动齿轮齿条进行清洗,并加注润滑油。检查横纵向的擦轨器是否正常工作,如不正常应及时更换。

⑧检查所有割炬是否松动,清理点火枪口的垃圾,使点火保持正常。

⑨如有自动调高装置,检测是否灵敏、是否要更换探头。

⑩检查总进气口有无垃圾,各个阀门及压力表是否工作正常。

⑪检查所有气管接头是否松动,所有管带有无破损,必要时紧固或更换。

⑫检查所有传动部分有无松动,检查齿轮与齿条啮合的情况,必要时加以调整。

⑬松开加紧装置,用手推动滑车,检查是否来去自如,如有异常情况及时调整或更换。

⑭检查夹紧块、钢带及导向轮有无松动及钢带松紧状况,必要时及时调整。

⑮检查强电柜及操作平台,各紧固螺钉是否松动,用吸尘器或吹风机清理柜内灰尘。检查接线头是否松动(详情参照电气说明书)。

⑯检查所有按钮和选择开关的性能,损坏的应及时更换,最后画综合检测图形以检测机器的精度。

7.1.4　组立机安全操作

①工作前必须清理辊道平面,不得有妨碍 H 型钢行走的杂物。

②各减速箱内及轴承座加注 30#机械润滑油,每年更换一次,各链轮\链条加注 3#钙基润滑脂润滑,每年添加一次。

③泵站油箱中添加液压油 N32 号时,必须用 120 目过滤网进行过滤,换油时应将旧油放掉并且冲洗干净,更换周期一般为每年一次。

④H 型钢在轨道上输送时,不能跑偏,以免撞击离合器,造成短路现象。

⑤检修辊道线路时,应注意离合器控制线应与相邻的辊道离合器控制线相一致,以防 H 型钢在辊道上短路其他线路。

⑥若辊道电机旋转而辊道不动,应着重检查直流 24 V 的供电线路。

⑦注意维护接近开关或光电开关的接线和安装位置,否则会导致自动循环中断,严重的会导致可编程 PLC 内部供电异常等现象。

⑧操作盒上的按钮或各种电器输出动作对应着可编程 PLC 的每一个发光指示灯,维修时应先从 PLC 入手,参照电器图纸逐点排查。

⑨通电和运行时不打开控制箱,从外部检查设备的运行,确认没有异常情况:

a. 运行性能符合标准规范;

b.周围环境符合要求(无雨水\无腐蚀性气体\不是高温环境);

c.显示部件正常,没有异常的噪声振动和气体。

7.1.5　H型钢翼缘矫正机安全操作

(1)开机前设备检查

①对机械滑动、旋转部件及减速器内加注润滑油。

②对滑动、旋转部位经手动检查,直至灵活、无卡阻现象。

③清扫工件上的一切杂物,并把工件上可能与压辊、导向辊相接触的焊缝打磨平整。

④检查电器、电缆等处是否正常。

(2)调整、空车运行

①首先要进行空车运行,观察各传动零件及部位的运行是否正常,有无卡阻、过热等异常现象。

②关闭主电机,根据被矫正型钢的翼缘宽度和厚度调整好上辊与传动辊构成的矫正孔形的位置,正确的操作程序是:将型钢的头部伸入矫正孔并启动左右升降电机,根据型钢的变形量正确调整升降电机的位置。

(3)开车运行

①矫正孔形调整好后,启动主电机,传动辊运转,接着型钢进入矫正机进行翼缘矫正。

②设备在工作时,绝对不可启动升降电机。

③设备在工作时,若发生障碍,应立即停车并排除故障。

④设备在工作时,型钢出口一边不可站人。

(4)设备的维护及注意事项

①本机只能矫正翼缘的焊接弯曲变形,不能矫正腹板与翼板的垂直度和型钢的直线度。

②型钢在输出辊道上不可翻转及堆放。

③设备各运动部件应定期、定量加注规定使用的润滑油,摆线针轮减速器每半年换30#机油一次。

7.1.6　气焊与气割设备安全操作

①禁止使用紫铜、银或含铜量超过70%的铜合金制造与乙炔接触的仪表、管子等零件。

②气瓶、容器、管道、仪表等连接部位应采用涂抹肥皂水方法检漏,严禁使用明火检漏。

③气瓶、熔解乙炔瓶等均应稳固竖立,或装在专用胶轮的车上使用。

④禁止使用电磁吸盘、钢绳、链条等吊运各类焊接与切割用气瓶。

⑤气瓶、熔解乙炔瓶等均应避免放在受阳光暴晒或受热源直接辐射及易受电击的地方。

⑥氧气、溶解乙炔气等气瓶不应放空,气瓶内必须留有不小于 98 ~ 196 kPa(1 ~ 2 kgf/cm)表压的氧气。

⑦气瓶漆色的标志应符合国家颁发的《气瓶安全监察规格》的规定,禁止改动,严禁充装与气瓶颜色标志不符的气体。

⑧气瓶应配备手轮或专用扳手启闭瓶阀。

⑨工作完毕、工作间隙、工作点转移之前都应关闭瓶阀,戴上瓶帽。

⑩禁止使用气瓶作为登高支架和支承重物的衬垫。

⑪留有余气需要重新灌装的气瓶,应关闭瓶阀,旋紧瓶帽,标明空瓶字样或记号。

⑫氧气、乙炔的管道均应涂上相应气瓶漆色规定的颜色和标明名称,以便于识别。

7.1.7　电焊机安全操作

①电焊机必须采取保护接地或接零装置。

②防护隔离:电焊机外露的带电部分应设有完好的防护罩,裸露的接地柱必须设有防护罩。电源控制装置应装在电焊机附近人手便于操作的地方,周围留有安全通道。

③电焊机必须安放在通风良好、干燥、无腐蚀介质、远离高温高湿和多粉尘的地方。露天使用的焊机应搭设防雨棚,焊机应用绝缘物垫起,垫起高度不得小于 20 cm,按规定配备消防器材。

④电焊机使用前,必须检查绝缘及接线情况,接线部分必须使用绝缘胶布缠严,不得腐蚀、受潮及松动。

⑤电焊机必须设单独的电源开关、自动断电装置。一次电源线长度应不大于 5 m,二次线长度应不大于 30 m,两侧接线应压接牢固,必须安装可靠防护罩。

⑥电焊机内部应保持清洁,定期吹净尘土,清扫时必须切断电源。

⑦电焊机启动后,必须空载运行一段时间,调节焊接电流及极性开关应在空载下进行。

7.1.8　CO_2 气体保护焊机安全操作

①在移动焊机时,应取出机内易损电子器件单独搬运。

②焊机内的接触器、断电器的工作元件,焊枪夹头的夹紧力以及喷嘴的绝缘性能等,应定期检查。

③焊机使用前应检查供气、供水系统,不得在漏水漏气的情况下运行。

④气体保护焊机作业结束后,禁止立即用手触摸焊枪导电嘴,避免烫伤。

⑤盛装保护气体的高压气瓶应小心轻放,竖立固定,防止倾倒,气瓶与热源距离应大于 3 m。

⑥采用电热器使二氧化碳气瓶内液态二氧化碳充分气化时,电压应低于 36 V,外壳接地可靠,工作结束立即切断电源和气源。

7.1.9　埋弧焊机安全操作

①埋弧焊机操作人员必须经过电弧焊接工作的专门培训,持证上岗,非本机操作人员严禁擅自操作设备。

②作业前检查电缆绝缘情况,如有损坏立即停止使用,确认各部导线连接良好,控制箱外壳和接线板上的罩壳盖好。

③作业过程中,操作人员要精神集中,正确操作,注意机械情况,不得擅自离岗或将机器交给其他无证人员操作,严禁无关人员进入作业区。

④作业过程中,任何人员均不得登上龙门架顶层平台进行观察、检修或检查工作。如必须登顶作业,则须先停车断电。

⑤焊接进行中,不允许铲药皮、清渣,铲药皮或清渣时要戴护目镜。

⑥认真及时做好保养工作,保持机械完好状态,机械不得带病工作,运转中发现不正常应立即停机断电检查,排除故障后方可使用。

⑦操作人员下班时,要将机械停放在待命位置,关机断电,锁好电闸箱,清理现场杂物、焊渣。

7.1.10 龙门式焊接机安全操作

①工作前必须清理导轨面及其周围环境,不得有妨碍台车运行的杂物。

②定期调整各导向轮与其导轨间的间隙,使导向轮与导轨侧面紧密配合。

③定期清理焊剂回收装置筛网上的堵塞物,确保焊剂颗粒能够通过筛网。

④减速箱内及轴承座加注 30#机润滑油,每一年更换一次;齿条齿轮副用 30#机油润滑,班前加油工作,班后加油保护;各滚动轴承加注 3#钙基润滑脂润滑,每一年更换一次。

7.1.11 抛丸机安全操作

①操作该设备的人员必须熟悉该机性能和特点,严格执行专机专人培训上岗。

②熟悉本设备说明书中各项操作程序、使用、维修及保养说明。

③操作人员开机前必须检查控制柜(面板)各类开关是否在所需设定位置(包括各电源开关),然后才能开机,以免误动作,损坏电气及机械设备,造成设备事故。

④非操作人员不得随意操作或触摸电气开关控制区,以免发生意外事故。

⑤设备运行前,非工作人员离开设备工作区,以免发生意外伤人事故。

⑥操作人员开机时特别注意面板各类仪表指示,待各仪表指示全部达到正常值时,才能操作小车(辊道)进入工作程序。如发现个别仪表指示有较大的误差时(不正常)应立即关机。检查设备故障处理后才能正常开机工作。

⑦设备运行中,操作人员对本设备必须巡视检查是否有异常响声及各部位过热现象。运行中发现设备有严重故障时,即按"急停"按钮停机待修,配合专业人员排除设备故障。

⑧操作人员必须对本设备按"设备管理"进行日常保养及周保养(包括润滑),每周及时清理除尘器内的粉尘及杂物,以免影响除尘质量,确保设备的完好率。

⑨操作人员必须做到文明生产及安全生产,同时严格执行交接班制度。

⑩严格输送小车式装载工件后,在抛丸室内往返运行式抛打,只有小车及工件通过了抛丸室二端头后才允许往返。

⑪工作结束,立即将本机电源开关切断,以免使本设备处在运行状态,造成电器及设备发生意外。

7.1.12 断面铣床安全操作

①接通电、气源,调整工作气压为 0.6 ~ 0.8 MPa。

②调整待加工型材的靠板宽度。

③调整光电开关,时间设定为 3 ~ 5 s。

④待加工型材应水平推入,直到限位块。

⑤如中途遇到异常情况,及时按右侧的红色按钮"急停"。

⑥开机后禁止急停状态下将手或其他物体伸入光电开关工作区域。

7.1.13　门式、桥式起重机安全操作

①桥式起重机大梁的两边,应设1 m高的防护栏杆或挡板。操作人员应从专用梯上下,不准走轨道。

②两机同时作业,相邻间距应保持3~5 m。

③起重机驶近限位端时,应减速停车。

④作业中若遇突然停电,各控制器应放于零位,切断电源开关,吊物下面禁止人员接近。

⑤工作完毕,应将吊钩提升到电葫芦(跑车)与地面中间。

7.1.14　汽车式、轮胎式起重机安全操作

①机械停放的地面应平整坚实,应按安全技术措施交底的要求与沟渠、基坑保持安全距离。

②作业前应伸出全部支腿,撑脚下必须垫方木。调整机体水平度,无荷载时水准泡居中。支腿的定位销必须插上。底盘为弹性悬挂的起重机,放支腿前应先收紧稳定器。

③调整支腿作业必须在无载荷时进行,将已伸出的臂杆缩回并转至正前方或正后方,作业中严禁扳动支腿操纵阀。

④作业中变幅应平稳,严禁猛起猛落臂杆。

⑤伸缩臂式起重机在伸缩臂杆时,应按规定顺序进行。在伸臂的同时,应相应下放吊钩。当限位器发出警报时应立即停止伸臂。臂杆缩回时,仰角不宜过小。

⑥作业时,臂杆仰角必须符合说明书的规定。伸缩式臂杆伸出后,出现前节臂杆的长度大于后节伸出长度时,必须经过调整,消除不正常情况后方可作业。

⑦作业中出现支腿沉陷、起重机倾斜等情况时,必须立即放下吊物,经调整、消除不安全因素后方可继续作业。

⑧在进行装卸作业时,运输车驾驶室内不得有人,吊物不得从运输车驾驶室上方通过。两台起重机抬吊作业时,两台性能应相近,单机载荷不得大于额定起重量的80%。

⑨轮胎式起重机需短距离带载行走时,途经的道路必须平坦坚实,载荷必须符合使用说明书规定,吊物离地高度不得超过50 cm,并必须缓慢行驶。严禁带载长距离行驶。

⑩行驶前,必须收回臂杆、吊钩及支腿。行驶时保持中速,避免紧急制动。通过铁路道口或不平道路时,必须减速慢行。下坡时严禁空挡滑行,倒车时必须有人监护。

⑪行驶时,在底盘走台上严禁有人或堆放物件。

⑫起重机通过临时性桥梁(管沟)等构筑物前,必须遵守安全技术措施交底,确认安全后方可通过。通过地面电缆时应铺设木板保护。通过时不得在上面转弯。

⑬作业后,伸缩臂式起重机的臂杆应全部缩回、放好,并挂好吊钩。桁架式臂杆起重机应将臂杆转至起重机的前方,并降至40°~60°。各机构的制动器必须制动牢固,操作室和机棚应关门上锁。

7.1.15　履带塔式起重机安全操作

①地面必须平坦、坚实,操作前左右履带板应全部伸出。

②竖立塔身应缓慢,履带前面要加铁楔垫实。当塔身竖到90°时,防后倾装置应松动,塔身不得与防后倾装置相碰。

③严禁有负荷时行走,空车行走时塔身应稍向前倾,行驶中不得转弯及旋转上体。

④作业结束后,应将塔身放下,并将旋转机构锁住。

7.1.16　塔式起重机安全操作

①作业前,应将轨钳提起,清除轨道上障碍物,拧好夹板螺钉。

②作业时,应将驾驶室窗子打开,注意指挥信号。冬季驾驶室内取暖,应有防火、防触电措施。

③多机作业,应注意保持各机操作距离。各机吊钩上所悬挂重物的距离不得小于3 m。

④起重机行走到接近轨道限位开关时,应提前减速停车。没有限位开关的吊钩,其上止点距离臂杆顶端必须大于1 m。

⑤作业完毕后,塔吊应停放在轨道中部,臂杆不应过高,应顺向风源,卡紧轨钳,切断电源。

⑥吊运物件时,平衡重必须移动至规定位置。

⑦专用电梯每次限乘3人,当臂杆回转或起重作业时严禁开动电梯。

⑧在顶升中,必须有专人指挥,看管电源、操纵液压系统和坚固螺栓。顶升时必须放松电缆,放松长度应略大于总的顶升高度,并固定好电缆卷筒。

⑨顶升时,应把起重小车和平衡重移近塔帽,并将旋转部分刹住,严禁塔帽旋转。

子项 7.2　钢结构工程施工安全

7.2.1　钢结构工程施工的安全隐患

生产和安全共处于一体,哪里有生产,哪里就有安全问题存在,而建筑施工过程是各类安全隐患和事故的多发场所之一。保护职工在生产过程中的安全和健康,是我国的一项重要国策,是建筑施工企业不可缺少和忽视的重要工作,是各级领导不可推卸的职责,同时也是广大职工的切身需要和要求。认真贯彻"安全第一、预防为主"的安全生产方针,及时消除安全隐患和避免安全意外事故发生,有赖于不断地健全与完善安全管理工作,进一步发展安全技术和提高广大职工的安全意识。

(1)安全隐患

在施工中能够引发安全意外事件和伤亡事故的现存问题称为"安全隐患"。

(2)安全隐患的构成

在安全意外事故的5个基本要素中,"致害物"和"伤害方式"只有在事故发生时才能表现出来。因此,有不安全状态、不安全行为和起因物的存在时,就构成了安全隐患。其构成方式有 3 种情况,见表 7.1。

表 7.1　安全隐患的构成方式

类　别	安全隐患的构成方式
第 1 种	不安全状态 + 起因物
第 2 种	不安全行为 + 起因物
第 3 种	不安全状态 + 不安全行为 + 起因物

（3）安全隐患的分类

国家有关安全主管部门还未对安全隐患的分类作出明确的规定和解释,但在一些相关文件中提到了"重大安全隐患"。因此,可以把安全隐患大致分为三级,见表 7.2。

表 7.2　安全隐患的分类

分　类	解　释
重大安全隐患	可能导致重大伤亡事故发生的隐患,包括在工程建设中可能导致发生二级以上工程建设重大事故的安全隐患
严重安全隐患	可能导致死亡事故发生的安全隐患,包括在工程建设中可能导致发生四级至二级工程建设重大事故的安全隐患
一般安全隐患	可能导致发生重伤以下事故的安全隐患,包括未列入工程建设重大事故的各类安全意外事故

钢结构的缺陷有先天性的材质缺陷和后天性设计、加工制作、安装和使用缺陷。无论我们的工作怎样精益求精,缺陷也是在所难免的。但缺陷有大小之分,当缺陷超过了有关规范的要求时,就将对钢结构的各项性能产生有害影响,成为事故的潜在隐患,因此必须对缺陷进行处理和预防。

7.2.2　钢结构工程施工安全要点

钢结构工程施工的安全问题十分突出,应该采取强有力的措施保证安全施工,现将要点列于下面:

①在柱、梁安装后而未设置浇筑楼板用的压型钢板时,为便于柱子螺栓施工的方便,需在钢梁上铺设适当数量的走道板。

②在钢结构吊装时,为防止人员、物料和工具坠落或飞出造成安全事故,需铺设安全网平网和竖网。

安全平网设置在梁面以上 2 m 处,当楼层高度小于 4.5 m 时,安全平网可隔层设置。安全平网要求在建筑平面范围内满铺。

安全竖网铺设在建筑物外围,防止人、物坠落,造成安全事故。竖网铺设的高度一般为两节柱高。

③为便于接柱施工,在接柱处要设操作平台。平台固定在下节柱的顶部。

④钢结构施工需要许多设备,如电焊机、空压机、氧气瓶、乙炔瓶等,这些设备需随着结构安装而逐渐升高。为此,需在刚安装的钢梁上设置存放设备用的平台。设置平台的钢梁,不能只投入少量临时螺栓,而需将紧固螺栓全部投入并加以拧紧。

⑤为便于施工登高,吊装柱子前要先将登高钢梯固定在钢柱上。为便于进行柱梁节点紧固高度螺栓和焊接,需在柱梁节点下方安装挂篮脚手。

⑥施工用的电动机械和设备均须接地,绝对不允许使用破损的电线和电缆,严防设备漏电。施工用电气设备和机械的电缆须集中在一起,并随楼层的施工而逐节升高。每层楼面须分别设置配电箱,供每层楼面施工用电需要。

⑦高空施工,当风速为 10 m/s 时,如未采取措施,吊装工作应该停止;当风速达到 15 m/s时,所有工作均须停止。

⑧施工时还应注意防火,提供必要的灭火设备和消防人员。

7.2.3 安全作业要求

实施安全的施工作业和操作的基本要求是规范和实施安全行为,避免发生不安全行为,以减少安全意外事故的发生。

1)钢结构工程安全作业的基本要求

了解和掌握进行作业的施工要求和技术要求,既是确保工程质量,也是确保操作安全的需要。特别是对于使用新工艺、新技术、新材料、新设备的作业项目,应认真仔细地听取技术或专业主管人员的技术和安全交底,掌握各操作细节的要求。对于复杂和要求高的操作,还应经过严格的技术培训并达到操作水平的要求。作业人员对于自己没干过或不熟悉的操作,一定要通过认真的学习和作业培训来解决,而不能照搬其他专业经验,严格按照操作规程所规定的程序、要点和要求进行操作。

提高操作技术水平和处理操作中出现问题的能力。要能及时发现机械设备、脚手架等作业设施中的异常情况、故障乃至事故的征兆,避免设备带病运行和冒险作业。

注意自我保护并保护他人安全。在操作中应注意自己的站位、动作控制以及使用安全防护用品,做好自我保护;同时,还要注意使自己的操作不影响他人的安全,保护好他人。

施工作业的安全操作技术是安全文明施工技术在具体操作中的落实。而只有把安全文明施工的要求变为工人操作时的具体规定并为工人所掌握和自觉运用与遵守时,安全文明施工的各项要求才能得以落实和实现。

2)钢结构工程安全作业要求

(1)防止落物、掷物伤害

在交叉作业,特别是多层垂直交叉作业的情况下,由于操作者行为上的不慎,极易发生因落物或掷物造成的伤害,因此,应特别注意做好以下几点:

①防止工具和零件掉落。作业工人应使用工具袋或手提的工具盒(箱),将工具和小零件等放入工具袋(盒、箱)中,随用随取,避免在架上乱放。

②防止架上材料物品掉落。作业层面上的材料应堆放整齐和稳固,易发生散落的材料可视其情况采用捆扎或使用专用夹具、盛器使其不会发生掉落。此外,作业层满铺脚手板并

在其外侧加设挡板,是防止材料物品掉落的另一有效措施。

③防止施工中的废弃物(块)料掉落。可在作业层上铺设胶合板、铁皮、油毡等接住施工中掉落的砖块、灰浆、混凝土等,然后将施工废弃料收入袋中或容器中吊运。

④禁止抛掷物料。往架上供应材料物品或是由架上清走材料物品,都应当采取安全的传递和运输方式,禁止上下抛掷。

(2)防止碰撞伤害

在交叉施工中,由于人员多、作业杂,极易在搬运材料和施工操作中出现各种形式的碰撞伤害或损害,包括碰撞人、脚手架、支撑架、设备和正在施工中的工程。为了避免发生碰撞伤(损)害,应注意以下几点:

①施工中所用的较大、较重和较长的材料物品,宜安排在施工间歇期间或在场人员较少时进行。在运输的方式和人力、机械的安排上应能保证运输安全,避免出现把持不住、晃动、拖带等易导致发生碰撞的状况出现。

②供应工作应有条不紊、避免匆忙混乱。在施工中常会发生因待料或紧急需要而提出的急供要求,此时供料者会只顾尽快地运上去而忽视发生碰撞的情况,因此要求越急越要沉着稳重,才能避免忙中出事。

③在运输材料时,应注意及时请在场人员配合,必要时可设专门指挥、开路人员。

(3)防止作业伤害

这里是指作业者在操作时对别人造成的意外伤害,例如焊工突然引弧电焊使在近处和通过的人员受电弧光伤害,木工用力撬拆模板和支撑时撞倒他人,挥动长的工具脱手时伤及别人等,此类情况常以各种形式发生,因此,应当注意以下几点:

①在进行作业操作时,应先环顾周围人员情况,必要时,可请别人暂时躲避一下,以免发生误伤事故。

②采取必要的防护措施,例如设置电焊作业时的挡弧光围挡等。

③安全地进行作业操作。

3)钢结构各工种安全作业要求

(1)架子工

①架上作业人员必须佩挂安全带并站稳把牢。

②未设置第一排连墙件前,应适当设支撑以确保架子稳定和架上作业人员安全。

③在架上传递、放置杆件时,应注意防止失衡闪失。

④安装较重的杆部件或作业条件较差时,应避免单人单独操作。

⑤剪刀撑、连墙件及其他整体性拉结杆件应随架子高度的上升及时装设,以确保整架稳定。

⑥搭设途中,架上不得集中(超载)堆置杆件材料。

⑦搭设中应统一指挥、协调作业。

⑧确保构架的尺寸、杆件的垂直度和水平度、节点构造和紧固程度符合设计要求。

⑨禁止使用材质、规格和缺陷不符合要求的杆配件。

⑩按与搭设相反的程序进行拆除作业。

⑪凡已松开连接的杆件必须及时取出、放下,以免误扶、误靠,引起危险。

⑫拆下的杆件和脚手板应及时吊运至地面,禁止自架上向下抛掷。

(2)油漆工

①用喷砂除锈时,喷嘴接头要牢固,不准对着人;喷嘴堵塞时,应消除压力方可修理或更换。

②使用煤油、汽油、松香水、丙酮等调配漆料时,应佩戴好防护用品并严禁吸烟。

③在室内或容器内喷涂时要确保通风良好,且作业时周围不能有火种。

④引静电喷涂时,喷涂间应有接地保护装置。

⑤刷外开窗时,必须佩戴安全带;刷封檐板应设置脚手架;铁皮坡屋面上刷油时,应使用活动板、防护栏杆和安全网。

(3)电焊工

①电焊机外壳必须接地良好,电焊机应设单独开关,焊钳和把线必须绝缘良好、连接牢固。

②严禁在带压力的容器和管道上施焊,焊接带电的设备必须切断电源。焊接储存过易燃、易爆和有毒物质的容器和管道时,应先清洗干净并将所有孔口打开。在潮湿地点施焊时,应站在绝缘板或木板上。

③把线、地线禁止与钢丝绳接触,不得以钢丝绳和机电设备代替零线,所有地线接头必须连接牢固。

④清除焊渣时应戴防护眼镜或面罩。

⑤多台焊机在一起集中施焊时,焊接平台或焊件必须接地,并设置隔光板。

⑥雷雨时应停止露天电焊作业。

⑦在易燃、易爆气体或液体扩散区域施焊前,必须得到有关部门的检试许可。

⑧施焊时,应清除周围的易燃、易爆物品或进行可靠覆盖、隔离;电焊结束后,应切断焊机电源并检查操作地点,确认无起火危险后,方可离开。

(4)气焊工

①施焊场地周围应清除易燃、易爆物品或进行隔离、覆盖。

②在易燃、易爆气体或液体的扩散区域施焊时,应取得有关部门的检试许可。

③乙炔发生器必须设有防止回火的安全装置、保险链。球式浮桶必须有防爆球,浮桶的胶皮薄膜应厚 $1 \sim 1.5$ mm,胶皮薄膜面积不少于浮桶断面积的 $60\% \sim 70\%$。

④乙炔发生器的零件和管路接头不得采用紫铜制作,不得放置在电线的正下方,与氧气瓶不得同放一处,与易燃、易爆物品和明火的距离不得少于 10 m,检验漏气应用肥皂水,严禁用明火。

⑤氧气瓶、氧气表和割焊工具上严禁沾染油脂。

⑥氧气瓶应有防振胶圈,应旋紧安全帽、避免碰撞和剧烈振动、防止暴晒。

⑦氧气瓶、乙炔发生器胶管和防回火安全装置冻结时,应用热水或蒸汽加热解冻,严禁用火烘烤。

⑧点火时,枪口不得对人,正在燃烧的焊枪不得放在工件或地面上。带有乙炔和氧气时,不准放在金属容器内,以防气体逸出,发生燃烧事故。

⑨工作完毕,应将氧气瓶气阀关好,拧上安全罩,将乙炔发生器按规定收拾好,检查场地

并确认无着火危险时,方准离开。

(5)起重工

①起重指挥应站在能够照顾全局的地点,信号要统一、准确。

②风力达 5 级时,应停止 80 t 以上设备和构件的吊装。

③严禁所有人员在起重臂和吊起的重物下面停留或行走。

④卡环应使其长度方向受力,严防销卡环的销子滑脱,严禁使用有缺陷的卡环。

⑤起吊物件应使用交互捻制的钢丝绳,有扭结、变形、断丝和锈蚀的钢丝绳应及时按规定降低使用标准或报废。

⑥编结绳扣的编结长度不得小于钢丝绳直径的 15 倍和 300 mm,用卡子连成绳套时,卡子不得少于 3 个。

⑦地锚应按施工设计确定的位置和规格设置。

⑧按规定的间距和数量使用绳卡,并应将压板放在长头一面。

⑨使用 2 根以上绳扣吊装时,如绳扣间的夹角大于 100°,应采取防止滑钩的措施。

⑩用 4 根绳扣吊装时,应加铁扁担以调节其松紧程度。

⑪使用的开口滑车必须扣牢。

⑫起吊物件应合理设置溜绳。

⑬组装桅杆应用芒刺对孔。

⑭捆绑转向或定滑轮的捆绕数不宜过多,并排列整齐,使其受力均匀。

⑮缆风绳应布置合理、松紧均衡,跨越马路时的架空高度应不低于 7 m,与高压线间应有可靠的安全距离。如需跨过高压线时,应采取停电、接地和搭设防护架等安全措施。

⑯定点桅杆应设 5 根缆风绳,移动式桅杆缆风绳不得少于 8 根,并禁止设多层缆风绳。

⑰桅杆移动的倾斜角度,当采用间歇法移动时,不宜大于桅杆高度的 1/5;当采用连续法移动时,应为桅杆高度的 1/20~1/15。移动时,相邻缆风绳要交错移位。

⑱装运易倒构件应采用专用架子,卸车后应放稳搁实、支撑牢固。

⑲就位的屋架应搁置在道木或方木上,两侧斜撑一般不少于 3 道,禁止斜靠在柱子上。

⑳使用轴销卡环吊构件时,卡环主体和销子必须系牢在绳扣上,严禁在卡环下方拉销子。

㉑无缆风校正柱子时应随吊随校正,但偏心较大、细长、杯口深度不足柱子长度的 1/20 或不足 60 cm 时,禁止采用无缆风校正。

㉒禁止将吊件放在板形物件上起吊。

㉓吊装时不易放稳的构件应采用卡环,不得使用吊环。

4)钢结构机械设备安全作业要求

在钢结构施工生产中将会使用较多的机械设备。工程施工中需要解决的任何技术课题和要求,最终都将化为对工艺、材料和机械这三方面的要求。因此,建筑施工机械设备安全使用是安全施工和管理的重要组成部分。

机械使用安全操作的基本要求为:

①解决满足机械安全使用要求的有关条件,这是使用机械的首要问题。其要求条件一般包括以下方面:

　　a.运行和工作场地；

　　b.基础和固定、停靠要求；

　　c.机械运(动)作范围内无障碍要求；

　　d.动力电源和照明条件要求；

　　e.辅助和配合作业要求；

　　f.对操作工人的要求；

　　g.配件和维修要求；

　　h.对停电和天气变化等事态出现时的要求；

　　i.指挥和协调要求。

　　由于施工工地的现有条件不一定都能满足上述各项要求，因此必须采取相应的措施和办法加以解决。有时常会因此而出现一些困难甚至是较大的困难，但一定要解决，并且不能降低机械安全运行和使用的要求。否则极易引发事故、损坏机械，从而造成远远超过必要投入的经济损失。

　　②对进场的所有施工机械设备进行认真的检查和验收，这是确保机械设备安全运行的基础。其检查验收项目一般包括：

　　a.查验机械设备的产品生产许可证、合格证、保修证、使用和维修说明书、操作规程(定)、维修合格证、有关主管部门验收合格证明以及有关图纸和其他资料。这些资料不仅是机械完好的证明材料，也是编制措施和安全使用的依据资料，要求齐全和真实有效。不属施工项目管理的租赁和分包单位的机械则由租赁和分包单位进行查验并负管理责任。

　　b.审验进场机械的安全装置和操作人员的资质证明，不合格的机械和人员不得进入施工现场。

　　c.大型的机械设备如塔吊、搅拌站、固定式混凝土输送设备等，在安装前，工程项目应根据设备提供的设置要求和资料数据进行基础设计与施工，经验收合格后，交有资质的设备安装单位进行安装和调试，调试合格后办理验收、移交和允许使用手续。所有的机械设备的产品、维修和验收资料应由企业或项目的机械管理部门(或人员)统一管理并交安全管理部门一份备案。

　　③了解和掌握施工生产对该机械设备作业的技术要求。

　　④严格按照机械设备的操作规程(定)所规定的程序和操作要求进行操作。在运行中还应严格执行定时检查和日常检查制度，以确保机械设备的正常运行。

　　⑤提高操作技术水平和处理作业中出现问题的能力。发现问题时，应立即停机(车、设备)进行检查和维修处理，避免机械带病运作。

　　施工中常用机械设施等安全使用和操作的要点可以从《建筑机械使用安全技术规程》(JGJ 33—2012)中查找。同时应注意主要安全使用和操作要求，在施工生产制订安全措施时，还应仔细学习上述规定并根据实际情况和需要进行必要的细化、补充工作。

5) 高处作业安全要求

　　①高处作业的安全技术措施及其所需料具，必须列入工程的施工组织设计。

　　②单位工程施工负责人应对工程的高处作业安全技术负责并建立相应的责任制。施工前，应逐级进行安全技术教育及交底，落实所有安全技术措施和人身防护用品，未经落实时

不得进行施工。

③高处作业中的安全标志、工具、仪表、电气设施和各种设备,必须在施工前加以检查,确认其完好方能投入使用。

④攀登和悬空高处作业人员以及搭设高处作业安全设施的人员,必须经过专业技术训练及专业考试合格,持证上岗,并必须定期进行体格检查。

⑤施工中对高处作业的安全技术设施,发现有缺陷和隐患时,必须及时解决;危及人身安全的,必须停止作业。

⑥施工作业场所有可能坠落的物件,应一律先行撤除或加以固定。高处作业中所用的物料均应堆放平稳,不妨碍通行和装卸;工具应随手放入工具袋;作业中的走道、通道板和登高用具,应随时清扫干净;拆卸下的物件及余料和废料均应及时清理运走,不得随意乱置或向下丢弃;传递物件禁止抛掷。

⑦雨天和雪天进行高处作业时,必须采取可靠的防滑、防寒和防冻措施。凡水、冰、霜均应及时清除。对进行高处作业的高耸建筑物,应事先设置避雷设施。遇有 6 级以上大风、浓雾等恶劣气候,不得进行露天攀登与悬空高处作业,暴风雪及台风暴雨后应对高处作业安全设施逐一加以检查,发现有松动、变形、损坏或脱落等现象,应立即修理完善。

⑧因作业必须临时拆除或变动安全防护设施时,必须经施工负责人同意,并采取相应的可靠措施,作业后应立即恢复。

⑨防护棚搭设与拆除时,应设警戒区,并派专人监护。严禁上下同时拆除。

⑩高处作业安全设施的主要受力杆件,力学计算按一般结构力学公式,强度及挠度计算按现行有关规范进行,但钢受弯构件的强度计算不考虑塑性影响,构造上应符合现行相应规范的要求。

6) 防止高处坠落、物体打击的基本安全要求

①高处作业人员必须着装整齐,严禁穿硬塑料底等易滑鞋、高跟鞋,工具应随手放入工具袋。

②高处作业人员严禁相互打闹,以免失足发生坠落危险。

③在进行攀登作业时,攀登用具的结构必须牢固可靠,使用必须正确。

④手持机具使用前应检查,确保安全牢靠。洞口临边作业应防止物件坠落。

⑤人员应从规定的通道上下,不得攀爬脚手架、跨越阳台,禁止在非规定通道攀登、行走。

⑥悬空作业时,应有牢靠的立足点并正确系挂安全带;现场应视具体情况配置防护栏网、栏杆或其他安全设施。

⑦作业时,所有物料应堆放平稳,不可放置在临边或洞口附近,并不能妨碍通行。

⑧拆除作业时,对拆卸下的物料、建筑垃圾都要加以清理和及时运走,不得在走道上任意乱置或向下丢弃,保持作业走道畅通。

⑨作业时,不准往下或向上乱抛材料和工具等物料。

⑩工作场所内,凡有坠落可能的任何物料都应先行拆除或加以固定,拆卸作业要在设禁区、有人监护的条件下进行。

7)防止触电伤害的基本安全操作要求

①严禁拆接电气线路、插头、插座、电气设备、电灯等。

②使用电气设备前必须检查线路、插头、插座、漏电保护装置是否完好。

③电气线路或机具发生故障时应找电工处理,非电工不得自行修理或排除故障。

④使用振捣器或持电动机械和其他电动机械从事湿作业时,要由电工接好电源,安装上漏电保护器,操作者必须穿戴好绝缘鞋、绝缘手套再进行作业。

7.2.4 钢结构工程安全管理

1)钢结构工程安全管理概述

(1)施工项目安全控制的对象

安全管理通常包括安全法规、安全技术、工业卫生。安全法规侧重于"劳动者"的管理、约束,控制劳动者的不安全行为;安全技术侧重于"劳动对象和劳动手段"的管理,清除或减少物的不安全因素;工业卫生侧重于"环境"的管理,以形成良好的劳动条件。施工项目安全管理主要以施工活动中的人、物、环境构成的施工生产体系为对象,建立一个安全的生产体系,确保施工活动的顺利进行。施工项目安全控制的对象见表7.3。

表7.3 安全管理对象

控制对象	措　施	目　的
劳动者	依法制定有关安全政策、法规、条例,给予劳动者的人身安全、健康以法律保障的措施	约束控制劳动者的不安全行为,消除或减少主观上的不安全隐患
劳动手段劳动对象	改善施工工艺,以消除和控制生产过程中可能出现的危险因素,避免损失扩大的安全技术保证措施	规范物的状态,以消除和减轻其对劳动者的威胁和造成财产损失
劳动条件劳动环境	防止和控制施工中高温、严寒、粉尘、噪声、震动、毒气、毒物等对劳动者安全与健康影响的医疗、保健、防护措施及对环境的保护措施	改善和创造良好的劳动条件,防止职业伤害,保护劳动者的身体健康和生命安全

(2)施工安全管理目标及目标体系

①施工安全管理目标。施工安全管理目标是在施工过程中,安全工作所要达到的预期效果。工程项目实施施工总承包,总承包单位负责制定施工安全管理目标。

a.施工安全管理目标应根据项目施工的规模、特点制定,具有先进性和可行性;应符合国家安全生产法律、行政法规和建筑行业安全规章、规程及对业主和社会要求的承诺。

b.施工安全管理目标应实现重大伤亡事故为零的目标,以及其他安全目标指标:控制伤亡事故的指标(死亡率、重伤率、千人负伤率、经济损失额等)、控制交通安全事故的指标(杜绝重大交通事故、百车次肇事率等)、尘毒治理要求达到的指标(粉尘合格率)、控制火灾发生的指标等。

②施工安全管理目标体系。

a.施工安全管理目标确定后,要按层次将安全目标分解到岗、落实到人,形成安全目标体系,即施工安全管理总目标;项目经理部下属各单位、各部门的安全指标;施工作业班组安全目标;个人安全目标等。

b.在安全目标体系中,总目标值是最基本的安全指标,而下一层的目标值应略高些,以保证上一层安全目标的实现。如项目安全控制总目标是实现重大伤亡事故为零,中层的安全目标就是除此之外还要求重伤事故为零,施工队一级的安全目标还应进一步要求轻伤事故为零,班组一级要求险肇事故为零。

c.施工安全管理目标体系应形成被全体员工理解的文件,并实施保持。

（3）施工安全管理的程序

施工项目安全控制的程序主要有:确定施工安全目标→编制施工项目安全保证计划→施工项目安全保证计划实施→施工项目安全保证计划验证→持续改进→兑现合同承诺等。

2）钢结构工程安全管理计划与实施

（1）安全管理策划

针对工程项目的规模、结构、环境、技术含量、施工风险和资源配置等因素进行生产策划,策划的内容包括:

①配置必要的设施、装备和专业人员,确定控制和检查的手段、措施。

②确定整个施工过程中应执行的文件、规范。如脚手架工程、高空作业、机械作业、临时用电、动用明火、沉井、深挖基础施工和爆破工程等作业规定。

③确定冬季、雨季、雪天和夜间施工时的安全技术措施及夏季的防暑降温工作。

④确定危险部位和过程,对风险大和专业性强的工程项目进行安全论证;同时采取相适宜的安全技术措施,并得到有关部门的批准。

⑤因工程项目的特殊需求所补充的安全操作规定。

⑥制定施工各阶段具有针对性的安全技术交底文本。

⑦制定安全记录表格,确定收集、整理和记录各种安全活动的人员和职责。

（2）施工安全管理计划

根据安全管理策划的结果,编制施工安全管理计划,主要是规划安全管理目标,确定过程控制要求,制定安全技术措施,配备必要资源,确保安全保证目标实现。它充分体现了施工安全生产必须坚持"安全第一、预防为主"的方针,是生产计划的重要组成部分。其主要内容有:

①项目经理部应根据项目施工安全目标的要求配置必要的资源,确保施工安全管理目标的实现。专业性较强的施工管理应编制专项安全施工组织设计并采取安全技术措施。

②施工安全管理计划应在项目开工前编制,经项目经理批准后实施。

③施工安全管理计划的内容主要包括:工程概况、控制程序、控制目标、组织结构、职责权限、规章制度、资源配置、安全措施、检查评价、奖惩制度等。

④施工平面图设计是安全管理计划的一部分,设计时应充分考虑安全、防火、防爆、防污染等因素,满足施工安全生产的要求。

⑤项目经理部应根据工程特点、施工方法、施工程序、安全法规和标准的要求,采取可靠

的技术措施,消除安全隐患,保证施工安全和保护周围环境。

⑥对结构复杂、施工难度大、专业性强的项目,除制定项目总体安全管理计划外,还须制定单位工程或分部、分项工程的安全施工措施。

⑦对高空作业、井下作业、水上作业、水下作业、深基础开挖、爆破作业、脚手架作业、有害有毒作业、特种机械作业等专业性强的施工作业,以及从事电气、压力容器、起重机、金属焊接、井下瓦斯检验、机动车和船舶驾驶等特殊工种的作业,应制订单项安全技术方案和措施,并应对管理人员和操作人员的安全作业资格和身体状况进行合格审查。

⑧安全技术措施是为防止工伤事故和职业病的危害,从技术上采取的措施,应包括防火、防毒、防爆、防洪、防尘、防雷击、防触电、防坍塌、防物体打击、防机械伤害、防溜车、防高空坠落、防交通事故、防寒、防暑、防疫、防环境污染等方面的措施。

⑨实行分包项目安全计划应纳入总包项目安全计划,分包人应服从总包人的管理。

(3)施工安全管理计划的实施

施工安全计划实施前,应按要求上报,经项目业主或企业有关负责人确认审批后报上级主管部门备案。执行安全计划的项目经理部负责人也应参与确认,主要是确认安全计划的完整性和可行性;项目经理部满足安全保证的能力;各级安全生产岗位责任制与安全计划不一致的事宜是否解决等。

施工安全管理计划的实施主要包括项目经理部制定安全生产控制措施和组织系统、执行安全生产责任制、对全员有针对性地进行安全教育和培训、加强安全技术交底等工作。

7.2.5 施工现场消防要点

施工现场消防是保障施工能顺利进行的一项重要工作。施工工地一般包括办公室、宿舍、工人休息室、食堂、锅炉房及其他固定生产用火,临时变电所(配电箱)和场地照明,木工房、工棚、易燃物品仓库(如电石、油料、油漆等)、非燃烧材料仓库或堆场、可燃材料堆场,以及道路、消防设施等。现将消防要点列于下面:

①在编制施工组织设计时,应将施工现场的平面布置图、施工方法和施工技术中的消防安全要求一并结合考虑。如施工现场的平面布局,暂设工程的搭建位置,用火用电和使用易燃物品的安全管理,各项防火安全规章制度的建立,消防设施和消防组织是否齐全等。

②在施工现场明确划分:用火作业区;易燃、可燃材料堆场,仓库区;易燃废品集中站和生活区等。注意将火灾危险性大的区域设置在其他区域的下风向。各区域之间的防火间距为:

a.用火作业区距修建的建筑物和其他区域不小于 25 m,距生活区不小于 15 m。

b.易燃、可燃材料堆场和仓库区距修建的建筑物和其他区域不小于 20 m。

c.易燃废品集中站距修建的建筑物和其他区域不小于 30 m。

防火间距中,不应堆放易燃和可燃物质。

③施工现场的道路,夜间应有照明设备;在高压架空电力线下面不要搭设临时性建筑物或堆放可燃材料。

④施工现场消防车道,必须保证在任何情况下都能通行无阻,其宽度应不小于 3.5 m,当道路的宽度仅能供一辆消防车通过时,应在适当地点修建回车道。施工现场的消防水池,要

筑有消防车能驶入的道路;如果不可能修筑出入通道时,应在水池一边铺砌消防车停靠和回车空地。

⑤施工现场要设有足够的消防水源(给水管道或水池),对有消防给水管道设计的工程,最好在建筑施工时先敷设好室外消防给水管道与消火栓,使在建筑开始时就可以使用。

⑥临时性的建筑物、仓库以及正在修建的建筑物近旁,都应该配置适当种类和一定数量的灭火器,并布置在明显和便于取用的地点。在寒冷季节还应对消防水池、消火栓和灭火器等做好防冻工作。

⑦关于其他生产、生活用火以及用电管理,易燃、可燃材料和化学危险物品的管理等方面的防火要求,可参照《防火检查手册》有关章节。

⑧工棚或临时宿舍的规划和搭建,必须符合下列要求:

a.临时宿舍应尽可能搭建在距离修建的建筑物20 m以外的地区,并且不要搭建在高压架空电线的下面,距离高压架空电线的水平距离不小于6 m。

b.临时宿舍与厨房、锅炉房、变电所和汽车库之间的防火间距应不小于15 m。

c.临时宿舍距离铁路的中心线以及小量的易燃物品贮藏室的防火间距至少不小于30 m。

d.临时宿舍距火灾危险性大的生产场所不得小于30 m。

e.为储存大量的易燃物品、油料、炸药等所修建的临时仓库,与永久工程或临时宿舍之间的防火间距,应根据所储存的数量,按照有关规定确定。

f.在独立场地上修建成批的临时宿舍时应当分组布置,每组最多不超过12幢。组与组之间的防火间距,在城市中不小于10 m,在农村中不小于15 m;幢与幢之间的防火间距,在城市中不小于5 m,在农村中不小于7 m。

⑨临时宿舍、食堂、商店、俱乐部等的修建,不论采用哪一种建筑结构,都应符合下列要求:

a.工棚内的高度一般不应低于2.5 m。

b.每幢集体宿舍的居住人数不宜超过100人,并且每25人要有一个可以直接出入的门,门宽不得小于1.2 m,门必须向外开。

c.采用稻草、秫秸、芦苇等易燃材料修建的临时宿舍,内外最好抹泥或砂浆。接近火炉、烟囱的部位,必须用砖砌、石、土坯、抹泥或者采取其他防火措施以增强耐火程度。

d.临时商店、食堂、俱乐部等,门的总宽度至少按每100人2 m的指标计算;每个门的宽度应该不小于1.4 m,门要向外开。

e.没有电气照明的临时宿舍,最好使用马灯照明,灯具应该固定或悬挂牢固。灯火距周围可燃物一般应该不小于40 cm,距上方可燃物应该不小于80 cm。使用汽灯照明时,应该采取措施,严防汽灯喷火引起火灾。

⑩电、气焊作业应注意以下几点:

a.焊、割作业点与氧气瓶、电石桶、乙炔发生器的距离不小于10 m,与易燃易爆物品的距离不得小于30 m;

b.乙炔发生器与氧气瓶之间距离,在存放时不得小于2 m,在使用时不得小于5 m;

c.氧气瓶、乙炔发生器等焊割设备上的安全附件完整有效;

d.严格执行"十不烧"规定,见《建筑施工手册》(第5版);

e.作业前应有书面的防火交底和作业者签字,作业时备有灭火器材,作业后清理热物和切断电源、气源。

⑪涂(喷)漆作业应注意以下几点:

a.作业场所应通风良好,防止空气形成爆炸浓度,采用防爆型电气设备,严禁火源带入;

b.禁止与焊割作业同时或同部位上下交叉进行;

c.接触涂料、稀释剂的工具应采用防火花型;

d.浸有涂料、稀释剂的破布、棉纱、手套和工作服等应及时清除,防止堆放生热自燃。

7.2.6 现场文明施工

施工现场的文明水平和整洁有序的场容场貌,是企业技术、管理水平与综合实力的体现,是对公众展示并建立企业形象的窗口。搞好项目文明施工,不仅有利于建立优良的社会形象,有力地促进对外经营,并对促进工程质量、安全生产、减少浪费、降低消耗、增进经济效益有着直接不容忽视的效果。

1)封闭施工

施工现场进行封闭施工。围墙周边进行绿化,设置安全警示牌;外墙面上绘制与周围环境协调一致的彩色图案,淡化施工气氛;内墙面做企业形象宣传,充分展示企业形象。现场利用工地简报等形式宣扬标准化作业,开展精神文明建设。

2)封闭管理

施工现场出入口处设值班室,派专职门卫值班,建立门卫制度。进入施工现场人员佩戴工作证,以杜绝闲杂人员混入现场。

3)形象宣传

在施工现场统一制作各种标志,设置展示企业标志和企业目标追求的标语,按《建筑施工安全检查标准》(JGJ 59—2011)设置整齐明显的施工"六牌一图",即单位名称牌、工程概况牌、门卫制度牌、安全措施牌、安全记录牌、安全宣传牌、现场平面图等,主动接受社会监督。

4)现场管理

①施工现场要做到内部管理标准化,将检查责任落实到人,使得场容管理制度化。

②外部形象要优化;项目社区关系要和谐。

③泥浆不外流;管线不损坏;渣土不乱扔;车辆出场冲洗干净轮胎,做到轮胎不粘泥。

④工地办公室有施工进度计划、管理人员岗位职责、施工平面布置图等主要图表,并保持资料放置有序,室内外清洁。

⑤在施工区域内设置必要的通行道路,并且要保持道路畅通,不能在道路上随意堆放建筑材料,要特别注意保持消防通道的通畅。

⑥优化施工平面布置,修整已有道路并新建现场内施工干道,修建各种临时排水沟,在搅拌站、混凝土泵等处设置污水沉淀池。

⑦在食堂等处设隔油池,对施工废水、生活废水进行沉淀处理,定期掏油,做到现场道路

通畅,排水沟无阻塞,避免废水对城市下水道造成污染和堵塞。

⑧认真做好施工机械和车辆的保养维护工作和操作人员的安全教育工作,不带病作业,不得违规操作,杜绝事故。施工机械和车辆必须在驾驶室右上方玻璃上张贴识别标牌,标牌上注明单位名称。

⑨严格按业主批准后的施工总平面布置图建设大临设施,合理使用场地,认真听取和尊重建设单位、地方政府意见,大临搭建整齐规范化,搞好环境卫生,环境保护制度化。

⑩做好成品保护,保护上一工序已完工程的成果。确因施工需要,若需在已完工程上作业等,应事先报告,经批准同意后才能实施。

⑪搞好协作配合,建立责任区,共同搞好文明施工、标化工地创建工作。

⑫安全防护设施完善,建筑垃圾不得乱堆、乱放,做到工完料净、垃圾日产日清。

⑬建立定期检查、评比制度,把文明施工作为考核作业班组的考核指标之一,与班组收入挂钩。

⑭现场材料、机具的进场,办理入城手续,尽量组织材料和机具夜间进场,并采取限量、围护、清扫等措施,避免对城市街道造成污染,进场后严格按平面图堆放、就位,不得随意放置,避免二次搬运。

⑮全体员工树立遵章守纪思想,采用挂牌上岗制度,安全帽、工作服统一规范。安全值班人员佩戴不同颜色标记,工地负责人戴黄底红字臂章,班组安全员戴红底黄字袖章。施工管理人员和各类操作人员佩戴不同颜色安全帽以示区别:

- 施工管理人员戴白色安全帽;
- 生产班组人员戴黄色安全帽;
- 机械操作人员戴蓝色安全帽;
- 经理以上管理人员及外来检查人员戴红色安全帽。

⑯施工现场有治安防范措施。重点要害部位防范设施和防范工作要落实到位。综合治理的目标管理责任明确。加强对职工和民工精神文明教育,民工管理制度化,杜绝"三无"人员进入现场和打架、闹事、酗酒、赌博等治安事件发生。遵守社会公德及社会治安管理条例。

⑰施工现场生活卫生纳入工地总体规划,有专职卫生管理人员和保洁人员,制订卫生管理制度,设置必要的卫生设施。

⑱施工现场临时生活区排水畅通;垃圾有集中的堆坑或容器,并及时清除;厕所清洁卫生有专人定时清理。

⑲工地食堂管理符合《食品卫生法》,有隔绝蝇鼠的防范措施,有盛残羹的加盖容器,食堂环境清洁卫生。

⑳施工现场设置医务室或医务人员到现场巡回医疗,开展防病治病工作。设立现场急救箱,保证现场常驻1至2名具有急救专业知识和实际经验的人员。

㉑施工现场应设置茶桶,保障茶水供应。高温季节应有相应的防暑降温措施。

㉒协调处理好现场周边单位和居民的关系,党、政、工、团要做好宣传、安抚工作,赢得周边单位、居民的谅解和支持,减少因施工产生的矛盾和冲突。

㉓严格遵守执行住建部关于《安全文明施工现场管理办法》及当地建管局安全文明卫生工地的规定。

㉔工地文明建设。坚持两个文明一起抓的思想,建立定期宣传教育制度,从"爱民、便民"出发,宣传社会形势、企业精神和工地安全文明卫生、相关法律、法规及好人好事等内容。坚持"以人为本"的指导思想,加强班组建设,教育职工遵纪守法,增强法治观念;全面提高以职业理想、职业素质、职业纪律、职业技能为主要内涵的职业道德修养;杜绝刑事犯罪和违法乱纪行为,树立爱岗敬业精神,提高企业全体职工的文明素质。

子项 7.3　实训项目

实训项目 1　钢结构安全作业要求

(1)实训目的

通过钢结构安全作业图例实训,掌握钢结构工程施工安全作业要求。

(2)实训要求

①熟悉各种钢结构安全作业要求;

②能应用安全作业要求进行施工安全管理。

(3)实训步骤

①准备施工现场各种安全标志;

②分组认知钢结构工程施工安全标志;

③结合课堂的讲解及课本的图例,认知钢结构工程施工安全标志,说出安全标志的名称。

(4)实训时间

2 学时。

(5)实训考核

①考核组织。将学生分组,由指导教师进行考核。

②考核方式与内容。教师根据钢结构工程施工安全标志,提出钢结构施工安全标志的三个问题,由学生进行回答,然后给出实训考核成绩。

实训项目 2　施工现场消防实训

(1)实训目的

通过施工现场消防安全实训,掌握钢结构工程施工现场消防安全。

(2)实训要求

①熟悉各种施工现场消防安全要求。

②能进行施工现场消防安全控制。

③施工现场暂设工程(临时建筑)搭建位置、用火用电和易燃易爆物品的安全管理、工地消防设施和消防责任制等都应按消防要求周密考虑和落实。

④施工现场要明确划分用火作业区,易燃、易爆材料堆放场,仓库处、易燃废品集中点和生活区等。各区域之间的间距应符合防火规定。

⑤工棚或临时宿舍的搭建及间距应符合防火规定。

⑥施工现场必须根据防火需要，配置相应种类、数量的消防器材、设备和设施。

（3）实训步骤

①提供一个钢结构工程施工现场。

②根据施工现场消防安全要求，绘制施工现场平面布置图。

（4）实训时间

2学时。

（5）实训考核

①考核组织。将学生分组，由指导教师进行考核。

②考核方式与内容。教师根据学生绘制的钢结构工程施工现场布置图，就钢结构工程消防安全要求提问题，教师根据学生绘制的施工现场平面布置图和学生回答问题的情况，给出实训考核成绩。

项目小结

（1）钢结构工程施工设备及安全

机械设备的通用安全操作、数控火焰切割机安全操作、数控相贯线切割机安全操作、组立机安全操作、H型钢翼缘矫正机安全操作、气焊与气割设备安全操作、电焊机安全操作、CO_2气体保护焊机安全操作、埋弧焊机安全操作、龙门式焊接机安全操作、抛丸机安全操作、断面铣床安全操作、门式和桥式起重机安全操作、汽车式和轮胎式起重机安全操作、履带塔式起重机安全操作、塔式起重机安全操作。

（2）钢结构工程施工安全

钢结构工程施工的安全隐患、钢结构工程施工安全要点、安全作业要求、钢结构工程安全管理、施工现场消防要点、现场文明施工。

复习思考题

1. 什么是安全隐患？在钢结构施工中有哪些安全隐患？哪些是主要方面？

2. 钢结构工程施工安全有哪些要点？

3. 在钢结构工程施工中有哪些工种？各有哪些安全作业要求？

4. 安全管理主要有哪些方面？如何制定安全保障计划？

5. 施工现场有哪些地方在消防方面要加强管理？有哪些要点？

参考文献

［1］中华人民共和国住房和城乡建设部. 房屋建筑制图统一标准:GB/T 50001—2017［S］. 北京:中国计划出版社,2017.

［2］中华人民共和国住房和城乡建设部. 建筑结构制图标准:GB/T 50105—2010［S］. 北京:中国建筑工业出版社,2010.

［3］中国国家标准化管理委员会. 焊缝符号表示法:GB/T 324—2008［S］. 北京:中国标准出版社,2008.

［4］中国国家标准化管理委员会. 技术制图焊缝符号的尺寸、比例及简化表示法:GB/T 12212—2012［S］. 北京:中国标准出版社,2012.

［5］中华人民共和国住房和城乡建设部. 钢结构工程施工规范:GB 50755—2012［S］. 北京:中国建筑工业出版社,2012.

［6］杜绍堂. 钢结构工程施工［M］. 4 版. 北京:高等教育出版社,2018.

［7］宋琦,刘平. 钢结构识图技巧与实例［M］. 北京:化学工业出版社,2008.

［8］曹平周,朱如泉. 钢结构［M］. 北京:中国技术文献出版社,2003.

［9］董卫华. 钢结构［M］. 北京:高等教育出版社,2003.

［10］刘声杨. 钢结构［M］. 北京:中国建筑工业出版社,1997.

［11］周绥平. 钢结构［M］. 武汉:武汉理工大学出版社,2003.

［12］中华人民共和国住房和城乡建设部. 钢结构设计标准:GB 50017—2017［S］. 北京:中国建筑工业出版社,2017.

［13］戚豹. 建筑结构选型［M］. 北京:中国建筑工业出版社,2008.

［14］戚豹. 钢结构工程施工［M］. 重庆:重庆大学出版社,2010.

［15］李顺秋. 钢结构制造与安装［M］. 北京:中国建筑工业出版社,2005.

［16］轻型钢结构设计指南编辑委员会. 轻型钢结构设计指南［M］. 北京:中国建筑工业出版社,2002.

［17］熊中实,倪文杰. 建筑及工程结构钢材手册［M］. 北京:中国建材工业出版社,1997.

[18]《建筑施工手册》编写组.建筑施工手册[M].5版.北京:中国建筑工业出版社,2019.

[19] 王景文.钢结构工程施工与质量验收实用手册[M].北京:中国建材工业出版社,2003.

[20] 中国钢结构协会.建筑钢结构施工手册[M].北京:中国计划出版社,2002.

[21] 中华人民共和国住房和城乡建设部.钢结构工程施工质量验收标准:GB 50205—2020
[S].北京:中国计划出版社,2020.